生命伦理学·科学技术伦理学丛书

邱仁宗◎主编

优生学的伦理反思

人类遗传学的历史教训

张 迪◎著

中国社会科学出版社

图书在版编目（CIP）数据

优生学的伦理反思：人类遗传学的历史教训／张迪著．—北京：
中国社会科学出版社，2018.12
ISBN 978-7-5203-1964-5

Ⅰ.①优…　Ⅱ.①张…　Ⅲ.①优生学—人类遗传学—研究
Ⅳ.①Q987

中国版本图书馆 CIP 数据核字（2018）第 004770 号

出 版 人	赵剑英
责任编辑	冯春凤
责任校对	张爱华
责任印制	张雪娇

出　　　版	中国社会科学出版社
社　　　址	北京鼓楼西大街甲 158 号
邮　　　编	100720
网　　　址	http：//www.csspw.cn
发 行 部	010－84083685
门 市 部	010－84029450
经　　　销	新华书店及其他书店

印　　　刷	北京君升印刷有限公司
装　　　订	廊坊市广阳区广增装订厂
版　　　次	2018 年 12 月第 1 版
印　　　次	2018 年 12 月第 1 次印刷

开　　　本	710×1000　1/16
印　　　张	19
插　　　页	2
字　　　数	310 千字
定　　　价	78.00 元

凡购买中国社会科学出版社图书，如有质量问题请与本社营销中心联系调换
电话：010－84083683

目　录

序

一本应该在1994年前出版的书

1994年全国人民代表大会期间，我国卫生部领导向大会作了有关向大会递交并审议的《中华人民共和国优生保护法》的报告。第二天，新华社以"Eugenic Law"（《优生学法》）为名向全世界进行了报道。出乎意料，这一报道招致了各国遗传学家的纷纷抗议，他们向我国驻各国大使馆以及中国遗传学家发信致电，表示中国立法机构如果通过这一法律将断绝与中国遗传学机构和科学家之间的合作关系，并威胁要对我国遗传学会刚刚赢得主办权的1998年国际遗传学大学进行抵制。对此，我国有些人认为，这是国际上少数人敌视我国的行为，我国要通过《中华人民共和国优生保护法》（即后来的《中华人民共和国母婴保健法》）是我国的内政，不容他国任何人干涉；我国遗传学家表示焦虑，觉得应该妥善解决问题，导致断绝合作是不可取的；国际上也有遗传学家（如日本京都大学著名遗传学家、时任国际人类基因组组织伦理委员会副主任武部启教授）认为，双方之间有误会，需要相互沟通，对话解决。当时，各国的遗传学家并不了解这个法案的具体内容，于是国际人类基因组组织伦理委员会邀请我国生命伦理学家去介绍该法内容并对它进行伦理学评价。最后会议同意我国生命伦理学家的意见：就整体而言，这一法案是规范医务人员提供母婴保健的服务，但个别条文是不合适的，没有充分贯彻知情同意原则，也不适当地将批准婚育的职责错误地加于医生身上。

就我们方面来说，我们的决策者、立法者以及一些遗传学家不了解"优生学"（eugenics）概念的发生、发展历史，也不了解当将遗传学知识和技术应用于人群时可能发生的伦理和法律问题。虽然说，"优生"这一词本身，不管是在中国，还是在外国，是所有父母不言自明的合理愿望，谁都希望生出一个健康的宝宝。但问题是，从一开始，"优生学"一词的创造者戈尔顿在定义它时就包含着明显的维护人类不平等和种族主义以及企图施加社会控制的思想。更有甚者，在 20 世纪三四十年代在美国和一些欧洲国家实施的"优生学"法律，也充斥着人类不平等和种族主义因素。尤其是在纳粹德国，从强迫绝育、义务安乐死开始的道德斜坡，一直滑向人类历史上也许是史无前例和绝无仅有的反人类的种族大屠杀。经过美、苏、英、法四国联合组织 1947 年在纽伦堡对纳粹战争罪犯的大审判，"优生学"这一术语已经永远地染有主张人类不平等和种族主义的污名，这已经与纳粹战犯的反人类罪行的污名连在一起，绝不可能被洗刷掉的。这是我国许多人所不了解的一点。

同时，任何科学或技术，当它们被应用于人时，不管是用于人体试验，还是用于临床实践，永远具有两个基本的维度。不但我们的医生、科学家和医疗科研管理人员必须要予以考虑，而且我们的决策者和立法者也必须要予以考虑，即一方面是在运用科学技术手段于临床研究和治疗或公共卫生实践时，要求医疗、科研、公共卫生人员拥有严肃的科学态度，严密的科研设计，严谨的科研作风；另一方面则是要求他们必须具备对病人或受试者的人文关怀。我们正值纪念《纽伦堡法典》诞生 70 周年，70 年前审判纳粹医生反人类罪行的国际法庭宣读判决词中包含了题为"可允许的医学实验"一节，世称《纽伦堡法典》（以下简称《法典》），该《法典》有 10 条原则，体现了人文关怀的两个基本内容：对人的伤害、不幸和痛苦的敏感性和不可忍受性，以及对人的自主性和内在价值的尊重。这使得该《法典》不但具有普遍性，而且与我们今日的工作，尤其是将遗传学方面的新进展应用于人时有极为密切的相关性。2015 年 12 月 1 日在华盛顿美国科学院举行的由中国科学院、英国皇家学会和美国科学院联合举办的基因编辑高峰会议上，首次会议的三个基调报告就是：基因编辑的科学进展、遗传学的历史教训，以及与基因编辑相关的法律法规。

虽然，在 1994—1998 年，经过我国科学家、生理伦理学家、决策者和立法以及国际遗传学界和生命伦理学界的共同努力，1998 年在北京举行的国际遗传大会取得了成功，3000 余位来自各国的遗传学家（包括

一些生命伦理学家）参加了大会，在对优生学的历史教训以及遗传学应
用可能引起的伦理问题上取得了共识。但如果那时我们能有机会阅读到这
样一本书，也许那一届国际遗传学大会将会开得更好。

　　本书作者以翔实的历史事实和缜密的伦理分析，展示了遗传学历史上
一段辛酸教训，也揭示了遗传学研究和应用尤其在制定相关法律法规时应
关注的伦理问题。因此，它不仅具有历史意义，而且是在考虑应用遗传学
成就（例如基因编辑）于人群时，所有有关的医生、科学家、伦理学家、
法学家、决策者和立法者必须阅读的一本书。

翟晓梅

中国医学科学院/北京协和医学院生命伦理学研究中心

邱仁宗

中国社会科学院哲学研究所

2017 年 8 月 1 日

前　言

    遗传学研究和知识的应用在促进人类健康方面发挥着至关重要的作用。产前诊断、产前筛查、移植前基因诊断、线粒体转移等技术的应用有助于个体和家庭生育决策的制定，而基因编辑技术的兴起使人们可能在未来数十年后成为治疗和预防遗传性疾病的利器。然而，这些知识和技术的运用也引发了人们对 20 世纪前半叶优生学运动可能复活的担忧。彼时的优生学运动被视为人类首次运用遗传学知识对自身后代进行大规模干预的尝试，但最终却以剥夺个体自由、种族歧视和纳粹的暴行收场。当下，人们运用遗传学知识对人类生殖的干预被视为第二次尝试，如何避免历史上优生学错误的再次出现已成为当下遗传学技术应用的焦点。

    人们对优生学的担忧并非毫无根据。我国现有法律法规中仍存在历史上优生学的痕迹，体现在对婚姻与生育的捆绑、非自愿绝育和人工流产、对残疾人的歧视等诸多方面。尽管这些法律法规的目的——促进未来后代的健康，能够得到伦理学辩护，但在程序公正中仍存在问题。此外，由于国内缺乏对优生学中伦理问题的梳理和分析，且存在不少对优生学的错误理解，阻碍了人们对生殖遗传学技术应用中伦理问题的探究，也间接影响到遗传学研究和技术的应用。本书从生命伦理学视角出发，深入分析优生学中的伦理问题，试图澄清优生学这一概念，并通过构建具有针对性的伦理学评价框架，为确保遗传学在促进人类福祉中发挥重要的作用进行尝试。

    本书在对中西方优生学历史进行详细梳理的基础之上，对历史上的优生学进行伦理反思，并指出优生学概念的核心，如何使用遗传学知识提升人类质量。这一概念不单是对历史及当下优生学的概括，同时也有利于人们对优生学的探讨。在对我国现有法律法规及高等教育教材中优生学思想的梳理及现有生殖遗传学技术应用的基础上，归纳了法律法规与技术应用中所面临的伦理难题，并通过对主要伦理学理论的梳理和历史的经验，提出评价优生学问题的伦理学框架：受益、不伤害、自主性、公正、公众参与、学术自由与责任。

本书依次从生殖自由、公正、歧视三方面，对优生学和生殖遗传学技术的应用进行伦理分析：首先明确生殖自由在个体生殖决策及公共卫生干预中的重要性，并通过引入伤害原则及确保后代开放未来的权利这两个原则明确父母在生育中的义务；其次，明确生殖遗传学技术对后代健康的重要性，提出确保个体生殖自由和后代健康福祉的必要条件为医疗卫生的公正分配，并指出公共卫生中此类技术的应用并不必然会引发历史上优生学的复活；最后，针对残疾人权利保护者对生殖遗传学技术应用的批判进行有针对性的反驳，明确此类技术应用的目的在于促进后代的健康与福祉，并非是对残疾人的歧视，同时从公正原则出发指出社会整体应当给予残疾人必要的支持。

本书在对以上伦理问题分析的基础之上，提出具有针对性的政策建议：第一，明确优生学在中英文语境下的含义，指出"优生学"一词的使用必须谨慎；第二，建议对我国现有法律法规中出现的婚姻与生育捆绑、强制绝育与人工流产、残疾人歧视等相关条目进行修改，加强专业人员及公众在政策制定中的参与度；第三，针对我国当下生命伦理学和遗传学教材中的问题提出修改建议，并建议加强对教材的审批，以确保这些教材在人才培养中发挥其应有之作用。

本书从生命伦理学视角对优生学和生殖遗传学技术应用中的现实问题进行剖析，希望以此促进遗传学、伦理学、社会学、法学等多学科之间的合作，促进相关卫生政策的修改与制定，避免历史上优生学错误的再次出现。此伦理学维度之分析，还有助于人们在尊重生殖自由和公正的前提下，充分发挥遗传学技术在生殖领域中的作用，并促进个体和群体的健康与福祉。

第一章　导　　论

机遇与挑战

21 世纪是生命科学飞速发展的时代，其中尤以遗传学的发展和技术的应用最为突出。从孟德尔遗传定律的再发现，到沃森和克里克发现 DNA 双螺旋结构，再到当下人类对生物基因组的操控，这些发现和创新无不令人振奋。伴随着科学发现和技术创新，在政治、经济的共同作用下，人类社会已迈向新的基因时代。人类不断深入了解生命体的基本组成，对基因的操控能力更是达到了空前之水平，如对人和非人动物的基因修饰，甚至是"合成生命"[①]。人类通过对自身遗传组成的探索，运用遗传学知识进行疾病的预防和治疗，解除了无数患者的病痛，促进了人类的健康和福祉。近些年基因编辑技术的兴起使人类可能在未来数十年内"定制"自身和后代的遗传组成。人类还有可能在未来通过例如基因编辑（gene editing）和合成生物学（synthetic biology）创造超越人类和人工智能的物种。

尽管没有人能预测未来我们何时具备塑造自身生命的能力，但正如一些科学家和科幻作家预言的那样，我相信这一天终将到来。当下，人类已经广泛运用科学知识对人类自身进行干预，尤其是对后代的干预。无论是在欧美发达国家，抑或是在我国，通过影像学技术或使用遗传学技术来诊断和避免遗传或先天性缺陷胎儿的出生已十分普遍。[②][③]携带有致病基因或

---

① Bedau M., Church G., Rasmussen S., et al., "Life after the Synthetic Cell", *Nature*, Vol. 465, No. 7297, 2011.

② 陆国辉、陈天健、黄尚志：《产前诊断及其在国内应用的分析》，《中国优生与遗传杂志》2003 年第 11 期。

③ Palomaki G. E., Knight G. J., McCarthy J., et al., *Maternal Serum Screening for Fetal Down Syndrome in the United States：a 1992 Survey Am I Obstet Gynecol*, Vol. 169, No. 6, 1993.

患有遗传疾病的夫妇能够通过移植前基因诊断（preimplantation genetic di-agnosis，PGD）、胚胎筛选和线粒体转移等辅助生殖技术，或通过产前遗传诊断和人工流产选择出生一个健康的后代。包括美国在内的生殖诊所已经开始向异性恋和同性恋夫妇提供 PGD 技术以用于非健康原因的性别（和其他性状）选择，其中包括不少来自中国的客户，这也是人类首次使用遗传技术来筛选非疾病特征。①②随着这些遗传学技术的应用，一个新的医学领域开始涌现，将生殖和遗传学技术整合，称为生殖遗传学。③

　　推进这些发展的动力是科技革命和信息爆炸。2003 年人类基因组计划（Human Genome Project，HGP）完成了人类 30 亿对核苷酸序列的识别。这一序列在网络上公开，同时公布的还有大约 25000 个已被识别的基因，此部分是编码人类细胞和组织的蛋白质序列。这项任务的完成共花费了 13 年的时间，每一对碱基约花费 1 美元，HGP 刺激了相关技术的发展，并促进了 DNA 测序成本的降低。遗传学家以及一些企业家已经将全基因组测序降低到 1000 美元以下，以使更多的人能够从遗传学知识中获益，而最初这一费用高达上千万美元。④遗传检测的发展刺激了个体化医疗（或称为精准医疗）的兴起，对于个体患者而言，他们能够使用这些检测结果并结合遗传咨询以获得个体化医疗干预，制订具有针对性的治疗和康复方案，或进行疾病的预测和预防（尽管目前看来有效的干预十分有限）。另一方面，对于非疾病特征，如性别、发色、肤色、身高，甚至智力等的遗传学研究将揭示遗传在其中的作用。当这些技术应用到生殖决策时，未来某一天，在孩子降生的同时父母将获得孩子的全基因组测序结果，以及由人工智能（artificial intelligence，AI）制定的"完美人生培养手册"。同时发生的可能是在孩子处于胚胎时期甚至在受精卵形成之前父

---

①　Gender – Baby，"Preimplantation Genetic Diagnosis（PGD）for Gender Selection Success"，ht-tp：//www. gender – baby. com/methods/preimplantation – genetic – diagnosis – pgd/.

②　Centers G. S.，"The Fertility Institutes Uses PGD for Virtually 100% Gender Selection Guaran-tee"，http：//fertility – docs. com/programs – and – services/gender – selection/select – the – gender – of – your – baby – using – pgd. php.

③　Green R. M.，*Babies by Design：The Ethics of Genetic Choice*，New Haven：Yale University Press，2007.

④　Yirka O.，"Illumina Announces $1000 Whole Human Genome Sequencing Machine"，ht-tp：//phys. org/news/2014 – 01 – illumina – human – genome – sequencing – machine. html.

母就能够选择出他们想要的特征，甚至是目前人类这一物种所不具有的特征。随着二代测序以及基因编辑技术的出现，现在看来这些远景已不再是天方夜谭。美国在 2017 年举办的基因编辑报告发布会似乎也暗示美国很可能是第一个允许（或不禁止）基因增强的国家，第一个"超人"很可能会在美国降生。当我们兴奋地展望这些美好图景的同时，或许也应当思考一下：我们是否正在打开"潘多拉魔盒"？

优生学的阴影

技术的发展和应用不总是朝着我们期望的方向进行。当下人类对遗传学知识的运用让我们联想到 19 世纪末至 20 世纪前半叶人类首次将遗传学知识应用到生殖控制中的优生学运动，而这并不为大多数中国人所知，甚至现在生活在当事国的公民也未必了解其历史。在美国、丹麦、挪威、瑞典、瑞士至少数万人被强制绝育，纳粹德国则以"种族卫生"的名义对公民、犹太人、吉普赛人和战犯实施屠杀。尽管现在有不少学者认为优生学运动的形式和内容多样，优生学本身并不一定是错的，但在大多数了解或经历过优生学运动的人眼中，优生学与种族主义、人种改良、强制绝育和纳粹的大屠杀（Holocaust）有着千丝万缕的关联。[1][2]由于遗传学、优生学、生育控制等在历史上的复杂关联，当下不少遗传学研究和遗传学技术的应用被贴上"优生学"标签，备受批判和指责。如国内某公司于 2012年启动的一项寻找遗传天才的计划，希望通过对 2000 多个个体的全基因组分析，发现与人类智力相关的遗传突变。[3]这些个体中有 1600 人的资料来自美国 20 世纪 70 年代发起的一项少年数学天才研究计划（Study of Mathematically Precocious Youth，SMPY），该计划旨在寻找最聪明、最具数学天赋和推理能力的人。一些学者认为该企业的研究可能具有好的一面，如伦敦国王学院（King's College）的行为遗传学教授罗伯特·布罗明（Robert Plomin）所言，如果研究有所发现的话，人们能够预测儿童早期

---

① Buchanan A. E., *From Chance to Choice*：*Genetics and Justice*，Cambridge，U. K.：Cambridge University Press，2000.

② Wikler D.，"Can We Learn from Eugenics?"，*J Med Ethics*，Vol. 25，No. 2，1999.

③ 生物通：《Nature：华大基因寻找遗传学天才—华大基因丨遗传学天才丨智力基因》，生物通，http：//www. ebiotrade. com/newsf/2013—5/2013516121907194. htm。

的智力水平并开展具有针对性的教育，此外对于那些存在学习障碍的孩子而言，我们或许可以在他们进入学校前对其进行干预以解决部分学习障碍问题，这有助于他们今后在学校的学习与生活。[1]另一些人对该研究提出质疑，如英国谢菲尔德大学的社会学家保罗·马丁（Paul Martin），他惊讶于遗传学家仍旧在进行有关智力方面的研究，"我相信大部分人会说这是一个错误的范例，尤其当众多教育学方面的研究已经证明社会因素在塑造个体中所起的重要作用时，开展这一研究从某种意义上而言是一种倒退"[2]。还有一些言论则更为极端，2013 年 3 月美国某媒体曾发表过一篇名为"中国在设计天才婴儿"的文章，将该研究描述为允许父母预测后代智力的"国家基因工程项目"，称之为新"优生学运动"，为国家选择性地养育更为聪明的后代。[3]我认为后两种言论皆有失偏颇：一是否定了遗传学在个体发生和发育中的重要作用；二是歪曲遗传学研究的目的并将有关智力的遗传学研究等同于历史上邪恶的优生学。反观美国，虽然联邦政府对此类技术的管治严格，但各州均有极大的立法权，相比中国而言美国出现第二次优生学运动的可能性更甚。在我看来这一研究本身并没有错，但我们仍需要注意两点：一，研究的过程及其结果是否能够通过严谨的科学验证；二，研究的目的及其今后可能的应用是否能够得到伦理学辩护，如是否会引发对非"天才"的歧视？如何避免或降低歧视的出现？政府是否应当制定法规对相关研究和应用进行监管？如何监管？当我们在历史上曾经出现过"优生学"错误，且我们的监管体系存在诸多漏洞时，不难想象这一研究会受到国外学者和媒体的攻击。

当然，人们对于遗传学研究和技术应用的担忧并非毫无道理和根据，历史上的优生学运动迫使我们在使用涉及判断和选择后代特征的遗传学干预时倍加小心。虽然被公众所厌恶的"优生学"已经过去半个多世纪，但正因为其对人类的警示，促使人类基因组计划的第一位领导者詹姆斯·沃森（James Watson）建立了专业委员会，旨在解决人类遗传学研究中面

———————

① Yong E., "Chinese Project Probes the Genetics of Genius", *Nature News & Comment*, http://www.nature.com/news/chinese-project-probes-the-genetics-of-genius-1.12985.

② Ibid。

③ Eror A., "China Is Engineering Genius Babies", http://www.vice.com/read/chinas-taking-over-the-world-with-a-massive-genetic-engineering-program/.

临的伦理、法律和社会问题（ethical，legal，social issues，ELSI）。其继任者美国国立卫生研究院现任院长弗朗西斯·柯林斯（Francis Collins）同样也表达了对这些问题的担忧，他认为人类基因组计划成功的最大威胁不是来自科学和技术的难题，而是如何处理其中的伦理问题，且计划的顺利进行离不开公众的支持。

遗传学的发展能够提升人类的福祉，但同时人们也担心遗传信息可能成为被拒绝雇用和获得保险的理由，即公正问题。雇主和保险公司已经开始关注对应聘者、雇员及客户遗传信息的收集和分析。如发生在我国广东佛山的基因歧视案，招聘单位仅以应聘者携带有地中海贫血的基因便拒绝雇用，而稍有遗传知识的人便知此做法欠缺科学依据，携带者是疟疾流行地区长期自然选择的结果，这些不但不是地中海贫血的患者，反而因选择优势更有利于他们在地中海贫血流行的两广地区工作。

雇主可能希望获得这些信息以判断某人是否具备出众的工作潜能（如通过基因检测确定其是否具有某方面的"天赋"），而保险公司则关注其潜在客户是否有某些疾病风险，降低具有高患病风险者的保额或直接拒绝承保，当然这并不意味一定是不公正的（例如避免保险欺诈的发生）。

作为医学的一部分，医学遗传学相关医疗资源的公正分配同样值得人们关注，人们担心遗传检测、基因治疗技术的可及性问题，而增强目的的基因修饰可能会加大社会不公正并引发新的歧视问题。遗传学技术具有改变人类自身、社会和自然的强大力量，它在给人类带来福祉的同时可能会带来伤害。但我们不能因其可能或已经造成伤害而彻底否定它，而应慎重考虑如何合理使用遗传学技术。

对遗传学技术应用的担忧可能来源于人们对优生学的担忧。当今分子生物学革命中人类对自身遗传物质的控制，并不是人类第一次改变自身遗传物质的大规模尝试。通常，人们认为第一次尝试是1870—1950年的优生学运动，这一大范围的社会运动源于英国，期间涉及从巴西到苏联等众多国家的公众、各类专业协会和政府官员，最终以纳粹在优生学名义下的暴行告一段落。优生学运动定位于当时的社会问题，如经济衰退、种族"退化"，人们希望通过优生学来改造后代并解决这些问题。在美国，优生学还受到各大基金会的青睐，如卡内基基金会和洛克菲勒基金会，并受到不少人类遗传学家的支持。而当时众多从事早期遗传学研究的科学家，其动机不少都来源于优生学。

20 世纪前后的优生学运动大多被当时的学者、政治家认为是"拯救"人种和社会的"一剂良药",而当下人们对优生学的理解却有了巨大的转变。回顾过往,优生学的历史并不是一个值得骄傲的历史。它之所以被铭记,大多是由于其不可靠的科学依据、种族和阶层歧视、隔离政策,以及在世界范围内对数以千计的脆弱人群实施的强制绝育。这些人被认为携带有"不良"基因,需要通过人工选择的方式对其进行淘汰。而优生学历史中最残酷的片段莫过于纳粹提出的"种族卫生"政策,以优生学为名,从对所有残疾或被认为不适宜生存的雅利安人施行绝育为起点,最终引发对数百万人的大屠杀。

遗传学特别是医学遗传学,其目的之一就是使人类受益,故其不可避免地会受到优生学阴影的笼罩。如果说历史上的优生学运动是人类第一次应用遗传学知识(尽管不少内容从当前的人类遗传学视角审视被归为伪科学)承诺为人类带来利益,则新时期的遗传学革命可被视为第二次尝试。当新遗传技术和知识的使用被冠以"优生学"的时候,便会让人联想到优生学的阴暗面。

即使新遗传学最光彩的部分也不断被优生学阴影所笼罩,如产前筛查或植入前基因诊断给不少家庭带来益处的同时,也被一些人视为是对残疾人的歧视,并被贴上"优生学"的标签。自纳粹"种族卫生学"起这个词便已含有极为负面的含义,如今在经历过优生学运动的国家中,几乎没有人希望与优生学联系在一起。[①]而不少人在讨论优生学或向他人贴上"优生学"标签时,都没能对优生学进行明确定义,对于优生学的批判也仅仅停留在对纳粹和词语本身的排斥和厌恶之上。

当下,无论是那些认为新的遗传学被邪恶优生学传染者,还是为遗传学辩护者,都没能给出一个令人信服的例证。如有些学者提出新遗传学与历史上优生学最大的不同在于尊重个体的自主性,但"自由优生学"(liberal eugenics)的提出使自主性不再成为区分两者的充分必要条件,在社会、经济和文化的作用下,社会中的每一个个体在没有国家强制的前提

---

① Proctor R., *Racial Hygiene: Medicine Under the Nazis*, Cambridge, MA.: Harvard University Press, 1988.

下几乎会作出相同或类似的生育决策，如选择生育健康后代（合理的选
择，在满足特定条件下甚至被认为是父母的义务），或在更远的将来对胎
儿进行全面的基因增强。①若要解决这些争论，我们至少需要做如下两件
事：对优生学进行深入的伦理剖析；对新遗传学的伦理前提和含义进行
检验。

优生学反思在中国的必要性

我国已经成为科研大国，在国际遗传学研究领域占有重要地位。中国
科学家首次对人类胚胎进行基因编辑，首次使用 CRISP - CAS9 这一基因
编辑技术进行人体临床试验（体细胞基因治疗）。无论是遗传学技术的应
用，或法律法规的制定，无不受到国际社会的关注（当然更重要的是技
术和法规对个体生活、健康的影响）。如我国在 1994 年卫生部向全国人民
代表大会递交的《优生保护法》（后改名为《母婴保健法》获得全国人民
代表大会常务委员会通过），以 "Eugenic Law" 作为该法的英文译名，且
在该法案的个别条文中体现了 20 世纪前后被伦理学和遗传学界广泛批判
的优生学思想，在国际社会引起轩然大波。②③值得庆幸的是，在我国遗传
学家和伦理学家的建议及政府积极的努力下，最终平息了这一事件。④但
是，对于 20 世纪前后的优生学历史及其伦理反思，以及遗传技术在中国
情境下的应用我们仍缺乏伦理思考，而我国现行法律和高等教育教科书中
仍存在历史上优生学的痕迹，如婚姻与生育的捆绑，非自愿绝育和人工流
产，受益和负担的不公正分配，以及对残疾人的污名化和歧视等问题。虽
然这些法律法规和教材编写者的初衷或许是好的，如促进个体或群体的健
康，但实现这一目的的方式却值得商榷，即实质公正并不能为程序公正进
行辩护。因此，我们有必要对国内外的优生学历史进行梳理，并对其进行
伦理剖析，构建评价优生学的伦理框架，以伦理学视角分析遗传学在我国

① Duster T., *Backdoor to Eugenics*, Londong: Routledge, 2003.
② O'Brien C., "China Urged to Delay 'Eugenics' Law", *Nature*, Vol. 383, No. 6597, 1996.
③ Clarke A., Harper P., Unsworth P. F., et al., "Eugenics in China", The Lancet, Vol. 346, No. 8973, 1995.
④ Chen Z., Chen R., Qiu R., et al., "Chinese Geneticists Are Far from Eugenics Movement", *The American Journal of Human Genetics*, Vol. 65, No. 4, 1999.

目前的应用，避免历史上优生学错误的再次出现，并为运用遗传学知识促进人类福祉进行当下可及的最佳辩护。

优生学的概念和定义

尽管有关"优生学"的诸多问题尚在争论之中，但如果要就这些问题进行富有成效的对话，就必须首先对"优生学"进行明确定义。正如维特根斯坦（1889—1951）所言：哲学家的职责乃是指出使用这些语言所包含的混乱，以便"克服理性的迷惑"。为使有关优生学的伦理讨论成为可能，避免不必要的误读，构建对话语境，我们需要对优生学进行明确定义。

优生学

对于"优生学"（eugenics）一词，当下并不存在一个被人们普遍接受的定义。从弗朗西斯·高尔顿（Francis Galton）创造 eugenics 一词起，历经 20 世纪前半叶欧美各国优生学运动中社会各界对其的推崇，德国纳粹以优生学为名对犹太人、吉卜赛人和战俘施行的大屠杀，到优生学在"二战"结束后的销声匿迹；从潘光旦将 eugenics 译为"优生学"并激起近代中国的优生学讨论，到 20 世纪末期中国的"优生学（eugenics）"立法；从中国提出"优生优育"口号，再到遗传学迅猛发展和遗传学技术广泛应用的当下，人们难以用一个统一的定义来描述优生学。

当我们对中外优生学历史进行回顾及梳理后不难发现，优生学的含义错综复杂。首先对优生学进行界定的是现代优生学的创始人高尔顿。他起初将"eugenics"定义为："通过合理的婚配，以及任何能够优于自然方式所能够获得的改良种族或血统的科学。"[1]随后，他又将"eugenics"定义为："在社会控制下的机构可能在身体或精神上提高未来后代种族质量的研究。"[2]从高尔顿的定义可以看出，他将优生学视为一个研究如何提升血统或种族遗传品质的学科或研究领域。同样，在当下也存在着类似的界

---

[1] Francis G. , *Inquiries into Human Faculty and its Development*, U.K.：Macmillan, 1883.

[2] Pearson K. , *The Chances of Death*, *and other studies in evolution*, London：E. Arnold, 1897.

定，如韦氏字典（Merriam – Webster）的定义："提升某一种族或血统遗传质量的学科（如控制人类婚配）。"①在我国不少学者也将优生学视为一门学科，如："优生学已发展成为以人类遗传学和医学遗传学为基础，研究改善人类遗传素质的综合性学科。"②③

虽然优生学运动盛行时不少学者将优生学界定为一门学科或研究领域，但仍有不少人持反对意见，如英国哲学家伯特兰·罗素（Bertrand Russell）对优生学的界定："某种通过采取深思熟虑的方法来提升某一血统生物学特征的尝试。"④与高尔顿提出的优生学定义不同的是，罗素的定义并未将优生学视为一门学科，而是将其视为一种尝试（attempt）。与之类似的还有1998年劳特利奇（Routledge）出版社的哲学百科全书中对优生学的定义："提升人类基因库的尝试。"⑤根据这些定义我们不难看出，在不少学者眼中，优生学还不足以成为一门学科，而只是利用遗传学和医学知识来改造人类或代替自然选择的某种尝试。

除此之外，还有学者将优生学视为国家政策，如桃乐茜·韦茨（Dorothy Wertz）向世界卫生组织（World Health Organization，WHO）提交的研究报告中将优生学定义为："一项为了促进某种生殖目标而制定的侵害权利、自由和个体选择的强制性政策。"⑥韦茨将其视为强制性政策，并认为这里的"强制"包含国家或其他社会机构所推行的法律、规章、积极或消极的激励政策等（包括基本医疗服务可及性的缺乏）。

当然，也并非所有人都希望给出一个明确的优生学定义，出于该词语的复杂性，一些学者仅对其进行描述，如斯坦福大学哲学百科全书中对优生学的阐述："优生学一词负载着历史意义和某种极为强烈的消极含义。

---

① Dictionary M.，"Eugenics – Definition and More from the Free Merriam – Webster Dictionary"，http：//www. merriam – webster. com/dictionary/eugenics.

② 焦雨梅：《医学伦理学》，华中科技大学出版社2010年第二版。

③ 孙福川、丘祥兴：《医学伦理学》，人民卫生出版社2013年版。

④ Robert F. Weir, Susan C. Lawrence and Evan Fales, *In Genes and Human Self - Knowledge*: *Historical and Philosophical Reflections on Modern Genetics*, Iowa City：University of Iowa Press，1994，pp. 67—83.

⑤ Chadwick R.，"Genetics and Ethics"，see Craig. E. *The Encyclopedia of Philosophy*，Routledge，1998.

⑥ Wertz D. C.，Fletcher J. C.，Berg K.，*Review of Ethical Issues in Medical Genetics*，Geneva：World Health Organization，2003.

其字面寓意——好的出生——被几乎所有父母所接受，但是优生学的历史与血统选择、集中营、人体试验，以及'二战'期间纳粹德国施行的大屠杀紧密地联系到一起。"①

　　从以上不同时期以及不同学者对优生学这一概念的界定，我们不难发掘其共性。首先是优生学的目的，即获得人们希望拥有的遗传特征。这些特征可以是健康、运动机能、智力、记忆力等任何与遗传相关的特征，而主体既可以是政府、机构、组织，也可以为群体或个人。当然，可能有学者会提出，历史上大部分的优生学皆以改良人种或控制人类进化为目的，因此不存在统一的目的。无论是改良人种或控制人类的进化，其核心必定需要使后代获得某些人类认为好的遗传特性，这些特性代表着种族或人种的"优越性"，或人类进化的方向。因此，历史上的优生学，无论其表面上的目的如何变更，它的核心是不变的。（谈论血统、种族可能会诱发歧视和污名化，尽管科学共同体曾发表声明，种族间的差异要小于个体之间的差异，但当这种遗传上的差异涉及当今或未来社会中的敏感特征时，如与智力或记忆等相关的遗传差异，这一声明未必能够在消除歧视上发挥作用）而达到这一目的所使用的方法则基于遗传学知识。无论是高尔顿最初所言的婚配，或是 20 世纪初期优生学运动中的强制绝育、种族隔离、限制性移民政策等，为它们提供理论基础的皆为遗传学。最后，尽管现代优生学诞生之时人们将其视为一门学科，且在我国仍有部分学者将其视为学科，但随着时间的推移，尤其在其错综复杂的历史背景之下，以及当下遗传学尤其是医学遗传学已经包含了前两个特点的情况下，优生学是否能够作为一个独立的学科继续保留存在巨大争议。此外，即使优生学作为一门学科或科学，我们也应当考虑科学知识的不准确性、可错性，以及科学知识可能被错误应用的问题。

　　基于对优生学本质的理解，及对现有优生学概念的分析，本书使用的优生学定义为：应用遗传学知识来获得人类所期望拥有的遗传特性的尝试。这是一个描述性定义，在价值判断上是中立的。

　　与大多数否定和批判优生学的观点相比，这一定义在价值上更为中立。对于优生学的历史，人们可能从强制绝育、大屠杀、种族歧视、集体主义等多方面批判优生学，试图将这些问题内化到优生学之中。但当我们

_____

① Encyclopedia S., *Eugenics*, *Stanford Encyclopedia of Philosophy*, http://plato.stanford.edu/entries/eugenics/.

回顾优生学发展的历史后不难发现，优生学并非必然具有这些特点，因此我们可将强制绝育、隔离等视为人们实现优生学目的所采取的手段，而不将其作为优生学所固有的成分。优生学的目的可能是获得健康后代，或纳粹所言的获取"最高等级"的种族，抑或是获得父母、群体、社会、国家所期望的后代。针对这些问题，本书除了将对优生学的目的进行伦理分析外，还将针对实现优生学目的的程序公正进行伦理分析。

消极优生学

消极优生学（negative eugenics）可被视为政府、群体、个体实现优生学目的的某种手段。它是指政府、群体、个人通过制定政策、计划，或根据个人意愿，以遗传学知识和技术为基础，减少或防止那些被认为是"遗传低劣者"或不健康胎儿的出生。[1][2][3][4]政府或群体的干预包括强制绝育、种族隔离等强制手段，或通过经济激励、产前遗传筛查或公共宣传等方式来间接干预人群或个体的生育决策；个人则通过人工流产和辅助生殖技术来实现消极优生。

积极优生学

积极优生学（positive eugenics）同样是政府、群体和个人实现优生学的手段。它是指政府、群体、个人通过制定政策、计划，或根据个人意愿，以遗传学知识和技术为基础，使个体生育更多健康或具备遗传优势的后代。[5][6][7]对政府而言，可以通过经济激励以鼓励那些被认为在遗传上具

---

[1] Ludmerer K. M. , "Eugenics History"，载 Reich. W. T. *In Encyclopedia of Bioethics*，Free Press 1978 版，第 457—462 页。

[2] Tubbs J. B. , *A Handbook of Bioethics terms*，Washington D. C. : Georgetown University Press，2009，p. 53.

[3] Post S. G. , *Encyclopedia of bioethics*，New York：Macmillan Reference，2004，pp. 848—852.

[4] Neri D. , "Eugenics"，载 Chadwick R. *Encyclopedia of applied ethics*，Academic Press 2012 版，第 189—199 页。

[5] 同上。

[6] Post S. G. , *Encyclopedia of bioethics*，New York：Macmillan Reference，2004，pp. 848—852.

[7] Ludmerer K. M. , "Eugenics History"，载 Reich. W. T. *In Encyclopedia of Bioethics*，Free Press 1978 版，第 457—462 页。

备优势的人生育更多的后代，或提升生殖保健干预的可及性以促进或确保健康后代的出生。个体可以通过遗传检测和辅助生殖技术，筛选出个体或社会所承认的具备遗传优势的胚胎。在未来，人们还可以通过基因编辑技术，根据父母意愿对配子或胚胎的基因进行改造，以获得个体父母认为或被社会接受的具有遗传优势的后代。

我们在使用"eugenics"和"优生学"时必须格外谨慎，在缺乏对其明确定义的前提下的使用极易产生歧义。因此，为避免产生不必要的歧义，本书将历史上与种族主义、阶层偏见、非自愿绝育、纳粹大屠杀等难以剥离的优生学或优生学运动统称为历史上的优生学。

优生学的历史

为避免使所有遗传学应用均被冠以"优生学"而遭到误读，确保遗传学知识的合理应用，促进个体和后代的健康，避免历史上优生学错误的再次发生，我们必须明确优生学的具体内涵，对涉及优生学的伦理问题进行深入剖析。为实现以上目标，我们必须首先对优生学的历史进行梳理。

优生学的历史错综复杂。从高尔顿第一次提出优生学并将其描述为"提升血统的科学"①起，优生学便被赋予各种含义。美国历史学家利拉·正德尔兰德（Leila Zenderland）指出优生学运动存在两种版本：一个是"官方"版本，以种族主义为核心，受到保守派思想家、政治家和一些科学家的支持，并被纳粹推向"顶峰"；另一个是"真实"故事，关于一系列令人混乱的思想家、社会学家、科学家、法西斯主义和北欧社会福利国家的政治家，他们各自秉持观点、信条，且他们所提倡的干预都不尽相同，如限制某些群体接受教育、减少对残疾人的福利、非自愿绝育、提升公共卫生干预的可及性，或提高社会福利等等。②"官方"的故事是被授予年轻遗传学家和学生的，它告诉我们不能做什么；"真实"的故事则不易被发掘、不易在课堂上传授。试图从这一历史中挖掘经验和教训必须

---

① Francis G. , *Inquiries into Human Faculty and its Development*, U. K. : Macmillan, 1883.

② Buchanan A. E. , *From Chance to Choice: Genetics and Justice*, Cambridge, U. K. : Cambridge University Press, 2000.

十分谨慎。总之，优生学曾以多种形式出现，并被不同的人和政府所使用，因此当人们评论优生学或将某些技术的应用贴上"优生学"标签时，必须首先明确优生学的定义，而不应将其简单地与纳粹暴行、强制绝育或社会达尔文主义画等号，也不能简单地将其视为一门促进人类健康的学科而忽视历史上优生学运动给人类带来的灾难。

正是由于优生学历史的错综复杂，并非所有人都认为我们能够从优生学的历史中挖掘出有价值的经验。在这些人看来，优生学只是历史进程中的一段插曲，可能会让我们了解当时的政府如何利用科学的权威性来达到自己的目的，但这些不足以对当下医学遗传学或公共卫生政策起到警示作用，并认为新的遗传学已经完全摆脱了优生学的阴影。尤其在一些国内学者看来，当代中国所言的"优生学"是一门学科且与西方20 世纪初期的"eugenics"毫无关联，而在他们的言语间却流露出那一时期优生学所暴露的伦理问题，如对非自愿绝育的提倡和对残疾人歧视的忽视等。①②③

出于优生学运动的复杂性和多样性，以及优生学与遗传学密不可分的关系，优生学历史仍旧对那些关注新遗传学应用中伦理问题的人有启发意义，并且对于那些不太了解优生学历史及其背后的伦理的审视者可能会有所裨益。

现代优生学起源和兴起于西方社会，故我们将首先对西方社会的优生学历史进行梳理。此外，由于同时期我国特殊的政治、经济、文化背景，我国的优生学发展呈现出与西方不同的轨迹和特点，我们将在随后进行梳理和分析。

优生学在西方简史

西方的优生学思想最早可追溯到古希腊时期，柏拉图在其《理想国》

---

① 陈爱葵：《高等师范院校生命医学类系列丛书：遗传与优生》，清华大学出版社 2014 年版。

② 吴素香：《医学伦理学》，广东高等教育出版社 2013 年第四版。

③ 孙福川、丘祥兴：《医学伦理学》，人民卫生出版社 2013 年版。

和《律法》中提出众多提升未来后代质量的社会方法。[①]尽管优生学思想古来有之，但现代优生学的开端通常被认为始于达尔文的表弟高尔顿。高尔顿是现代数量遗传学的奠基人，他与英国生物计量学家卡尔·皮尔逊（Karl Pearson）、英国统计学家罗纳德·费舍尔（Ronald Fisher）等人为现代统计学的形成作出了突出贡献，且三人都积极投身于优生学的研究和传播中。[②]高尔顿受达尔文进化论和自然选择学说的影响，认为人类之中不存在自然上的不平等，因为一部分人已经被证明不适应现代社会的挑战，他们理应被淘汰。他试图研究人类的天赋、美德及其他特性，使具有"优良"特性之人在自然选择中具备优势。他认为能够通过使那些具有天赋的人拥有更多后代来提高国家或民族的血统，如果同时限制那些天赋较差者的生育，则效果更佳。[③][④]

高尔顿于1883年用希腊词根eu（健康的，好的）与genos（种族，出生）合成英文"eugenics"一词，并将其定义为："通过合理的婚配，以及任何能够优于自然方式所能够获得的改良种族或血统的科学。"（Science of improving stock – not only by judicious mating，but whatever tends to give the more suitable races or strains of blood a better chance of prevailing over the less suitable than they otherwise would have had. ）[⑤]他也曾将"eugenics"定义为："在社会控制下的机构可能在身体或精神上提高未来后代种族质量的研究。"（The study of agencies under social control that may improve the racial qualities of future generations either physically or mentally. ）[⑥] 尽管高尔顿对"eugenics"一词的定义有所不同，但他所提出的优生学理念的核心是不变的，即采取任何方式来改良种族（race）或血统（blood）的遗传质量。

高尔顿认为应当在民众中建立某种对优生学的宗教般的信仰，使所有人了解改良种族质量的重要性及实现这一目标的方法。他认为国家应当建

---

① Galton D. J. , "Greek Theories on Eugenics", *Journal of Medical Ethics*, Vol. 24, No. 4, 1998.

② Louçã F. , "Emancipation Through Interaction – How Eugenics and Statistics Converged and Diverged", *Journal of the History of Biology*, Vol. 42, No. 2, 2009.

③ Ibid. .

④ Depew D. J. , Weber B. H. , *Darwinism Evolving: Systems Dynamics and the Genealogy of Natural Selection*, Cambridge, Massachusetts: MIT Press, 1995.

⑤ Francis G. , *Inquiries into human faculty and its development*, U. K. : Macmillan, 1883.

⑥ Pearson K. , *The Chances of Death, and Other Studies in Evolution*, London: E. Arnold, 1897.

立优生学记录办公室，记录并保存社会中每一位成员的优生学证明（eu-
genic certificates），为育龄夫妇提供婚育建议。他认为国家应当采取某些
行动来限制低能者、罪犯和精神病人等遗传属性欠佳者生育后代，如采用
隔离和婚育限制等方法。

优生学思想的飞速传播

大多数优生学家支持高尔顿提出的优生学，即以高古斯特·魏斯曼
（August Weismann）的"种质学说"为基础的优生学。[1]在他们看来，人
类的许多特性在出生时便被确定，如智力、贫穷、犯罪倾向、精神病等都
被认为只由遗传决定并世代相传，几乎不受环境因素影响。这一派优生学
家认为当时的医学发展和社会福利体系阻碍了物种的进化，让那些不适应
环境（unfit）的人存活下来并生育后代，这对种族的质量构成了威胁。支
持高尔顿学说的优生学家在当时属主流优生学家，他们把自己视作社会精
英，将个体在政治和经济上取得的成功完全归因于遗传因素的影响。这些
观点恰好迎合了当时社会精英的心理，这为主流优生学思想的传播和优生
学立法打下了基础。

高尔顿的优生学思想迅速在世界范围内传播。在 20 世纪上半叶，英
国、美国、德国几乎每一位人类遗传学家都参与到"优生学运动"之中：
人类遗传学几乎等同于优生学。一些国家还建立了相应的研究机构并向公
众宣传优生学思想。在英国，1904 年高尔顿建立了弗朗西斯·高尔顿国
家优生学实验室，英国优生学教育协会（English Eugenics Education Socie-
ty）于 1907 年成立；在德国，种族卫生协会（Racial Hygiene Society）于
1905 年成立；[2] 1910 年美国优生学记录办公室在纽约冷泉港建立，并先后
接受美国铁路大亨哈里曼（E. H. Harriman）的遗孀玛丽·哈里曼（Mary
Harriman）、洛克菲勒家族及卡内基学院的资助；[3] 1923 年美国优生学协会

① Buchanan A. E. , *From Chance to Choice: Genetics and Justice*, Cambridge: Cambridge University Press, 2000.

② Weindling P. , *Health, Race, and German Politics Between National Unification and Nazism*, 1870—1945, Cambridge: Cambridge University Press, 1989.

③ Anonymity. , "Eugenics Record Office", *Cold Spring Harbor Laboratory*, http://library.cshl.edu/special – collections/eugenics.

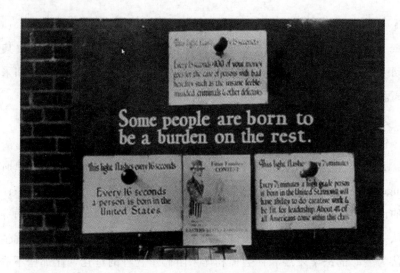

图1—1　优生学宣传标语

（American Eugenics Society）成立，并在随后的 10 年间于 29 个州建立其分支机构，为优生学思想在美国的传播及优生学立法奠定了基础。①②③

　　高尔顿在遗传学和统计学上的工作由其继任者皮尔逊继续开展。后者还创建了"优生学年报"（Annals of Eugenics），该期刊的副标题为"对种族问题开展科学研究"，但在 1928 年以后，标题改为"致力于人口遗传学研究"，并在"二战"后的 1954 年更名为"人类遗传学年报"（Annals of Human Genetics）。在美国，社会学家查尔斯·达文波特（Charles Davenport）领导着由卡内基资助的优生学记录办公室（Eugenics Record Office），并雇用了专业团队搜集家谱信息。④⑤截至 1928 年，美国共有 376 所大学开设了优生学相关课程，而到了 20 世纪 30 年代优生学还被编入美

①　Kevles D. J., *In the Name of Eugenics：Genetics and the Uses of Human Heredity*, Cambridge, Mass.：Harvard University Press, 1995.

②　Hunt J., "Perfecting Humankind：A Comparison of Progressive and Nazi Views on Eugenics, Sterilization and Abortion", *The Linacre Quarterly*, Vol. 66, No. 1, 1999.

③　Mazumdar P., *Eugenics, Human Genetics and Human Failings：The Eugenics Society, Its Sources and Its Critics in Britain*, Oxford：Routledge, 2005.

④　Allen G. E., "The eugenics record office at Cold Spring Harbor, 1910—1940：An essay in institutional history", *Osiris*, Vol. 2, No. 1, 1986.

⑤　Paul D. B., "Culpability and compassion：lessons from the history of eugenics", *Politics and the life sciences：the journal of the Association for Politics and the Life Sciences*, Vol. 15, No. 1, 1996.

国高中的教科书。[①]

在英国和美国，优生运动主要集中在中、上阶层，其中包括众多领域的专家和学者，如威尔斯（H. G. Wells）、萧伯纳（George Bernard Shaw）、罗素（Bertrand Russell）、丘吉尔（Winston Churchill）等人。[②]在1890—1920年，优生学的理念还在众多非英语国家中传播，如挪威、巴西和苏联。世界各国的优生学研究机构在"二战"爆发前（1939年）一直保持着紧密的联系。[③]在20世纪的前40年中，英国、美国、德国几乎每一位对人类研究感兴趣的遗传学家都参与到优生学运动之中：人类遗传学几乎等同于优生学。[④]而同一时期遗传学和进化生物学方面的研究，都与优生学有着或多或少的关联。[⑤]

当时的优生学思想还被带入公众讨论之中。在美国从20世纪初至40年代末，"eugenics"一词对于大多数美国人而言并不陌生。中小学教师、医生、政客、牧师无不在使用这一词语并引用与优生学相关的理论，使之成为流行文化的一部分。在报纸、杂志、小说、电影、戏剧中经常会提及"有关优生的科学"（the well-born science）。在美国的佐治亚州，妇女基督教戒酒联合会开展了"优秀婴儿展"，协会的主席称其为"亚特兰大迈向优生学的第一步"，并将该城市视为拥抱优生学的"南部先驱城市"。[⑥]尽管当时优生学运动十分流行，但无论在科学界还是在公众中并没有一个清晰明确的优生学定义。[⑦]

随着优生学思想的不断传播，主流优生学家的理念被政治家所接受，

---

① Allen G. E. , "Science Misapplied: The Eugenics Age Revisited", *Technology Review*, Vol. 99, No. 6, 1996.

② Louçã F. Emancipation, "Through Interaction - How Eugenics and Statistics Converged and Diverged", *Journal of the History of Biology*, Vol. 42, No. 4, 2009.

③ Depew D. J. , Weber B. H. , *Darwinism Evolving: Systems Dynamics and the Genealogy of Natural Selection*, Cambridge, Massachusetts: MIT Press, 1995.

④ Mazumdar P. , *Eugenics, Human Genetics and Human Failings: The Eugenics Society, Its Sources and Its Critics in Britain*, Oxford: Routledge, 2005.

⑤ Depew D. J. , Weber B. H. , *Darwinism evolving: Systems Dynamics and the Genealogy of Natural Selection*, Cambridge, Massachusetts: MIT Press, 1995.

⑥ DuBois W. E. B. , *Souls of black folk*, New York: Dover Publications, 1994.

⑦ Lombardo P. A. , *A Century of Eugenics in America: From the Indiana Experiment to the Human Genome Era*, Bloomington: Indiana University Press, 2011.

不少国家颁布了各自的优生学法规。出于对人种退化的担忧及摆脱经济萧条的考虑，从 1907 年到 1931 年美国共有 27 个州颁布了优生绝育法，对残疾人、穷人、罪犯、精神病患者和智力低下者实施非自愿绝育，仅加利福尼亚州就有约 1 万人被强制绝育。在欧洲，绝育法案于 20 世纪 20 年代末 30 年代初在一些国家出现：1929 年丹麦颁布了绝育法案，1934 年至 1935 年挪威、瑞典、瑞士和德国都通过了强制绝育法案。（德国在"二战"后废除了相关法律，瑞典直到 1976 年才废除优生法。）这些国家的立法缘由之一是认为这些法律将有益于减少政府的预算负担，并能为公民提供更好的社会福利。

优生学的分类

历史上的优生学运动不尽相同。首先是其所采纳的遗传学理论不同。如法国和巴西的优生学运动，他们更注重新生儿的医疗健康和教育，因为他们的遗传思想来源于"拉马克遗传学"（Lamarckian inheritance）——他们认为父母在与孩子生活的过程中将自己的遗传特性传递给后代。[1]大多数的优生学家支持 Galton 的学说，即由魏斯曼所提出的"种质学说"（germ plasma）所支撑的优生学。优生学家趋向于认为如今的医学阻碍了物种的进化，因为它让那些不适应环境（unfit）的人存活下来并繁衍后代。

为了避免种族退化，改良种族质量，优生学家提出了两种实现优生学目标的途径，即积极优生学（positive eugenics）和消极优生学（negative eugenics）。所谓的"积极优生学"是指通过鼓励那些最适者（fit）生育更多的孩子，组建更大的家庭，通过增加种族中具备优良遗传品质者的绝对数量，例如通过经济刺激来鼓励健康、高智力和事业成功者生育更多后代，从而达到改良种族的目的。积极优生学中也常常以强制的形式出现，如纳粹德国的法律中就明确规定具有良好遗传品质的妇女进行人工流产是违法的。[2]而"消极优生学"则是指通过阻止那些被认为不适应环境者的

---

[1] Schneider W. H., *Quality and quantity*: *the quest for biological regeneration in twentieth-century France*, Cambridge: Cambridge University Press, 2002.

[2] Pine L. N. *Nazi Family Policy*, 1933—1945, London: Bloomsbury Academic, 1997.

生育来实现优生的目的。这些人被认为携带有低劣的遗传物质，而他们生育后代会使整个种族的基因库退化，所以需要通过各种手段消除这些使基因库退化的因素，如采取非自愿绝育和隔离等方式以实现优生学的目标。

起初消极优生学的干预多是温和的，如减少对贫困者的救济，但随后则强调使用强硬措施以阻止那些被认为拥有不良基因者继续播散他们的遗传物质，如生殖隔离、强制绝育，到最后的屠杀。在美国，来自印第安纳州的麦卡洛克（Oscar McCulloch）和乔丹（David Starr Jordan）为世界上首个强制绝育法提供了合理性辩护，大批美国公民被实施了非自愿的绝育，特别是在"大萧条"时期，数以百计的人被迫绝育。在德国，数万本土的残疾人、精神病患者、罪犯被纳粹政府实施强制绝育。[1]美国的优生学家还支持限制性移民政策，认为 20 世纪后来自南欧和东欧的移民破坏了"古老美国血统"的智慧与优点，并向政府施压要求禁止种族间通婚。

纳粹的优生理论和实践

毫无疑问，20 世纪优生学运动的"巅峰"出现在纳粹德国。与其他国家类似的是，在德国内部也存在对于优生学解读上的分歧。尽管大多数突出的优生学家持有种族主义和反犹主义观点，但仍有一些优生学家公然反对种族主义。[2]纳粹为顺利实现"种族卫生"目标而强制统一国内的优生学观点，以确保大多数优生学家服务于这一种族主义、国家主义性质的优生学计划，将优生学视作整个纳粹帝国的核心。纳粹对于"血统"的强调，要求国家基因库（gene pool）的纯净，从而使德国人能够恢复他们遗传上纯种祖先的高贵与伟大。

德国的经济在"一战"结束后混乱不堪，人口大幅下降。当时的政府是魏玛共和国（Weimar Republic），他们在 1919 年至 1933 年间关注当时盛行的优生学理论，并希望借此手段提升大众的健康和体魄。

---

① Lombardo P. A. , *A Century of Eugenics in America*：*From the Indiana Experiment to the Human Genome Era*, Bloomington：Indiana University Press, 2011.

② Weindling P. *Health*, *race*, *and German Politics Between National Unification and Nazism*, 1870—1945, Cambridge：Cambridge University Press, 1989.

1920 年德国律师卡尔·宾丁（Carl Binding）和医生阿尔弗雷德·霍赫（Alfred Hoche）出版了一本题为《授权毁灭不值得生存的生命》（*Allowing the Destruction of Life Unworthy of Living*）的书，他们反对个人权利，强调国家权力，认为"不值得生存的人"是指那些由于病痛和残疾其生命被认为不再值得活下去的人，那些生命如此劣等没有生存价值的人。在他们看来，一条生命是否值得活下去，不仅取决于该生命对个人的价值，而且还取决于该生命对社会的价值。那些不值得活的人患有无法治愈的低能症，生活毫无目的，并给亲属和社会都造成了非常沉重的负担。他们一方面没有价值，另一方面却还要占用许多健康人的时间和精力，这完全是浪费宝贵的人力资源。因此，医生对这些不值得生存的人实施安乐死应该得到保护，而且杀死这些有缺陷的人还可以带来更多的研究机会，尤其是对脑部的研究。宾丁和霍赫在书中还讨论了对残疾人实施安乐死的方法。

1932 年，基于劳克林的规范优生学法（Laughlin's Model Eugenics Law）以及美国其他优生学著作，魏玛政府起草了针对患有"遗传性疾病"个体的绝育计划。此类人群不少都居住在国家资助的收容机构或医院中，对于政府而言是笔不小的开支。对这些人实施绝育将会防止他们生育后代，他们中的一些人还可能离开机构并独立生活。此项计划要求事先征得被绝育者或其监护人的同意。①

1933 年，国家社会党——纳粹党——掌权德国。同年 7 月 14 日，新一届政府颁布了《防止具有遗传性疾病后代法》（*Law for the Prevention of Progeny with Hereditary Diseases*）。相比魏玛政府的计划，该法更为直接。对于患有所谓遗传疾病的人必须接受绝育，即使他们反对。被归为患有遗传性疾病的人包括那些有"先天智力缺陷、精神分裂症、躁郁症、遗传性癫痫、亨廷顿舞蹈症、遗传性失明、遗传性耳聋和严重躯体残疾者"。酗酒者也被归为可强制绝育的范围内。该法确定了约 200 个遗传学健康法庭（Genetic Health Courts），其中的律师和医生可以命令交出医疗记录以选择绝育候选人。法院的程序属机密，且其决定几乎无法被撤销。

---

① Anonymity, "The Nazi Eugenics Programs, Georgetown University", https://highschoolbioethics. georgetown. edu/units/cases/unit4_ 5. html.

图 1—2　纳粹优生学宣传海报

1933 年 11 月纳粹政府颁布《反危险惯犯法》和《安全和改革措施法》，授权将反社会者关进公立医院，对性犯罪实行阉割手术。1935 年 9 月颁布《帝国公民法》和《德意志血统和尊严保护法》，二者统称纽伦堡种族法，正式在法律上排斥犹太人、吉卜赛人、黑人。1935 年 10 月颁布《保护德意志民族遗传卫生法》，即婚姻卫生法，要求对整个人口进行甄别审查，防止患有遗传性退化疾病的人结婚。

在德国全境，所有医生都要参加"种族卫生"（race hygiene）方面的培训。他们甄别并积极地上报社区内任何遗传疾病患者和绝育候选人。纳粹党员和纳粹医生还推动"选择繁殖"（selective breeding）这一优生学策略作为重塑国家人口的方式，即增加纯种雅利安人的数量。

在"二战"开始前的六年间，纳粹医生共绝育了约 40 万人，大部分为生活在各类公立机构内的德国公民。希特勒的种族卫生计划被全力推行，"德国人民群体的'种族'健康要优先于任何特定个体的健康"①。

在 20 世纪 30 年代后期，纳粹政府通过政治宣传电影告诫公众那些携带遗传性疾病的人对国家整体的健康构成了威胁，因此需要对他们进行根除而非作为"无性生命"继续存活。根除的对象被描述为"更小价值的生命""无价值的生命""渣土一般的存在"和"无用的吃货"。

1938 年克劳尔家生出了一个残疾新生儿，请求希特勒准许对该婴儿实施安乐死。希特勒亲自处理了此事，批准对该婴儿实行安乐死。1939 年秋，希特勒批准了 T-4 计划，授权医生和官员对那些被国家认为无用的生命执行仁慈死亡——安乐死。50 位志愿医生在柏林市蒂尔加藤街（Tiergarten）4 号的别墅中协调工作，该计划也因此得名。德国境内的医院与精神病治疗机构的医生再次参与到鉴别和推荐安乐死候选人的工作中。

T-4 计划初期，医生谋杀了约 5000 名先天畸形儿。这些孩子分别在 6 家收容机构内被注射处死或被饿死，这些机构被重新改造使其适用于屠杀。随后，T-4 计划的对象扩大到成人，受害者同样被带到收容机构后被杀死。死亡证明被送至死者家属处，编造的死亡原因为"猝死"。

1939 年 10 月希特勒签署了一份文件，称："一些根据人道的判断被确认为不可治愈的病人在确诊后准许被实施慈悲死亡。"正是在执行此项计划中纳粹官员和医生发现用注射巴比妥等药物的办法效率太低，发明使用毒气进行屠杀的办法。将残疾人杀死后取出他们的脏器做研究用。根据纳粹专门执行安乐死的机构统计，70273 人被"消毒"，声称未来 10 年内可为帝国节省 885439980 马克，13492440 公斤的肉类和香肠。

---

① Barondess J. A., "Medicine Against Society. Lessons from the Third Reich", *JAMA*, Vol. 276, No. 20, November 1996.

图 1—3　蒂尔加藤街 4 号

图 1—4　纳粹优生学宣传海报

　　实际上，教会组织和公众对 T - 4 计划提出过反对。作为回应，希特勒曾叫停 T - 4 计划。但截至 1941 年 8 月，T - 4 计划共杀害约 7 万人。虽然 T - 4 计划被叫停，但杀戮并未终止。德国境内的医生和护士仍旧在挑选、杀害符合条件的人，并掩盖自己的行径。德国医生兼历史学家埃查德·恩斯特（Edzard Ernst）在描述 T - 4 计划时称："其变成完全不亚于集中营中灭绝数百人的'前瞻性项目'。"大多数参与 T - 4 计划的医务人员将他们的杀戮技术提升到"工业级"，并简单地将其迁移到 14f13 行动①中。通过这一后续计划，600 万犹太人在集中营的毒气室中被杀害，数百万政治犯、吉普赛人、残疾人、无劳动能力者、耶和华见证会教徒、非洲裔欧洲人以及苏联和波兰战俘被杀害。②

　　希特勒种族卫生计划的成功依赖于医学共同体的狂热合作。恩斯特认为："德国医生涉及所有级别和阶段。他们发展并接受了种族卫生这一伪科学。他们是发展种族卫生的工具，并将其应用在种族主义之中。他们逐步掌握了如何大量屠杀人类的方法，并在科学的伪装下对活人实

---

　　①　即特殊治疗计划"Sonderbehandlung 14f13"，纳粹德国发起的杀害集中营囚犯的行动。

　　②　Michalsen A., Reinhart K., "'Euthanasia': A Confusing Term, Abused Under the Nazi Regime and Misused in Present End - of - life Debate", *Intensive Care Med*, Vol. 32, No. 9, September 2006.

施残忍的实验。生产纯种雅利安人的目标已经盖过医学中所有最基本的伦理问题。"在程序化屠杀的纳粹医疗系统下，英国历史学家迈克尔·伯利（Michael Burleigh）写道："在这些健康守护者面前没有人是安全的。"

1941年至战争结束前，德国医生在集中营中开展了大量"医学"实验。希特勒的私人医生卡尔·波兰特（Karl Brandt）认为集中营对于他们的实验而言是完美的"实验室"。实验是种族卫生的关键，随之而进行的杀戮可被合理化并"不被当作谋杀而被视为治愈，作为维护某个种族健康的必要手段"。纳粹医生将集中营内的人视为"活死人"（living death）。如果囚犯被用作医学研究的对象，他们无用的生命或许具有某些意义。如果他们死亡，也没失去什么。他们注定会死亡，没有生命价值。

图1—5　纳粹医生卡尔·波兰特

集中营内的医生精通绝育和安乐死技术。高剂量放射物是否会导致绝育？新的手术技术怎么样？他们将汽油注射到人体内并电击他们来测试这些方法是否能够杀死他们。他们取走囚犯的食物，观察多久囚犯会被饿死。当位于斯特拉斯堡德意志帝国大学的医生希望完成一副骨骼收藏时，他们挑选了112位健康犹太人囚犯，对其拍照和测量，并杀死他们。这些医生学习人体骨骼、组织，并将尸体运到斯特拉斯堡，在那里肉体被移出，而骨骼被用于展示和教学。

集中营的医生在很多实验中使用双胞胎，因其可为研究提供完美的对照。双胞胎之一会被伤害、感染或接受其他干预并最终死亡。随后，另一人被处死用于对照。纳粹对双胞胎如此感兴趣的另一个原因在于，如果他们能够掌握获得更多双胞胎的方法，人口能够更快被修复。

支持这些行动的大多数是医生和科学家。精神病医生、生物学家、遗传学家和人类学家一致认为"退化"是一个医学概念。他们将人口分为"优等"和"劣等"两类，视"退化"为一种威胁，要捍卫本民族的"遗传遗产"。当时支持优生运动的不仅有医生和科学家，而且包括当时所有的政治力量，从保守派、自由派到社会主义者。对日耳曼人或德意志人的优良品质深信不疑的德国医生和科学家提出了"种族卫生"（Rassens hygiene）概念，即以优生学为核心，在国家政策的支持下允许某些个体或群体生育，同时禁止其他人生育，以此达到纯化种族和提升种族优势特征的目的。这些医生和科学家认为："有一点我们很清楚：凡是接受了劣等民族血统的欧洲民族都因为他们接受了劣等的因素而毫无例外地造成精神和文化的退化，从而付出了代价。"这些医生和科学家中有：阿尔弗雷德·普罗兹（Alfred Ploetz）、威廉·舒梅尔（Wilhelm Schalmayer）、弗里茨·楞次（Fritz Lenz）、恩斯特·鲁丁（Ernst Rudin）、尤金·费舍尔（Eugen Fischer）、汉斯·甘德勒（Hans Guntler）等。他们吹嘘希特勒是"第一位承认所有政治的中心任务是种族卫生的政治家"。犹太人和其他种族被认为携带有使德国人痛苦的"罪恶"基因，而希特勒作为"医生"将对其进行治疗。[①]

纳粹的优生学无论在规模、残暴度、种族主义导向，还是在为了达到群体利益而对个体绝对服从的要求上都是空前的。基于优生学的大屠杀（Holocaust）惨状受到政治、经济、社会和军事因素的影响。正是纳粹对人权和人类尊严的完全蔑视使大屠杀成为可能。

对主流优生学的批判

尽管优生学被当时大多数遗传学家所支持，但同一时期仍有一些科学家、社会学家等分别从科学、社会、宗教、女权主义等方面对主流优生学家进行严厉的批判。科学层面的反对观点可概括为如下两方面：一是对一

---

① Proctor R. , *Racial Hygiene*：*Medicine under the Nazi*，Cambridge：Harvard University Press，1988.

些优生学家所使用的遗传学理论的批判；二是对他们所使用的方法学的批判，如粗糙的研究设计、循环论证、统计学方法的不当使用等。①②③

　　赫伦（David Heron）和耶德霍尔姆（Gustav Jaederholm）曾撰文质疑达文波特以及研究"Kallikak 家族"（近代我国曾有学者将此书译为中文，书名为"善恶家族"）的戈达德（Henry Goddard）提出的有关精神缺陷和"低能"的遗传基础。④⑤赫伦强调："这些研究将优生学与一些过时的备受批判的社会科学结合在一起——彻底与真正的科学脱离关系。"⑥⑦主流优生学家认同单位性状概念，即假定某种表型和孟德尔基因有着一对一的关联，因此有一个对应瞳孔颜色的基因，也有某个决定身材的基因以及另一个决定智力低下的基因。达文波特在 1919 年就基于单位性状概念提出thalassophilia（love of the sea，对海洋的热爱）符合孟德尔遗传，认为对海洋的热爱属伴性隐性遗传。约翰霍普金斯大学的动物学家和遗传学家詹宁斯（Herber Spencer Jennings）在 20 世纪 20 年代就对这一概念进行了批判，并指出许多颇具学识的遗传学家早在 10—15 年前就已对这类概念予以反驳。⑧对于主流优生学家使用的谱系研究，遗传学家卡尔 - 桑德斯（A. M Carr - Saunders）曾指出此类方法并没有将环境的作用与遗传分离，而优生学家偏爱于展示遗传的作用而忽视了环境的影响。⑨摩尔根（T. H Morgan）反复强调着类似的问题，他指出环境在精神疾患发生中的作用，并反驳那些认为智力仅由遗传决定的观点："我们很难去定义什么

①　Carr - Saunders A. M. , "A criticism of Eugenics", *The Eugenics review*, Vol. 5, No. 3, 1913.

②　Morgan T. H. , *The Scientific Basis of Evolution*, New York: W. W. Norton & company, 1935.

③　Jennings H. S. , "Heredity and Environment", *The Scientific Monthly*, Vol. 19, 1924.

④　Allen G. E. , "Eugenics and Modern Biology: Critiques of Eugenics, 1910—1945", *Annals of human genetics*, Vol. 75, No. 3, 2011.

⑤　Heron D. , Pearson K. , Jaederholm G. A. , *Mendelism and the Problem of Mental Defect*, London: Dulau & Co. , 1913.

⑥　Allen G. E. , "Eugenics and Modern Biology: Critiques of Eugenics, 1910—1945", *Annals of human genetics*, Vol. 75, No. 3, 2011.

⑦　Heron D. , Pearson K. , Jaederholm G. A. , *Mendelism and the Problem of Mental Defect*, London: Dulau & Co. , 1913.

⑧　Jennings H. S. , "Heredity and Environment", *The Scientific Monthly*, Vol. 19, 1924.

⑨　Carr - Saunders A. M. , *The Population Problem: A Study in Human Evolution*, Oxford: Clarendon Press, 1922.

是智力，我们现在也不清楚先天和后天分别在多大程度上影响着智力的形成。"①伦敦经济学院的生物学教授批判主流优生学家不仅过分强调遗传在人类行为中的作用，而且还将本来价值中立的科学问题引入政治讨论中。尽管德国通过了绝育法案，但仍有部分学者提出环境对人类特性发展的重要作用。如德国著名的社会卫生学者格罗德汉（Alfred Grotjahn）认为在工业化城镇中糟糕的生活环境导致了"退化"的发生，并提出环境卫生改革的重要作用。慕尼黑的卫生学教授格鲁伯（Max von Gruber）也曾强调环境对人类发展的作用，反对将人类的所有特征仅归结为遗传因素的影响。

早在高尔顿与达尔文就优生学进行讨论时，达尔文就提出了自己的疑问，尽管他同意高尔顿的部分观点。达尔文担心高尔顿提出的优生学构想是乌托邦式的计划，并认为最困难的地方莫过于如何来判断谁应当被划为适者。②摩尔根同样认为一些优生学运动不切实际，无论是强制还是自愿绝育、种族隔离等都不能很好地解决当时的社会问题，他认为社会改革远比优生学家希望通过遗传学解决社会问题要更快、更有效。③

在德国和北欧的优生学立法成功，没能在像波兰和捷克斯洛伐克这样的国家实施，即使这些方法在当地曾经被提出过，这主要受这些国家天主教会的影响。④天主教在原则上反对优生学，主要源于他们对人工流产和避孕的反对。因为在天主教看来受精卵结合时人即形成，胎儿的道德地位等同于成人，无论是出于优生学或其他原因而实施的人工流产都等同于谋杀，故极力反对优生学运动。这与当下天主教会反对人们对生育的控制类似，如反对使用人类辅助生殖技术。⑤而来自马克思主义者的反驳多指向纳粹的种族主义政策。另一些批判者只是希望将种族主义和阶层偏见从优

① Morgan T. H. , *The Scientific Basis of Evolution*, New York：W. W. Norton & Company, 1935.

② Desmond A. J. , *Darwin：The Life of a Tormented Evolutionist*, New York：W. W. Norton & Company, 1994.

③ Morgan T. H. , *The Scientific Basis of Evolution*, New York：W. W. Norton & Company, 1935.

④ Roll – Hansen N. , "The Progress of Eugenics：Growth of Knowledge and Change in Ideology", *History of Science*, Vol. 26, 1988.

⑤ Ratzinger J. , *Congregation for the Doctrine of the Faith：Instruction on Respect for Human Life in Its Origin and on the Dignity of Procreation：Replies to Certain Questions of the Day*, Vatican City：The Vatican, 1987：24—34.

生学中剔除①，而非否定优生学本身。②③④

当然，早期的优生学家也反对生育控制，因为他们认为生育控制在上流社会的使用加速了基因库的"退化"。但并非所有优生学家都持有这种观点。优生学还被支持生育控制的女权主义者所使用，与普遍的女性解放运动一起，优生学允许女性通过性别选择（sexual selection）来壮大种族。

如今，除了科学史学家以外几乎没有人将政治观点进行罗列并认为这些曾对优生学学说构成了深远影响。优生学运动的历史是复杂的，而纳粹以优生学为名义所犯下的罪行，使两者难以被剥离，并加深了人们对"优生学"这一词本身的排斥和厌恶。

优生学的衰落

在纳粹优生学运动开始的前几年，纳粹制订的优生学计划和宣传赢得了大洋彼岸美国优生学家的称赞。而纳粹也奉承美国，称加利福尼亚和美国其他地区的优生学立法不仅开创了好的先河，同时也是好的典范。美国法规的起草者前往德国进行考察，并在回国后对德国大加赞赏。1933 年美国一本名为《优生学新闻》（*Eugenical News*）的期刊翻译并发表了德国的绝育法，赞美其为"世界大国之中首次为了作为整体的国家而实施的现代优生绝育法"，并为此辩护"有些人可能会反对纳粹的政策，但德国在 1933 年引导世界上的大国认识到国家民族性的生物学根基"⑤。尽管美国的优生学家分为不同派别，但他们中的一些人对纳粹政权实施的这些政策抱有极大热情。

然而，在大屠杀和德国战败之后，大多数优生学家瞬间撇清了自己与德国优生学的关系。由于德国人曾表示他们自己是最始终如一和坚定的优生学家，优生学与纳粹德国的关联显得更加难以分离。美国优生学组织经

---

①　Mazumdar P. , *Eugenics, human genetics and human failings: the Eugenics Society, its sources and its critics in Britain*, Oxford: Routledge, 2005.

②　阮芳赋：《生学的学科性质和学科体系》，《优生与遗传》1982 年。

③　阮芳赋：《优生学史：一种新的三阶段论》，《优生与遗传》1983 年。

④　蒋文跃：《中医优生思想研究》，博士学位论文，北京中医药大学，2007 年。

⑤　Barkan E. , Kuhl S. , "The Nazi Connection: Eugenics, American Racism, and German National Socialism", *American Historical Review*, Vol. 100, No. 4, 1995.

历了集体失忆，抹去了战前与德国的亲密关系，虽然表面声称反对种族主义，但仍旧鼓励美国人将优生学视为国家力量的源泉。

尽管进行了不少尝试和努力，但优生学很快便失去了其的追随者。而战前一些遗传学家对优生学的偏爱也在数年间消失殆尽。优生学运动的办公地点被关闭，洛克菲勒和其他资助者将他们的注意力转移到声誉更好的领域，如世界人口控制、预防出生缺陷，以及遗传学和分子生物学研究等。[1][2]

"二战"结束后，整个优生学讨论的气氛被颠覆了。在政治层面上，各国开始推进并建立国家福利系统，批判达尔文自然选择学说。此外，意识形态和科学的领导权也远离优生学：英国动物学家、哲学家赫胥黎（Julian Huxley）被推选为联合国教育科学文化组织（UNESCO）第一届总干事，他对种族主义进行了严厉的批判，并讽刺种族血统的提升是"社会神话"[3]。此外，始于 20 世纪 60 年代的女性权利和生殖自由运动进一步促进了公众对优生学的敏感性。

在解释为何优生学从世界各国的学者和公众意识中突然消失时存在着矛盾。一种解释认为，由于遗传学的发展导致优生学被抛弃，剩下的是遗传学家对优生学运动核心观点的不断质疑。但回顾 20 世纪前 40 年的历史我们不难发现，遗传学家和公众对优生学的批判对主流优生学家几乎没有影响，如达文波特、斯特格尔达（Morris Stegerda）、格兰特（Madison Grant）等人，即使是我们认为最有力的科学或伦理反驳也丝毫没有动摇这些人自始至终的信念。而科学上的批判对当时受过良好教育的公众而言影响甚微。事实上，在 20 世纪四五十年代优生学思想仍旧出现在美国的高中生物课本上；[4] 而另一种观点指出，"二战"爆发后优生学被具有声望的遗传学家快速地抛弃，不是因为任何科学知识的快速增长，而是科学

---

[1] Dinsmore C., Benson K. R., Maienschein J., et al., "The Expansion of American Biology", *Bioscience*, Vol. 41, No. 3, 1992.

[2] Kay L., *The Molecular vision of Life*, Oxford: Oxford University Press, 1996.

[3] Schaffer G., "British Scientists and the Concept of in the Inter‐war Period", *British Journal for The History of Science*, Vol. 38, No. 03, 2005.

[4] Selden S., *Inheriting Shame: The Story of Eugenics and Racism in America*, New York: Teachers College Press, 1999.

家希望尽快将自己与纳粹划清界限。① 一些人甚至坚持认为优生学家事实上没有放弃他们的想法，尽管他们表面上声称放弃了。根据这一观点，与纳粹的联系促使优生学家拒绝在"优生学"这一词语下赞同优生学理念，而以其他"伪装"来支持优生学信念和计划。

这些理由对于未来的遗传学及医疗卫生政策有着不同的含义。如果历史上的优生学被科学的进步所压垮，那么它便不会复活。然而，如果它的消失仅仅是一时的热情消退，即历史上的优生学没有在事实根源或原则上被否定，我们或许会不假思索或有意识地去使用它。最终，如果医学遗传学仅仅是历史上的优生学以另一个名字或形式出现，我们必须对两者的含义进行清晰的辨识。

欧美"优生学运动"的特点

尽管西方社会的优生学其形式和内容多样，但其存在共性，大多数优生学家都认同有关遗传学的一个假设——基因库的退化。

退化理论早在宗教改革时期就已经出现。改革之前，照料穷人和那些天生不幸的任务通常由教会承担，而非国家。英国伊丽莎白一世通过批准《济贫法》（Poor Laws）使公共慈善世俗化，将对贫困者救济的责任从教会转移到国家身上。至工业革命时期，贫困人口以及救济该人群所消耗的税收急剧增加，直到19世纪30年代，工业化、城市化以及社会的动荡导致立法者希望修改《济贫法》，减少对贫困人群的救济。政府试图使大多数的中产阶级纳税者相信"遗传退化"或堕落者并非社会或经济问题，而是医学问题，故《济贫法》对此无能为力。随后，政府和中产阶级一致认为隔离或放逐乞丐、罪犯、妓女、酗酒者、精神病患者、智力低下者和肢体残疾者到殖民地才是一种有效的解决方案，新世界（New World，指南北美洲及附近岛屿）是第一处理想的倾泻地，澳大利亚则是第二处。②

至19世纪末期，欧洲社会对于生物学"退化"的恐惧已经无处不

---

① Allen G. E. , "Eugenics and Modern Biology: Critiques of Eugenics, 1910—1945", *Annals of human genetics* , Vol. 75, No. 3, 2011.

② Lombardo P. A. , *A Century of Eeugenics in America: From the Indiana Experiment to the Human Genome Era* , Bloomington: Indiana University Press, 2011.

在。在魏斯曼的种质理论和高尔顿的观点被广泛传播之后,人们关注的焦点开始转向"非自然"选择。达尔文的《物种起源》似乎表明竞争是人类进步和进化的必要条件。欧洲社会中普遍存在这样的担忧:对于那些不适者的援救使他们远离疾病和死亡,使社会中不适者后代的比例不断增加,这导致具有破坏性的遗传特征在人群中继续扩散,而对于适者和所有人类精英而言则是灾难性的损失,这种不良影响会随着时间的推移呈指数增长。

另一些人认为生物学上"退化"是人种纯度降低的后果。[①]一位德国学者在对非洲霍顿督人(非洲南部)进行的种族间婚配的研究后声称,混血后代与其父母相比在生物学上有所"退化"。瓦格纳(Richard Wagner,1813—1883)最后的史诗歌剧帕斯法尔中条顿骑士的退化,就被理解为由于异族通婚而导致德国人生物学上优越性丧失的警告。生物学"退化"的阴霾无论是否包含种族主义,都促进了历史上优生学政策的形成。没有对生物学退化这一灾难性远景的担忧,或许优生学运动不会有如此众多的追随者。

中国的优生学

与19世纪末至20世纪前半叶的西方优生学相比,我国优生学的发展呈现出不同的轨迹与特点。当时的中国内忧外患,研究和传播优生学的目的以救国救民、国家富强为主,并不具有西方优生学运动中浓重的种族主义色彩。由于历史上政治、经济、社会等因素的差异,对我国优生学历史的讨论分为两部分,即19世纪末期西方优生学传入中国至新中国成立,及1949年至《母婴保健法》的颁布。

近代优生学思想的传播

优生学思想在中国古代就已出现,包含婚龄、择偶、胎养等诸多方面。《左传》《吕氏春秋》《后汉书》等中国古籍中皆有对古代优生学思

① Buchanan A. E., *From Chance to Choice: Genetics and Justice*, Cambridge: Cambridge University Press, 2000.

想的阐述①，表明中国古代对生育优良后代的重视。虽然优生学思想古来有之，但近代优生学的开端无疑是从高尔顿提出的优生学开始的，因而中国近代优生学应当从高尔顿优生学思想传入中国算起。

优生学传入中国有其独特的历史背景。19世纪末至20世纪初，中国社会内忧外患，随着西方科学与人文思想的传入，封建时期的社会体系、知识体系受到极大冲击，当时的知识分子希望通过各种途径拯救国家和中华民族。同一时期的欧美各国优生学研究和运动正如火如荼地进行，随着留学归来的学者和本国学者陆续将优生学思想引入中国，优生学便被立即视为改善国民品质、令国家强盛、抵御列强欺凌、实现民族复兴的重要工具。

关于中国优生学历史的研究相较于欧美国家对本国优生学历史的研究而言要少许多，根据现有国内外学者的研究表明，高尔顿优生学传入中国最早始于严复于1898年翻译并出版的《天演论》（译自赫胥黎1894年出版的《进化论与伦理学》）②③④，尽管没有明确提到优生学这一概念，但书中对"择种留良"的方法能否适用于人类进行了讨论。⑤

优生学传入中国的早期主要集中在对优生学思想的介绍和传播上。早期在国内系统介绍优生学的是陈寿凡编译的《人种改良学》。⑥陈寿凡将"eugenics"一词译为"人种改良学"并将其定义为"人种改良学者，谓改善男女配偶之选择方法，而使人类种族各具优良之学也"，与高尔顿最初所下的定义有相同之处，即优生学所针对的对象是人种。此书对优生学的讨论较为全面，包括研究方法、人类性状的遗传性质、移民对人种的影响、遗传与环境的关系等，并介绍了美国建立的优生学机构及美国学者所开展的家系研究等内容。陈寿凡编译的《人种改良学》于1919年4月出版，同年11月，杭海与留美医学博士胡宣明也翻译了达文波特的"He-

---

①　（战国）左丘明：《左传》，中华书局2007年版。

②　［英］赫胥黎：《进化论与伦理学》，北京大学出版社2010年版。

③　蒋功成：《优生学的传播与中国近代的婚育观念》，博士学位论文，上海交通大学，2009年。

④　［英］赫胥黎：《天演论》，严复译，华夏出版社2002年版。

⑤　同上。

⑥　陈寿凡：《人种改良学》，商务印书馆1928年版。

redity in Relation to Eugenics"，把书名译为《婚姻哲嗣学》，并将优生学定义为"哲嗣学者，根据婚姻改良宗嗣之科学也"①。前后两本译著对优生学的定义都注重通过婚姻达到优生学的目的，但胡宣明、杭海的优生学定义更看重后代的健康和智力，这也部分体现了近代中国学者对优生学目的的不同理解。

最早将"eugenics"译为"优生学"的是中国优生学家、社会学家潘光旦先生。潘光旦曾留学美国，于达特茅斯学院（Dartmouth College）学习生物学，随后在哥伦比亚大学师从著名遗传学家摩尔根并获得硕士学位。他曾于纽约冷泉港优生学记录办公室在优生学家达文波特的指导下学习优生学和人类学，且深受当时美国优生学思想之影响。潘光旦认为将eugenics 译为"优生学"最为贴切，"于义既直译戈氏原文，于音亦相近，与法文之读音尤近似；即为求一律故，殊宜采用。"② 潘光旦将优生学定义为："优生学为学科之一，其所务在研究人类品性之遗传与文化利弊以求比较良善之蕃殖方法，而谋人类之进步。"③此定义中有三点值得注意，其一将优生学划为学科而非科学；其二，承认遗传与环境对个体特征的共同影响；其三，与前面所述定义不同，潘光旦的定义中抛弃了种族的概念（尽管他在优生学方面的研究是以民族为对象）。

20 世纪初期欧美优生学的学术研究之深入、公众宣传之广泛和优生学立法之普遍，但近代中国的优生学多停留在学术讨论之中，缺乏优生学实践。中国近代时期的优生学讨论，其主流观点并非通过遗传来改造中国人的人种，而是认为封建社会的环境和文化妨碍了民族的发展，并置国家与民族于危难之中，故此需要改造现有的社会环境和文化，从而提升整个民族的素养，摆脱国破民亡的危机，振兴民族与国家。

在近代的学术讨论中，最为核心且广为人知的一位学者莫过于潘光旦。在潘光旦看来，20 世纪前后的学者讨论民族振兴，多集中在文化问题之上，而忽略了中华民族在先天"遗传品质"上的问题。他认为国人的有着"先天不足"，加之社会环境之恶劣导致国民身心的病态。他认为

① 王秀梅：《优生学在中国》，硕士学位论文，湖南师范大学，2008 年。
② 《潘光旦文集》，北京大学出版社 2000 年版。
③ 蒋功成：《优生学的传播与中国近代的婚育观念》，博士学位论文，上海交通大学，2009年。

阻碍国内推行优生学的因素有三点:一是国内卫生系统的发展,使缺陷儿得以存活,从而使整个民族的遗传质量下降;二是个人主义随着五四运动得到发展,自由婚姻有碍优生学的目标,并认为中国传统的家长主义婚育观更符合优生学理念;三是中国传统思想中的多子嗣观念使那些被认为不具备良种的人大量生育后代,从而降低了良种基因在本国民族基因库之中的占比。①可见潘光旦对于优生学的解读不仅来自美国,并且结合当时国内的情况进行深入分析。潘光旦将优生学的研究内容分为三方面:一是研究"人类一切品性之遗传问题",即遗传对人类表型的影响;二是探索"文化选择或社会选择之利弊问题",即环境对个体表型的影响;三是寻求"提倡、如何推行一种比较良善之蕃殖方法",即如何向公众宣传优生学思想,推广优良的优生学方法。②

基于此种对国家和民族现状的理解,潘光旦认为要振兴中华民族应推行"民族健康",促进民族中优良个体的生育,淘汰民族中不良个体;同时对社会环境、文化中影响优生学的因素加以控制,促进国民中优良个体的比例上升。此外,潘光旦对引入德国的"种族卫生"一直有所顾虑,他认为"有鉴于西方民族卫生运动的覆辙,生怕有一知半解的好事者出来大敲大擂,不但不足以推进此种运动,反足以阻碍它的健全的发轫",所以后来他用"民族健康"来代替"种族卫生"这一名词。③他所指的民族健康的方法(早期称为"民族卫生")不同于当时欧美等国所采取的针对"劣质人口"进行绝育或隔离的优生学措施,而是侧重于"改良环境及教育之学",即通过改造社会环境和文化来达到优生学的目的,这类似于当时法国所提出的优生学计划。但此种手段并非指通过环境因素改变人的遗传性状,而仍旧是基于达尔文的自然选择学说,即通过改造社会环境和文化形成一个良性的选择环境,在此环境中人类的优良品质不至于被摧残、被淘汰,而劣质的品行和个体将会被淘汰,从而实现优生学的目的。

与高尔顿类似,潘光旦还强调人类的不平等,提出了"生物阶级"

---

① 潘光旦:《中国之优生问题》,《东方杂志》1924 年。
② 同上。
③ 蒋功成:《潘光旦先生优生学研究述评》,《自然辩证法通讯》2007 年第 2 期。

的概念。他认为"生物阶级"不同于"社会阶级",前者是基于人的自然属性,是无法改变的;后者虽然是由不平等的社会制度和经济制度所造成的,但却有其遗传根据,即"社会阶级"部分是基于"生物阶级"。[①]潘光旦认为在人类社会初期,社会生活遵循优胜劣败的法则,所以"生物阶级"与"社会阶级"并无本质差别。他认为上等阶级者的各项优良品质要高于下等阶级者。他还将此种理论应用到他所提倡的婚育标准中,提倡男女双方在择偶时应当考察对方及亲属的职业、健康状况等因素。现在看来,此种将阶级与生物学混为一谈,并以"社会身份高低、社会价值高低"来衡量个体的说法是一种阶层偏见。但是,我们也不应否定潘光旦的所有观点,他在婚育和人口控制方面的看法还是具有积极意义的。

当然,同时期的中国学者中并非皆赞同潘先生的观点,反对者如生物学家周建人、社会学家孙本文、政论家任卓宣等都曾撰文反驳他。周建人认为好的环境和社会行为对国家存亡有着重要作用,他认为遗传因素占第二位。在他看来传统家长主义是反优生的,因为男女可以通过自由选择健康配偶,并认为社会等级和经济能力不能成为优生学的标准。[②]任卓宣也认同周建人和孙本文提出的强调改造环境的观点,并批评潘光旦为不彻底的改革者,因其仍旧认同旧社会的科举制度、婚姻支配和家庭主义等观念。[③]

近代的优生学讨论中社会学者也是重要组成部分,康有为、梁启超、鲁迅、陈独秀、李大钊、陈达等人都曾积极参与到优生学的讨论中。这些学者对优生学的谈论多停留在社会学层面,而非以科学作为论证的基础。如康有为在《大同书》中就曾提到通过鼓励适者生育,同时消除劣者来提升种族质量,并认为黄种人应通过与白种人通婚的方式来提升民族质量等。19世纪末,不少学者还认为白种人是高等民族,因为他们总能赢得战争,所以一些学者建议以与白种人通婚的方式来提升本国民族的遗传质量。而在日本取得日俄战争(1904—1905)的胜利后,人们开始将黄种

---

① 潘光旦:《中国之优生问题》,《东方杂志》1924年。
② 周建人:《读中国之优生问题》,《东方杂志》1925年。
③ Sihn K., "Eugenics Discourse and Racial Improvement in Republican China (1911—1949)", *Korean Journal of Medical History*, Vol. 19, No. 2, 2010.

人视为最高等的种族。①

优生学思想的传播方式

近代中国学者通过出版书籍、创办刊物并发表文章、大中小学教育及公众宣传等方式来传播优生学思想。早期的近代优生学思想是通过中国学者对西方优生学著作的编译而引入的，包括遗传学、社会学等与优生学相关的书籍，以及优生学专业和科普书籍等，这些译著在中国近代优生学传播和发展中起到了关键作用。在优生学专业书籍中，比较具有代表性的译作有美国亨廷顿（E. Huntington）的《自然淘汰与中华民族性》、美国戈达德的《善恶家族》、日本永井潜等著的《优生学与遗传及其他》以及英国艾利斯（H. Ellis）的《优生问题》。②

在遗传学和进化论专业书籍中涉及优生学的包含英国科尔（J. G. Kerr）等著的《性与遗传》（周建人译，1928）、丘浅次郎的《进化与人生》（刘文典译，1920），以及美国康克林（E. G. Conklin）的《遗传与环境》等。近代所译入的人口学、社会学、人类学、心理学等书籍中包含较多优生学内容的，如日本腾水淳行的《犯罪社会学》（郑玑译，1929）、鲍格杜斯（Bogardus）的《社会学概论》（瞿世英译，1925）等。③

从上述内容我们能够看出，近代被中国学者译入国内的优生学书籍大多来自英、美、日三国。英国是优生学和进化论的发源地，也是最早在学术界讨论优生学的国家；美国是最早通过优生绝育法的国家，优生学研究也处在世界前列，且中国的留美学者人数较多并深受优生学思想影响；而近代日本对优生学极度重视，日本学者翻译了大量西方优生学专业书籍，因此以日本为中介将欧美等国的优生学思想引入中国在近代历史上是极常见的。

国内学者对优生学的介绍和讨论，多见于各类报刊中。最早涉及优生

---

① 蒋功成：《既非鲜花，也非毒果——论优生学在近代中国传播与发展的特殊性》，《自然辩证法研究》2010 年第 10 期。

② 蒋功成：《优生学的传播与中国近代的婚育观念》，博士学位论文，上海交通大学，2009年。

③ 王秀梅：《优生学在中国》，硕士学位论文，湖南师范大学，2008 年。

学的《天演论》便是 1897 年首先在《国闻汇编》杂志上发表的。1919 年
《解放与改造》杂志第二期上发表了杂志创始人俞颂华的文章《生物学上
之自爱主义他爱主义与种爱主义》，他认为："优生学者研究改善生殖形
质及其持续之方法，其根据不在自爱主义亦不在他爱主义而在种爱主
义。"所谓"种爱主义"是指"人类行为之最高标准，自生物学言之，乃
在生殖形质之永续与改善，即所谓种爱主义也。"他希望借用这一以优生
学为基础的"种爱主义"代替中国传统的"子孙主义"，以此来提升整个
民族的质量，避免民族的灭亡。

　　在中国近代的教育体制中，优生学并未作为一个真正的学科在学校建
立，但不少学校曾开设过优生学课程。优生学家潘光旦在清华大学、东华
大学的社会学系曾开设优生学课程。①优生学的专业教科书并不多见，但
在当时的中学、中师的生物学教科书，以及大学的遗传学教材中，几乎都
包含有介绍优生学的章节或片段。如李积新编写的《遗传学》（1923），
在第九章中讨论人类遗传学和优生学问题，作者认为设立这一章节是为了
"阐明其原理，解说其利弊，以便世之选妻择婿者有所备，则免于血族之
衰败而共享健康家庭之乐"②。

　　作为摩尔根的第一位中国学生，遗传学家陈桢（1894—1957）对优
生学的现实可行性抱有冷静而客观的态度。在其编著的《生物学》中，
陈桢说道："在理论上优生学是很完备的，在实行上却有很多的困难，第
一层困难是性质有显隐的分别，我们不能从外表的优劣，知道遗传的优
劣，又不能用研究别种生物的方法来研究人类的遗传。所以某人的遗传
性，究竟是不是很好的，或者很坏的，除非细心研究他的家族历史，是不
能确实知道的。第二层困难是我们不能用改良别种生物的方法，来改良人
类的遗传性。对于瓜果鸡犬，我们可以随意选择优良的性质，让它遗传到
后代，可以随意淘汰恶劣的性质，不让它有传播的机会。但是在人类，谁
能照改良瓜果鸡犬的方法，执行选优除劣的工作？虽然有许多困难，生物
学家都相信，如若人类将来要有永久的，比现在更大的进步，改良人类遗

---

① 赵功民：《谈家桢与遗传学》，广西科学技术出版社 1996 年版。

② 李积新：《遗传学》，商务印书馆 1923 年版。

传性的工作，早迟总是要积极地实行起来的。"①

当然，优生学在中国近代的传播除了书籍、期刊、教材等方式外，还有公开演讲、讨论会等多种形式。1920 年成立的北京社会实进会就曾邀请过盖特（Gait）作"优生学与社会进步"的演讲②，1930 年北平师范大学曾邀请美国学者尼达姆（J. G. Needham）开设《人类生物学》，其中涉及不少优生学内容。

还有一种不容忽视的传播方式是宗教，1920 年发行的《中华婚姻鉴》从遗传学与优生学的角度对个体择偶、婚育等问题提出许多指导意见。这本书的作者为黄冈传教士殷劝道，为此书作序跋的又有熊子贞、宛思说、张清和、张祖绅等多名中外传教士③，而这些传教士很可能在传教布道的同时传播优生学思想或提出优生学建议。同样近代的佛教著名人士中也有提倡优生学者，如印光大师所持的"家庭的佛教"主张就常以优生学来讲道，释宗麟在所著《佛教优生学》中说："印光大师最提倡优生学，什么叫做优生学呢？优生学亦名善种学，亦称人种改良学，就是根据遗传律，产生精神身体都尽美尽善的子孙。"④这种宗教人士所理解的优生学，多是把遗传学和优生学的知识与他们的教义整合在一起，通过遗传学和优生学这一工具来达到传播宗教思想的目的。

优生学通过以上方式的传播来开，20 世纪二三十年代是优生学传播的黄金时期。但随着抗日战争的爆发，以及国际上优生学运动的衰退，30 年代末到新中国成立，学者和公众对优生学的讨论迅速下滑。至 40 年代末，对优生学批判的声音逐渐成为主流，而随着新中国成立后对德国纳粹主义优生学的批判使得当时国内对优生学的态度呈现一边倒的态度，中国的优生学传播就此而进入一个较长的停滞阶段。

对中国近代优生学的评价

中国与欧美等国在近代的政治、经济、文化背景上有着巨大差异，在

---

① 陈桢：《生物学》，商务印书馆 1934 年版。
② 郑振铎：《北京社会实进会纪事》，《人道》1920 年。
③ 殷功道：《中华婚姻鉴》，武昌进化书社 1920 年版。
④ 蒋功成：《优生学的传播与中国近代的婚育观念》，博士学位论文，上海交通大学，2009 年。

优生学发展的特点上不尽相同。近代中国面临国家存亡危机，针对优生学的研究、讨论、宣传的主要目的是希望借此提升民族质量挽救国家和民族，即将优生学作为抵御他国侵略，以及实现民族复兴的工具。同时期西方优生学的目的一是纯化种族、阻止或防止本民族基因库的退化；二是将优生学视为解决社会经济问题的手段，通过禁止那些"不适者"生育后代，从而减少对这部分人的社会福利支出，以减轻政府的经济压力。在近代中国社会几乎不存在人种退化的概念，很少有人认为不同民族之间通婚或人种之间的通婚导致中华民族的退化。大量学者认为国弱的原因在于民弱，而民弱的根源是社会思想和文化的落后，禁锢了人们的思想。因此鸦片战争后严复、梁启超、康有为等人积极投身到国民性的改造上，但此种改造不同于欧美国家的对特定人群的生殖控制，而是通过社会环境和文化的改造来实现民族复兴。

近代中国所提倡的优生学手段与欧美的优生学实践存在较大差异。为了摆脱国家存亡的危机并实现民族复兴，近代学者所提出的优生学建议大致可归为两类。一是认为从遗传上提升民族的质量，通过通婚，或鼓励优良个体生育并阻止遗传不良个体生育；二是通过改造现有文化和社会环境来间接改造国民素养，这也是中国近代主流的优生学思想。同时期欧美优生学实践也可归为这两类，但更倾向于通过生殖干预来纯化本种族的血统，如通过立法来禁止通婚、对特定人群实施绝育，或进行种族隔离等。与其相反的是，更多的中国学者倾向于通过改造社会环境和文化来达到优生学目标，如破除裹足、早婚、包办婚姻等，同时强调教育和体育锻炼等。当然也有学者认为遗传上的改造最为关键，如潘光旦认为一个民族的形成必然包括三方面的因素：生物的遗传、地理的环境、文化的遗业。他认为，这三者当中遗传最为根本，其次是环境，再次才是文化：遗传上越优越，环境越良好，文化便越发达，同时地理的环境与传统文化，对于生物的遗传又不免发生选择或淘汰的影响。

当时中国学者并未一边倒地认为某些人类行为只由遗传因素决定。潘光旦受美国优生学运动的影响，认为精神病患者、低能者、犯罪倾向者、乞丐及聋哑盲等残疾人中遗传因素占主导地位，因此通过消极优生学来减少或阻止此类人群的生育。但如前所述，他的观点受到了当时不少学者的严厉批评，被认为是过分看重遗传因素，而忽视环境因素的影响。此处还有一点值得注意的是，这些批评言论并非基于科学研究或现有科学知识，这与当时中国的时代背景有关，即当时的学者普遍支持通过社会环境和文化的改革来强国强民，对优生学的讨论在很大程度上都集中在社会学家之中，生物学家的讨论并不占主导地位，且当时国内的遗传学研究远不及欧美国家。

种族主义在西方近代优生学运动中扮演者重要角色，无论是美国的强制绝育法，还是纳粹德国借优生学之名实施的大屠杀，这些都使人们在讨论优生学时与种族主义联系到一起。与西方不同，近代中国的优生学思想并没有强烈的种族主义色彩。当然，不可否认的是近代中国存在着我们现在说的种族主义言论，如康有为在《大同书》中认为世界上的各种族是有高下优劣之分的，白种人最佳，黑人最差，黄种人与棕色种人居中，并称："其黑人之形状也，铁面银牙，斜额若猪，直视若牛，满胸长毛，手足深黑，蠢若羊豕，望之生畏。此而欲窈窕白女与之相亲，同等同食，盖亦难矣。然则欲人类之平等大同，何可得哉！"尽管近代部分学者的言论具有种族主义色彩，但其并不占近代中国优生学思想的主导地位，并在同时期这些种族主义色彩的言论还遭受过学者的批判。潘光旦早在 20 世纪20 年代就表示，美国的种族主义之所以能够兴起与当时的移民问题、黑人与白人的社会矛盾等有着巨大的关联。[①]他认为不否认种族之间生物学上的差异，且不对种族优劣做笼统判断才是一种较为客观的看待种族学说的态度。[②]他还在 1939 年发表文章批评希特勒及纳粹的反犹政策，无论是日耳曼还是犹太民族都是多种族混合的结果，难以将两个种族分开，他认为"纳粹党把这主客的两类人看作两个种族，是第一个错；在二者之间，做笼统的优劣判断，是第二个错；根据这判断而实行一种武断与抹杀的政策，是第三个错。而这三个错误全部从不了解或曲解了种族的概念而来"。潘光旦还在 1951 年撰文提醒国家在制定民族政策和处理事务时应注意这些问题。[③]

优生学在近代中国的传播始终伴随着价值判断。"优胜劣汰""适者

---

①　《潘光旦文集》，北京大学出版社 2000 年版。
②　蒋功成：《既非鲜花，也非毒果——论优生学在近代中国传播与发展的特殊性》，《自然辩证法研究》2010 年第 10 期。
③　《潘光旦文集》，北京大学出版社 2000 年版。

生存"这些描述进化论简单易懂的口号十分容易被国人理解，而对于达尔文进化论本身的复杂性和其中丰富的生物学思想却鲜有人进行深入的研究和讨论，更不要说让公众了解其中的科学机理。从当时国内出版的优生学相关书籍便可窥见，如陈长蘅与周建人合著的《进化论与善种学》一书中，把"善恶"的价值判断与进化论中的"适应"联系在一起"吾人试细察天演界中，善者虽不必尽适于生存，而实较恶者生存之机会为多"，"人生的观念本随着科学知识改变，自进化论发达以来，不但人类的历史须重新写过，便是道德标准也变了方向，由遗传的研究而建立起善种学，这也是自然而然的道理"①。再如当时华汝成所著的优生科普读物《优生学 ABC》中指出："人的天性，即天然有优劣的不同，那么天性是优良的，当然容易训练为优良的人，反之，天性不优良的人，虽经十分的训练，也难造就起来。所以人的天性是基本，教育是一种补助品，我们要使人群优化，那么非把人性改良不可。现在我们知道人性是遗传的，所以要使人性优化，非根据遗传学的原理去发展优良的性质，消灭恶劣的性质不可。优生学就是专门去研究为什么和怎么样，去发展优良人种和消灭恶劣人种的学问。"②而由黄素封和林洁娘合译的《善恶家族》更为突出。此书译自戈达德所著的《Kallikak 家族：智力低下遗传研究》（*The Kallikak Family：A Study in the heredity of Feeble Mindedness*），如今在欧美等国此书及有关 Kallikak 家族的研究都被视为优生学运动中的恶劣代表。而此书被两位译者传至中国的意图在林洁娘的跋语中清晰可见：

"这本书与其说是一本生物科学，不如说它是一本教育或心理；与其说它是教育心理，不如说它是善书，更不如说是一本'恋爱宝鉴'或'结婚指南'。要知道人类最大的罪恶，乃是把人类弄得退化了，人类最高的宗教，是在昌旺未来的种族！结婚的审慎与否，便是未来的种族的良莠的一个大关键。"③

优生学在近代中国的发展基本上停留在学术探讨、知识传播的阶段，并没有针对优生学的立法，而同时期的欧美各国优生学相关的立法比比皆

---

① 陈长蘅、周建人：《进化论与善种学》，商务印书馆 1923 年版。

② 华汝成：《优生学 ABC》，世界书局 1929 年版。

③ ［美］戈达德：《低能遗传之研究——善恶家族》，黄素封、林洁娘译，开明书局 1935 年版。

是。为何此时的中国没有优生立法？我认为，最重要的原因在于当时的国内社会遭遇重大动荡，政治环境不具备优生学立法的条件；第二，近代中国的学者在优生学上侧重社会环境和文化的改造，以及婚姻择偶方面的建议，而支持绝育者，尤其是赞同欧美强制绝育及隔离政策者并不占主导地位；第三，当时中国并没有像欧美等国那样的社会福利制度，在经济上并不需花费大量资金于"不适者"的照料之上，来自扶持这类人群的经济压力几乎为零，因此当时的政府也没有像欧美国家"大萧条"时期那样的动力来推行优生学立法。

回顾优生学在近代中国的历史进程，其优生学思想与高尔顿之"eugenics"的核心相一致，即通过婚姻和其他一切手段来提升种族质量。尽管主流的优生学言论偏重于社会环境和文化的改造，而非进行遗传干预，但从上文可见，有关种族主义、阶层偏见、残疾人歧视的优生学言论在近代中国并非不占主导地位。这些观点与当前人们所批判的 20 世纪初期欧美国家主流优生学家的观点并无太大出入，最大的不同可能仅在于当时的中国没有颁布相关优生学法规，并未以科学之名进行强制性优生学干预或其他严重有违个体自由的干预。这或许也是时至今日为何国内仍有学者坚持将优生学视为学科的原因之一。

1949—1995 年中国的优生学思想

1949 年新中国成立后，中国在各领域学习苏联，生物学也不例外。生物学领域主要宣传和推行米丘林、李森科学说，批判孟德尔和摩尔根的遗传学。在此种社会意识形态背景下，这一时期的优生学主要被视为法西斯主义实施剥削和种族歧视的伪科学而受到批判。[1][2]直到"文革"结束后拨乱反正，西方遗传学传入中国后，加之人口压力的迫切需求，优生学才再次成为国内学界争论的焦点。以下主要以我国法律法规为切入点对新中国成立后的优生学进行梳理。

《中华人民共和国婚姻法》

新中国成立后首个与优生学相关的法律法规是 1950 年颁布的中华人

---

[1]　周建人：《论优生学与种族歧视》，三联书店 1950 年版。
[2]　王秀梅：《优生学在中国》，硕士学位论文，湖南师范大学，2008 年。

民共和国婚姻法（以下简称《婚姻法》）。该法第二章第 5 条规定，男女有下列情形之一者，禁止结婚："一、为直系血亲，或为同胞的兄弟姊妹和同父异母或同母异父的兄弟姊妹者；其他五代内的旁系血亲间禁止结婚的问题，从习惯。……三、患花柳病或精神失常未经治愈，患麻风或其他在医学上认为不应结婚之疾病者。"1981 年的《婚姻法》及 1955 年、1980 年、1986 年、2003 年的《婚姻登记条例》也都有相关规定，如患有某些"医学上不应当结婚的疾病，婚后尚未治愈的""直系血亲和三代以内的旁系血亲"等禁止结婚的。[1][2][3] 我认为这些法律继承了近代中国优生学家对婚育控制的理念，通过限制特定人群的婚育自由而达到优生学的目的。如果按维茨等人对优生学的定义[4]，这些法律均包含某种程度的强迫，可被视为优生学。尽管如此，无论是禁止直系血亲或患有某些疾病而被认为应禁止结婚，其背后或多或少皆包含一种目的，即希望夫妇双方生育一个健康的孩子的，而非历史上纳粹德国或欧美等国家曾经持有的带有种族主义或阶层偏见的那种优生学。当然，不可否认的是，这一期望或目的本是好的，但通过剥夺个人婚姻自由来实现此目的则有失程序公正。

表一		新中国成立初期至 1995 年优生学法律法规	
序号	名称	相关条目	颁布/废止日期
1	《中华人民共和国婚姻法》[5]	第 5 条	1950 - 4 - 13/1981 - 1 - 1
2	《婚姻登记办法》[6]	前言、第 4 条	1955 - 6 - 1/1980 - 11 - 11
3	《婚姻登记办法》[7]	第 4 条	1980 - 11 - 11/1986 - 3 - 15
4	《婚姻登记办法》[8]	第 5、6 条	1986 - 3 - 15/1994 - 2 - 1

---

① 全国人民代表大会：《婚姻登记办法》1980 年。

② 全国人民代表大会：《中华人民共和国婚姻法》1981 年。

③ 国务院：《婚姻登记条例》2003 年。

④ Wertz D. C., Fletcher J. C., Berg K., *Review of Ethical Issues in Medical Genetics*, Geneva: World Health Organization, 2003.

⑤ 全国人大法制工作委员会：《中华人民共和国婚姻法》，法律出版社 2001 年版。

⑥ 《婚姻登记办法》，《山西政报》1955 年第 11 期。

⑦ 《婚姻登记办法》，《中华人民共和国国务院公报》1980 年第 18 期。

⑧ 全国人民代表大会：《婚姻登记办法》1986 年。

序号	名称	相关条目	颁布/废止日期
5	《甘肃省人民代表大会常务委员会关于禁止痴呆傻人生育的规定》①	第2、3、5条	1988 – 11 – 23/2002 – 2 – 7
6	《辽宁省防止劣生条例》②	第7、8条	1990 – 1 – 13/1995 – 11 – 25
7	《母婴保健法》	第10、12、16、18、19条	1994 – 10 – 27

甘肃省与辽宁省的优生学法规

虽然早在新中国成立初期我国就出现了与优生学相关的法律，但直至20世纪末期中国的法规中才出现类似于20世纪前半叶欧美等国的优生学立法，并引发国内外学者在科学和伦理学上的关注。首先是1988年甘肃省颁布的《甘肃省人民代表大会常务委员会关于禁止痴呆傻人生育的规定》（2002年失效），随后是辽宁省于1990年颁布的《辽宁省防止劣生条例》（1995年失效）。一些西方学者将两部地方法规等同于20世纪初期欧美等国的优生绝育法及纳粹德国的优生学，对智力低下者实施强制绝育和强制人工流产，批判中国剥夺人权。关于这些观点，我们不应全盘接受也不应全盘否定，而应当仔细审视法规制定背后的理由及背景。

我们对两部法规背后可能的论证进行审视，包括社会与家庭、个人，以及未来孩子的利益三部分：第一，从大多数人的利益考虑，如《规定》中第一条提到的"减轻社会及痴呆傻人家庭负担"。家庭需要花费大量时间和财物来维持智力障碍者的生活，社会则需要给予这些人支持包括特殊教育、经济补助等。如果这些人生出一个孩子，无论健康与否，智力障碍者自身几乎是不可能单独抚养的，因此必须依靠家庭其他成员和社会的支持，而这些都会增加家庭和社会心理、经济的压力。所以，如果禁止遗传所致智力障碍者的生殖（生育），能够相对维持或减轻这些压力，将更多

---

① 甘肃省人民代表大会常务委员会：《甘肃省人大常委会关于禁止痴呆傻人生育的规定》1988年。

② 辽宁省人大常委会：《辽宁省防止劣生条例》1990年。

的精力和资金投入到现有智力障碍者的支持上，改善家庭生活质量。

第二，出于对智力障碍者自身利益的考虑。由于智力上的严重缺陷，个体无法作出理性判断，他们无法理解生育对于个人、后代和家庭的意义，而妊娠和分娩本身也存在一定风险，他们可能在这些过程中受到伤害甚至死亡，而生育后无力抚养自己的后代，无论对于其自身还是他人伤害和风险远大于受益。因此对智力障碍者实施绝育，避免妊娠和分娩可能带来的伤害，且与生育一个孩子相比（无论其是否健康），家庭和社会能够增加对智力障碍者的支持，而不是将有限的资源分配给新生儿。

第三，对潜在孩子利益的考虑。在谈论孩子利益时经常会涉及生殖自由问题。生殖自由并非是一种绝对的权利，如同公民拥有言论自由，可以发表自己的观点，但在言语中诽谤、污蔑他人则要受到法律的制裁以限制这种自由；再例如，人有驾驶机动车辆的权利，但驾驶员醉酒后则不能驾驶车辆，因为其可能置他人于危险之中。生殖自由同样受到各种限制，其中关键一点就是潜在孩子的利益。假设一个伴有智力障碍的女性生育了孩子，在得不到良好的家庭和社会支持的情况下，该女性本就无法自理更难以养育自己的后代，可能由于缺乏经济来源、缺乏食物、缺乏对危险事物的认知而给孩子和她自己造成伤害甚至导致孩子的夭折。当然，我们可能会要求智力障碍者所在家庭和社会给予支持，养育这个孩子，无论其是否健康，即使家庭和社会有能力做到，孩子在成长中父母仍应当发挥重要的作用，包括关爱和教育孩子，而这是他人难以替代的。而智力障碍者几乎不可能做到这一点，更何况在 20 世纪八九十年代，许多家庭仍旧在贫困线以下，而社会对残疾人及其家庭的支持十分有限。

从上述观点来看，法规制定的初衷并不是优生学一词能够概括的，更不能将其简单地等同于历史上欧美等国曾实施过的优生绝育法。①甘肃和辽宁两省先后制定相关法规或许是出于一个好的目的，但好的目的本身并不能为实现目的的手段进行合理性辩护。而两部法规中所暴露的问题也充分说明了这一观点。

首先是科学的问题。在当时人们已经知道遗传因素并非是导致智力障碍的唯一因素，外环境对胚胎发育的影响，以及出生后环境的因素等都会

---

① 　邱仁宗：《有缺陷新生儿的处理和伦理学》，《医学与哲学》1986 年第 5 期。

影响智力的发育，而政策制定者却没有认识到这些基本的遗传学知识①或没有认真考虑遗传学家所提出的建议。一个没有坚实科学基础的政策法规，是有问题的，错误的事实判断可能给社会和个体带来不必要的伤害。例如在甘肃的条例中显示的，制定该条例者将先天所致的智力低下与遗传所致智力低下混为一谈。据调查，甘肃的严重智力低下者主要是克汀病患者，那是母亲怀孕时缺碘引起胎儿大脑发育异常，那是先天性疾病，是环境因素和遗传基础共同作用的结果。②

其次是知情同意问题。在医疗干预中医疗机构或医生应当尊重患者的自主性，对于非急诊手术，需要获得患者本人的同意方可实施，毕竟手术本身是一种侵入性医疗干预，不同患者之间存在个体差异，他们的价值观以及对于风险和受益的衡量不尽相同。假设 M 和 D 两位女士都患有乳腺癌，M 是一位 1 岁孩子的母亲，为了能够有更多的时间养育自己的孩子，M 选择了乳腺全切术，以此为自己争取更多的生存时间；D 是位年轻的舞者，舞蹈和躯体的完整性对她而言是无可替代的，因此她放弃了能够延长更多生命的乳腺全切术，而选择保守治疗，尽管这会相对缩短她的生命。当患者或个体不具有自主或自我决定能力时，为了尊重和保护其自身利益，应当由其代理人作出决定，并且此决定应尽可能地符合患者或个体的最大利益。通常，伴有智力障碍者被认为不具有自主性无法作出理性判断，因此如果在其身上进行医疗干预，如《法规》和《条例》中涉及的绝育手术和人工流产③，应当征得其代理人的同意。在我国代理人一般为直系亲属，而不是医疗机构、单位，或者政府。但两部法规都没有意识到此问题，而是使用强制手段来进行干预且没有退出或拒绝的权利，这与欧美历史上的优生学立法别无二致。

最后是公平和歧视问题。政策制定者可能从社会和家庭、个人，以及未来孩子的利益等方面考虑，最终决定剥夺智力障碍者的生育自由（此处的生育仅包含生出一个孩子，而不包含养育），间接否定了该人群的生

① 甘肃省人民代表大会常务委员会：《甘肃省人大常委会关于禁止痴呆傻人生育的规定》1988 年。
② 全国首次生育控制和限制伦理即法律问题研讨会纪要。
③ 甘肃省人民代表大会常务委员会：《甘肃省人大常委会关于禁止痴呆傻人生育的规定》1988 年。

育权（不能生养自己的孩子）。如果按照这一逻辑我们可以推出，其他残疾人也不应当生育，如遗传性耳聋或其他遗传性肢体残疾的患者，因为他们可能使后代患病，无法像大多数人一样生活，可能受到身体和心理的伤害；家庭成员则需要花费大量精力和金钱来抚养和教育残疾儿童；社会需要花费大量金钱建立特殊学校、培养特殊教育人才，而如果这些人不存在，将同等的金钱投入健康人的福利中能够使后者活得更好。因此，如果禁止残疾人生育，将对所有人有利。而我们还能推出没有受过高等教育的人、穷人、道德缺失的人、罪犯、酗酒者都应当禁止生育。但这不是一个文明社会中应当出现的。此刻，我们已经看到这些法规背后的逻辑可能走向优生学的阴暗面。不可否认的是，制定这些法规的初衷可能是好的，但正是由于其缺乏可靠的科学依据，缺乏对伦理问题的审视，使得某些人群受到不公正的对待。

《中华人民共和国母婴保健法》引发的风波

甘肃和辽宁的地方法规并未引起国内学者和政策制定者对优生学中伦理问题的关注，1994年4月卫生部领导向全国人大递交的是名为《中华人民共和国优生保护法》［后改名为《中华人民共和国母婴保健法》（以下科称《母婴保健法》）］，该法最初被翻译为 *Eugenics and Health Protection Law*，而其中的部分法条让西方学者将本法与20世纪初期欧美国家实施的强制绝育法联系在一起。①②对该法的批判集中在第10、12、16、18、19条，批评该法以婚育为威胁变相强迫夫妇实施绝育或人工流产。③一些学者批判中国对残疾人的歧视，并认为中国社会无法区分躯体和精神残疾，将遗传疾病、先天性疾病等混为一谈。④

针对西方学者对《母婴保健法》的批判和指责，当时国内的两股力量发挥了重要作用：一是伦理学家；二是遗传学家。在伦理学界方面，一些学者认为西方学者对中国《母婴保健法》的批评有些是正确的，但也

---

① Editorial, "Western Eyes on China's Eugenics law", *Lancet*, Vol. 346, No. 8968, 1995.

② Editorial, "China's Misconception of Eugenics", *Nature*, Vol. 367, No. 6458, 1994.

③ Bobrow M., "Redrafted Chinese Law Remains Eugenic", *Journal of Medical Genetics*, Vol. 32, No. 6, 1995.

④ Tomlinson R., "China Aims to Improve Health of Newborn by Law", *British Medical Journal*, Vol. 309, No. 6965, 1994.

有一些是因为基于语言和文化障碍上的误解。①法律中提及的"优生"是
healthy births 而非 eugenic②（1996 年中央对外宣传办公室明确指出不再使
用"eugenics"，并建议"优生"的英译名应为"healthy birth"）。这些学
者的辩护主要集中在两个方面。一是中国的《母婴保健法》与 eugenics
的区别："《母婴保健法》是'eugenics'吗？我想，一个政策被称为 eu-
genics 有两个方面必须具备，一方面是它不经过个人的同意；另一方面是
基于种族主义。这两点中国的法律除个别条款（如第 10 条）外都没有。
医生可能给两个人指出结婚的危害或者绝育的建议，最后的决定权仍在这
些成年的当事人。当孕期检查发现遗传病时，医生也只是提出中断妊娠的
建议，而不是命令……认识到法律出台的动机是为了降低出生性缺陷率而
不是为了种族主义，这是非常关键的。"

　　二是遗传学家作出了巨大贡献。在第十八届国际遗传学大会召开之
前，由于对中国《母婴保健法》中个别条款和甘肃辽宁等地制定的强制
性绝育条例的反对，一些国外遗传学家向中国提出抗议，还威胁要中断与
中国遗传学家的合作，并要求更改会议地点并抵制会议的召开。③但由于
谈家桢等中外遗传学家的努力，1998 年第十八届国际遗传学大会如期在
中国召开。会议上中国的遗传学们向国外的同行们介绍了中国的计划生育
政策及中国当代优生学的发展情况，双方关于"遗传学的伦理、法律和
社会含义"及"优生学的科学与伦理"的讨论非常热烈。会议最后达成
八点共识④：

　　（1）众多国家持有许多共同的伦理原则，这些伦理原则基于有利和不
伤害的意愿。这些原则的应用可有许多不同的方式。

　　（2）新的遗传学技术应用来提供给个人可靠的信息，在此基础上个人
作出生育选择，而不应被用作强制性公共政策的工具。

　　（3）知情选择应当是有关生育决定的一切遗传咨询和意见的基础。

　　（4）遗传咨询应当有利于夫妇和家庭：它对有害性等位基因在人群中

① Qiu R., Dikottler F., "Is China's Law Eugenic?", *The UNESCO Courier*, 1999.
② 安锡培：《关于"优生优育"英译法之浅见》，《遗传》2000 年第 3 期。
③ 邱仁宗：《人类基因组研究与遗传学的历史教训》，《医学与哲学》2000 年第 9 期。
④ Dickson D., "Congress Grabs Eugenics Common Ground", *Nature*, Vol. 394, No. 6695, 1998.

的发生率影响极小。

（5）"Eugenics"这个术语以如此繁多的不同方式被使用，使其已不再适于在科学文献中使用。

（6）在制定关于健康的遗传方面的政策时，应该在各个层次进行国际和学科间的交流。

（7）关注人类健康的遗传方面的决策者有责任征求正确的科学意见。

（8）遗传学家有责任对医生、决策者和公众进行遗传学及其对健康的重要性的教育。

2000 年 12 月，中国人类基因组社会、伦理和法律委员会通过了一项声明，声明表示委员会接受联合国教科文组织（UNESCO）的《人类基因组和人类权利的普遍宣言》和国际人类基因组组织（HUGO）的原则，即承认人类基因组是人类共同遗产的一部分；坚持人权的国际规范；尊重参加者的价值、传统、文化和人格，以及接受和坚持人的尊严和自由。委员会同意国际人类基因组组织（HUGO）的"关于遗传研究正当行为的声明""关于 DNA 取样：控制和获得的声明""关于克隆的声明"和"关于利益分享的声明"。委员会根据上述原则和文件就人类基因组及其成果的应用达成如下共识：

（1）人类基因组的研究及其成果的应用应该集中于疾病的治疗和预防，而不应该用于"优生"（eugenics）。

（2）在人类基因组的研究及其成果的应用中应始终坚持知情同意或知情选择的原则。

（3）在人类基因组的研究及其成果的应用中应保护个人基因组的隐私，反对基因歧视。

（4）在人类基因组的研究及其成果的应用中应努力促进人人平等，民族和睦和国际和平。

尽管《母婴保健法》受到了批评，但我们不能全盘否定该法在日后保障母婴健康方面的突出作用，而在最终颁布的版本中也吸收了部分修改建议并认识到伦理学的重要性，提及了资源的分配公正和知情同意等伦理原则，如"国家发展母婴保健事业，提供必要条件和物质帮助，使母亲和婴儿获得医疗保健服务。国家对边远贫困地区的母婴保健事业给予扶持。"

对于本法的严厉批判大多来自国外学者并不令人意外，因为当时在我国缺乏对国内外优生学历史的了解，缺乏对优生学历史的伦理反思。虽然此次风波激起了我国部分遗传学家和伦理学家对优生学的了解和反思，促进了人们对生命伦理学问题的关注，但随着遗传技术的不断发展，产前筛查、产前诊断的大量应用，这些反思是远远不够的。在飞速发展的遗传学和遗传技术的广泛应用给人类带来更多福祉的同时，我们也需谨慎地审视这些遗传干预，避免优生学的阴影再次笼罩中国的遗传学发展，避免历史上的优生学在中国复活。

对优生学历史的伦理反思

从以上对优生学历史的梳理中，我们至少能够获得三点经验：首先，具备良好声誉的科学能够被用以掩饰道德前提和作为社会运动的动机，阶级、种族以及其他一些偏见在运行中发挥着重要作用，而对于一些优生学运动的倡导者来说却看不到这些。最终，一个好的意图却导致一个不幸的结局；其次，优生学为当前遗传学知识的应用提供了很好的经验，优生学试图用遗传科学来重塑社会本身，而我们可能正处在历史上第二次大规模重塑中，且如今的遗传学知识与过去相比已不可同日而语，遗传技术对人类的改造能力。在我们制定当今有关遗传学的公共政策时，历史上的经验与教训能有助于我们避免一些错误的发生；最后，我们应避免不假思索地反对或接受优生学。优生学偏向于使用某种方法或设定某些目标本身并不足以作为反对优生学的理由。对于那些所谓错误的优生学我们应当从科学、伦理、社会、法律等多方面进行分析，指出其是否有错，并阐明其原因。

在对历史上优生学进行的伦理反思中，对纳粹主义和对人权剥夺的批判是显而易见的，本节对优生学历史的反思将集中在如下三方面：科学研究和信息公开、种族主义和阶层偏见和生殖自由问题。

科学研究与信息公开

在回顾优生学历史的过程中，我们已看到了 20 世纪初期科学共同体对于一些主流优生学研究的批判，包括片面地应用遗传学理论、粗糙的研究设计、循环论证、统计学方法的不当使用等诸多问题。此外，1925 年以前并没有大量公开发表的批判性文章，且大部分发表的文章也都集中在学术期刊上。例如 1915 年摩尔根曾给达文波特寄送私人信件以质疑其所进行的研究。[①]由于科学家未对早先的质疑进行公开，给公众的印象则是科学共同体皆认同优生学的做法，尤其是这些计划在某领域首屈一指的科学家的引领下，并在媒体上发表其观点，这些无不加深这一印象的产生。这促使我们不断反思，当科学家质疑某些研究或所谓的科学事实时，除第一时间在学术界发声外，也应当将这些质疑向公众呈现，让公众了解到事物的另一面。有些人认为科学研究和科学理论专业化程度高，大众难以理解，因而认为将这些信息告知给公众也无济于事，反而可能会造成恐慌、误读等风险。但越来越多的事实证明，在科学家和公众的积极参与下，公众的理解能力不是问题，多方的参与讨论有助于事实的澄清以及推动合理性政策的制定和实施。将公众视为永远长不大的孩子对政策的实施和实施的结果而言，都将弊大于利，毕竟最终的"受试者"是公众，而有效的沟通有助于增加受益并降低风险。

20 世纪 70 年代早期有关种族和智商的争论很好地印证了科学家向公众传达信息的重要性。事件源于美国伯克利大学（Berkeley University）的教育心理学家亚瑟·詹森（Authur Jensen）发表的一篇论文，声称美国黑人与白人在 IQ 得分上的差异仅由遗传造成。[②]由于该研究应用了大量当时备受推崇的统计学分析方法，詹森的论文立即吸引了许多认识到其政治寓意者的高度赞扬，并被一些种族主义者用以支持自身观点。然而，哈佛大学的遗传学家理查德·路翁亭（Richard Lewontin）和普林斯顿大学的心理学家里昂·卡明（Leon Kamin）等学者迅速展开对该研究的分析，随后揭示出 Jensen 对统计数据的粗糙滥用以及过度依赖于陈旧的双生子试验数据等问题。[③]随后众多科学家、社会学家、心理学家和统计学家迅速展开面向公众的讨论，使公众了解到詹森及其同事的研究在科学界存在争

① Allen G. E., *Thomas Hunt Morgan: The Man and His Science*, Princeton: Princeton University Press, 1979.

② Jensen A. R., "How Much Can We Boost IQ and Scholastic Achievement", *Harvard educational review*, Vol. 39, No. 1, 1969.

③ Allen G. E., "Eugenics and Modern Biology: Critiques of Eugenics, 1910—1945", *Annals of Human Genetics*, Vol. 75, No. 3, 2011.

议，从而在一定程度上避免了种族歧视的进一步恶化。

尽管智商测试或通过其他方式对我们称为"智力"的个体特征进行检测存在各种争议，但随着遗传学对此领域的深入探索，必将发现与此相关的遗传学基础，我们必须谨慎对待这些信息。首先，对于拥有专业知识的科学家而言，应当通过验证实验或其他手段检测结论的可靠性；其次，当发现问题时，除在学术期刊发表文章外，也应将争论呈现在公众面前，使公众接触并了解到科学界内部的不同观点，激发公众讨论；最后，作为公众应积极获取信息并参与到讨论中，表达自己的观点，了解相关专业知识，避免造成对科学的误读，以及因误读而引发的社会歧视。

种族主义和阶层偏见

包括纳粹德国、美国、英国、瑞典、瑞士、挪威等国的优生学运动中，无不伴随着种族主义和阶层偏见。尽管目前从公众、科学家、政府等层面皆对种族主义和阶层偏见持有严厉的反对态度，并试图从科学层面予以佐证，但这些问题仍旧难以被根除。

随着科学的进步，尤其是遗传学研究的不断深入，必定会发现种族之间遗传学方面的差异，可能包含运动机能、逻辑思维、记忆等方面的遗传学基础。如果在科学上有坚实基础，我们应当理性接受这些差异的存在，而不应因过度担心种族主义和阶层偏见而拒绝接受科学事实。但是，差异并不代表人种的优劣，差异也不应包含价值判断，个体也不应由于差异而受到不公正的对待。我们如何来审视种族间的（或个体的）遗传差异？除上面谈到的公众讨论外，我们还可以从如下几方面努力。首先，我们应尊重每个种族，不应以差异为由歧视任何种族，遗传上的差异并不是不公正对待不同种族（或个体）的依据，应尽一切可能消除社会上对某些特性的过度偏好，加大社会对不同种族或个体的包容。此外，我们也应意识到环境对人类特性的影响，避免将其视为决定人类一切性状和命运的因素，避免走向基因决定论。但也切忌走向另一极端，尤其是当优生学、基因决定论被广泛批判的同时社会学迅猛发展的情况下，人们越来越多地看重环境因素对表型的影响，而忽视遗传因素的作用。

总之，我们应理性看待种族间的遗传学差异，不应因此类差异而给予种族或个体不公正的对待。

生殖自由

对于历史上"优生学运动"的批判多集中在对个人生殖自由的剥夺或限制上。一些国家在 20 世纪初期对罪犯、性工作者、残疾人、精神病患者、智力低下者等进行的绝育不但是对个人生殖自由的剥夺，更是对个体人权的剥夺。

与过去对生育自由的限制和剥夺相比，当下对生殖自由的控制则要隐蔽得多。例如新加坡政府曾制定的优生学政策，通过经济激励鼓励大学生等受过高等教育的人群生育更多后代，同时通过经济激励政策让那些没有受过良好教育的和低收入者"自愿"接受绝育手术以确保他们不再生育。而在美国，也曾有立法者建议将采取长效避孕措施作为领取社会救济金的必要条件，尽管这一建议最终没有被真正采纳，但却以更加隐蔽的方式来实现优生学的目标，诺普兰（Norplant，一种皮下植入型避孕药）已经被美国所有医疗救助计划（Medicaid）所涵盖。[1]由此可见，对生殖自由限制的范围并不局限于直接的强制，优生学的强制还包括"政府或社会组织通过法律法规、积极或消极的激励政策来对个人的生殖选择进行干预，如缺乏对可负担的医疗服务的可及性"[2]。

对生殖自由隐蔽的限制，我们应当仔细审视其背后的合理性论证，而不应断然地全盘否定。有些对生殖自由的限制是出于经济因素的考量，例如强调成本效益在产前筛查项目或宏观生育政策中的重要作用。[3][4]这引发了人们对相应政策的担忧，认为强调出生缺陷者所花费的社会资源，是对这些人尊严的贬低，并且这些政策的实施还将影响医务工作者对前来进行孕前或产前咨询夫妇的态度，打破非指令性遗传咨询的原则，从而侵犯夫妇的生殖自由。此类担忧有其合理性，尤其是一些国家曾在历史上以减少

---

[1] Lombardo P. A., *A Century of Eugenics in America：From the Indiana Experiment to the Human Genome Era*, Bloomington：Indiana University Press, 2011.

[2] Wertz D. C., Fletcher J. C., Berg K., *Review of Ethical Issues in Medical Genetics*, Geneva：World Health Organization, 2003.

[3] 凌寒：卫生部发布《中国出生缺陷防治报告（2012）》，《中国当代医药》2012 年第 19 期。

[4] 卫生部、中国残联：《中国提高出生人口素质，减少出生缺陷和残疾行动计划》2002 年。

对有遗传和先天缺陷者的福利而开展"优生学运动"的情况下。为避免邪恶的"优生学"死灰复燃，国家在制定政策时不应过分强调经济因素，忽视或减少对残疾人福利的关注并降低对他们的包容度。当然，我们也应认识到过分强调生殖自由，将生殖自由或生殖权利绝对化也是不妥的。夫妇的生殖决策不仅影响到夫妇个人，而且也必将影响未来孩子的利益。因此我们必须在生殖自由与未来孩子的福利之间进行权衡，尽可能地减少对家庭和孩子的伤害。此外，由于医疗资源的有限性，卫生经济学在医疗卫生资源的分配中仍旧是重要的，人们不能因国家制定卫生政策时包含成本受益分析而将其贴上历史上优生学的标签，并反对这些政策的制定和实施。我们应当理性分析这些政策制定的初衷及其合理性论证，而不是在缺乏论证的情况下随意进行批判和贴标签。

小结

一些优生学家的思想或行为构成了人们对优生学这一词语的反感；同样，纳粹医生在犹太人、战俘身上实施的惨无人道的人体试验，玷污了医生和科学家的名声，但后者并未使当下的我们对这些词语产生厌恶。有些人或许会认为，因为大部分医生都是好的，而最初医学同样有其准则，并被人们所接受。但优生学不同，从其被提出时便或多或少地带有负面色彩。当纳粹德国使用优生学一词，并以此名义进行强制绝育和大屠杀后，人们又将纳粹思想融入优生学之中，以至于每当人们提到优生学时便会联想到纳粹和大屠杀，将优生学与纳粹相提并论，而不去考虑优生学历史的复杂性。优生学与纳粹存在关联，但我们并不能因此就将优生学与纳粹天然地联系到一起，认为优生学等同于纳粹，或将优生学等同于阶层偏见、种族主义、绝育或大屠杀。

优生学毫无疑问与这些内容存在着一定关联，而这种联系使人们在不知不觉中产生一种印象，即优生学必然包含歧视、偏见，或利用强制手段达到国家的目的。实际上，优生学仅仅是种族主义和阶级主义达到目的的工具。这如同人类能够运用物理学知识制造原子弹杀死无辜平民，也可以运用这些知识建造核电站造福人类，即知识本身可以是中性的，重要的是人们运用这些知识以及达到什么目的，以及达到这一目的所采取的手段能否得到伦理学辩护。毫无根据或无论证的批判，或借助优生学所带有的感情色彩来反对或批判优生学和遗传学是盲目的和毫无意义的。我们应当关注词语使用者对词语的定义，并理性剖析其中的风险和受益，而不是被带有感情色彩而缺乏论证的观点所误导，更不能因此而放弃使用遗传学知识来促进人类个体和群体的健康与福祉。

基因筛查或其他遗传学的应用是否是优生学并不重要，重要在于相关政策或技术的应用是否能够得到合理性论证。如果非要将它们标记为优生学，则至少应当对优生学的定义进行合理充分的解释，而不是简单地将这些遗传学干预冠以优生学之名，并借人们对历史上优生学运动的反感、厌恶、恐惧，以诋毁当今遗传学在医学和其他领域的应用。

由于优生学在历史上蕴含错综复杂的含义，为了避免不必要的误解，"优生学"一词的使用必须谨慎，无论在中文语境还是英文语境下。尤其在英文语境下，应避免使用"eugenics"一词，如果使用必须明确其定义。对于优生学，无论我们是否继续使用这一词语，我们最应当关注的不是词语本身，而是以优生学为名或遗传学干预是否蕴含有优生学历史上的错误，是否触及了基本的伦理学原则和准则。正如生命伦理学家艾伦·布坎南（Allen Buchanan）所言："任何可能向历史上优生学运动迈出一小步的干预或政策，都可能引发歧视和不公正，并再次将人类推向深渊之中"[1]。因此，在实施遗传学干预和制定相关政策时，我们有必要从科学、伦理、社会、法律等多方面谨慎审视，避免使人类再次步入深渊。

中国的优生学法规

前文我们简要回顾了中西方优生学历史，欧美等国曾推行的强制绝育政策、种族隔离政策，以及纳粹对本土德国人、犹太人、吉普赛人、战俘等实施的大屠杀，这些无不提醒着人们时刻警惕优生学阴暗面的复活。从国外学者对优生学的反思、民众对优生学的厌恶中不难看出人们对优生学复活的担忧。相较于欧美等经历过优生学惨痛教训的国家而言，由于同时期中国所处的历史背景，未能深切体会到这一感受（或许这也是值得我

---

[1] Buchanan A. E. , *From Chance to Choice*：*Genetics and Justice*, Cambridge：Cambridge University Press, 2000.

们庆幸的)，或许这也是为何在我国最初颁布《中华人民共和国优生保护法》(《母婴保健法》前身) 时将其译为 *Eugenics and Health Protection Law*[①]，且其中的多项法条涉及历史上优生学的原因之一。甘肃、辽宁等省制定的历史上优生学法规并未引起国内学者和政策制定者对优生学这一议题的重视，也正是由于缺乏对优生学中可能存在的伦理问题进行发自内部的自省和讨论，可能会使我们走向优生学的阴暗面，使社会公正和个体的生殖自由受到威胁，甚至使 *GATTACA* 等科幻作品中呈现的种种可怕远景成为现实。如果说上文提到的法规已经被修改或被废除，但当我们翻看中国现有的政策法规时，我们仍旧能够发现历史上优生学的蛛丝马迹。

人口素质

对于中国人来讲，即使不熟悉欧美优生学那段发人深省的历史以及"eugenics"一词的复杂含义，但许多人不会对诸如"提高人口素质""提高出生人口素质""预防出生缺陷"等口号陌生。当如何定义什么是"人口素质"？如何定义"出生缺陷"？

人口素质也被称为人口质量，虽然目前对该词还没有一个统一的界定，但从《人口学词典》中对人口素质的定义我们能够了解一二："人口学所讲的人口质量，一般指的是人口总体的身体素质、科学文化素质以及思想素质，它反映了人口总体认识和改造世界的条件和能力。"从该定义中我们不难看出所谓的人口素质并非针对个体，而是针对人口总体而言。无论是 1994 年颁布的《母婴保健法》，还是 2001 年通过的《中华人民共和国人口与计划生育法》，或是政府部门发布的政策文件和各省市的计划生育条例，都提到了"提高人口素质"或"提高出生人口素质"等目标，可见其重要性。对于提高人口素质的目的，我们或许能够从国务院办公厅于 1999 年发布的《国务院办公厅转发卫生部关于做好提高出生人口素质工作意见的通知》(以下简称《通知》) 有所了解：

"提高人口素质，是与控制人口数量同样重要的一项工作，是实行计划生育基本国策所要达到的重要目标，也是实现我国跨世纪宏伟蓝图的基本保障。提高人口素质，要从提高出生人口素质做起。今天的儿童

---

① Editorial, "Western Eyes on China's Eugenics Law", *Lancet*, Vol. 346, No. 8968, 1995.

是 21 世纪国家建设的主要力量，他们出生时的健康水平，关系到中华民族的兴旺发达。为保护和增进新生儿童健康，提高出生人口素质，提出如下意见……"

首先这些法律法规和政策文件对保护和促进新生儿健康、提升医疗的公平性起到了重要作用，而这里所涉及的人口素质多是指身体素质或类似于身体健康。自《母婴保健法》颁布以来，越来越多的妇女和婴儿获得了基本的医疗保健服务，贫困地区的母婴保健事业也得到了一定提升。近些年，中央和地方财政加大投入力度，针对孕前、孕期、新生儿等不同阶段，启动并实施了一系列重大公共卫生服务项目，包括国家免费孕前优生健康检查项目、增补叶酸预防神经管缺陷项目、新生儿疾病筛查项目、地中海贫血防控项目等，众多个体和家庭从中受益。2012 年、2013 年全国范围产儿出生缺陷发生率连续两年开始下降，分别为 145.64 万人和 145.06 万人，比 2011 年降低 0.7 个和 0.8 个千分点，神经管畸形单病种发生率明显降低。[①]

但是，提出"提高出生人口素质"或"提升人口素质"这一目标也带来了我们对历史上优生学复活的担忧。如果我们回顾《甘肃省人大常委会关于禁止痴呆傻人生育的规定》（以下简称《甘肃规定》）可以看到，该法规的开篇第一条便提到了"提高人口素质"："为了提高人口素质，减轻社会及痴呆傻人家庭负担，根据国家人口政策的有关规定，结合本省实际，制定本规定。"在《辽宁省防止劣生条例》（以下简称《辽宁条例》）的第一条也有类似表述："为促进民族兴旺，提高人口素质，根据《中华人民共和国婚姻法》的有关规定，结合我省实际情况，制定本条例。"如前所述，这两部法规被视为历史上的优生学在我国存在的证据之一，它们以"提高人口素质""促进民族兴旺""减轻社会和家庭负担"为目标制定的强制绝育政策也被贴上历史上优生学的标签，甚至被视为纳粹主义的体现。[②]虽然这两部法规皆已失效，但有关"人口素质"的言论

---

①　中华人民共和国国家卫生和计划生育委员会：《国家卫生计生委国新办发布会背景材料四：出生缺陷综合防治初见成效》2014 年（http：//www.nhfpc.gov.cn/fys/s7901/201405/72c80adde5674b778e94fdc37d19c015.shtml）。

②　Neri D.，"Eugenics"，载 Chadwick R.，*Encyclopedia of applied ethics*，Academic Press 2012 版，第 189—199 页。

与优生学仍旧有着千丝万缕的联系，这也不禁让人提出担忧，在我国现行法律法规中是否存有历史上的优生学？

首先，让我们审视一下《中国提高出生人口素质、减少出生缺陷和残疾行动计划（2002—2010 年）》（下文简称《行动计划》）：①

> 切实采取措施，掌握 21 世纪初中国出生缺陷基本状况，在全社会普及预防出生缺陷和残疾的科学知识，加强婚前保健、孕产期保健、婴儿保健和早期干预等综合性防治措施，预防和减少出生缺陷和残疾的发生。诸多因素导致的出生缺陷增加，不仅使出生缺陷和残疾日益成为影响人口素质的重要问题，同时也给家庭和社会造成沉重的经济负担。我国每年因神经管畸形造成的直接经济损失超过 2 亿元，先天愚型的治疗费超过 20 亿元，先天性心脏病的治疗费高达 120 亿元。另外，我们也应该看到，出生缺陷不但引起死亡，而且大部分存活下来的出生缺陷儿如果没有死亡，则造成残疾，由此给家庭造成的心理负担和精神痛苦是无法用金钱衡量的。因此，我国出生缺陷的现状已经不仅仅是一个严重的公共卫生问题，而且已成为影响经济发展和人们正常生活的社会问题。

卫生部（现卫生与计划生育委员会）发布的《2011—2020 年中国妇女儿童发展纲要》（以下简称《发展纲要》），以及《中国出生缺陷防治报告（2012）》（以下简称《防治报告》）等也包含有类似内容。②这些政府文件和报告都提到了出生缺陷和残疾对人口素质的影响，尽管它们并非意在提升所谓的基因库，而可能是为了减少政府的公共卫生成本和家庭的各种负担，但将这些言论与《甘肃规定》中有关"减轻社会及痴呆傻人家庭负担"的言论相比较的话，我们很难不对《行动计划》背后的"优生学"思想表示担忧。《行动计划》中提到的人口素质并非针对个体，而

---

① 中国残疾人联合会，中华人民共和国卫生部：《中国提高出生人口素质、减少出生缺陷和残疾行动计划（2002—2010 年）》，《中国生育健康杂志》2002 年第 3 期。

② 中华人民共和国国家卫生和计划生育委员会：《关于印发贯彻 2011—2020 年中国妇女儿童发展纲要实施方案的通知》2013 年（http：//www. moh. cn/zhuzhan/wsbmgz/201304/a284f487799d4c4f81603aaf3eea8fcf. shtml）。

是将全部国民视为一个整体，将残疾人视为影响国民整体素质或人口质量的因素，将残疾视为社会的负担或"累赘"，间接否定残疾人的价值，认为残疾人会"影响经济发展和人们的正常生活"。

当然，希望提升人口素质和减少公共卫生支出成本本身没有错误，但为了这些目的或为了大多数人的利益而侵犯少数人的利益则存在公正问题。《行动计划》中的言语不免让人联想到纳粹德国执政时期的一些言论。当时纳粹为了宣传种族卫生和顺利实施强制绝育政策，当局向民众宣称：每年政府向出生缺陷者、残疾人提供大量资金以维持他们的生存，而这些钱从何而来？当然是纳税人的钱，民众的血汗钱。许多民众看到或听到这样的宣传，纷纷支持纳粹德国的强制绝育政策，甚至支持对出生缺陷者、残疾人以及其他依靠政府救助的人实施"安乐死"。或许有人会觉得将我国的政策与纳粹德国当年的宣传相提并论有失偏颇，但如果我们过度强调人的外在价值，将出生缺陷者和残疾人视为社会、家庭的负担，不但会引发或促进社会整体对残疾人的歧视，还将降低社会对遗传差异的容忍度，并引发基因歧视。当产前基因检测的敏感性、特异性足够高，且价格能够被大多数人接受时，一个被认为出生后有50%患结肠癌的胎儿可能会被流产，因为他或她的出生将给国家、家庭带来巨大经济负担，父母将在社会、经济压力之下进行生殖决策，生殖自由面临着被剥夺的危险。

或许有人会说以上提到的《行动计划》《发展纲要》《防治报告》不是法律，且并没有提出实际干预措施也不具有强制性，至多是表明少数政府部门或政策制定者的历史上的优生学思想，因此我们无须过度担忧优生学的死灰复燃。但当我们仔细审视我国现行法律法规后，我们会发现这些担忧并非空穴来风。表2列出的法律法规或许足以作为历史上的优生学思想存在于我国现有法律法规中的证据。

婚姻与生育的捆绑

历史上的优生学在我国现有法律法规中的体现可归为三类：结婚与生育的捆绑，绝育与终止妊娠，非遗传性残疾与准生。首先让我们来审视中国自新中国成立以来的第二部《婚姻法》。该法自1980年经全国人大第三次会议通过，并于次年施行后一直沿用至今。《婚姻法》第七条规定："有下列情形之一的，禁止结婚：（一）直系血亲和三代以内的旁系血亲；

表 2   我国现行优生学法律法规

序号	名称	相关条目	颁布/修改日期
1	《中华人民共和国婚姻法》	第 7、10 条	1981 - 1 - 1
2	《母婴保健法》	第 7、8、9、10、12、16 条	1994 - 10 - 27
3	《母婴保健法实施办法》	第 14、16 条	2001 - 6 - 20
4	《婚姻登记条例》	第 6 条	2003 - 10 - 1
5	《北京市人口与计划生育条例》	第 17 条	2003 年颁布 2014 年修订
6	《上海市人口与计划生育条例》	第 25 条	2003 年颁布 2014 年修订
7	《陕西省人口与计划生育条例》	第 25 条	2002 年颁布
8	《广东省人口与计划生育条例》	第 20 条	1980 年颁布 2008 年修订
9	《福建省人口与计划生育条例》	第 17 条	1988 年颁布 2002 年修订
10	《贵州省人口与计划生育条例》	第 34、36、48 条	1998 年颁布 2009 年修正
11	《海南省人口与计划生育条例》	第 26 条	2003 年颁布 2014 年修正
12	《河北省人口与计划生育条例》	第 43 条	2003 年颁布 2014 年修订
13	《河南省人口与计划生育条例》	第 17 条	2002 年颁布 2011 年修正
14	《湖北省人口与计划生育条例》	第 24 条	2002 年颁布 2014 年修订
15	《湖南省人口与计划生育条例》	第 34 条	2002 年颁布 2007 年修订
16	《江苏省人口与计划生育条例》	第 22、23 条	2002 年颁布 2017 年修订
17	《江西省人口与计划生育条例》	第 9、11 条	1990 年颁布 2009 年修订
18	《青海省人口与计划生育条例》	第 13 条	2002 年颁布
19	《山西省人口与计划生育条例》	第 11、23 条	1999 年颁布 2008 年修订
20	《四川省人口与计划生育条例》	第 22 条	1987 年颁布 2004 年修正
21	《新疆维吾尔自治区人口与计划生育条例》	第 38 条	2002 年颁布 2006 年修正
22	《浙江省人口与计划生育条例》	第 19 条	2002 年颁布 2007 年修正
23	《重庆市人口与计划生育条例》	第 20 条	1997 年颁布 2014 年修正

（二）患有医学上认为不应当结婚的疾病。"第十条也有类似规定："有下列情形之一的，婚姻无效：有禁止结婚的亲属关系的；婚前患有医学上认为不应当结婚的疾病，婚后尚未治愈的。"该法将某些亲缘关系和某些疾

病视为禁止婚姻或婚姻无效的条件，可能的原因有两个，即传统的社会道德观念以及对未来后代健康的考虑。本书并不着重讨论传统婚姻道德观念，所以在此仅对后者进行分析。如果我们从家长主义考虑这些法条，我们不难理解国家通过《婚姻法》对个体婚育自由的干预，政策制定者可能认为大部分夫妇一旦结婚就必定生育且不会考虑后代的健康与否，因此通过立法禁止近亲结婚和可能将疾病遗传或传染给后代的个体的婚育。但实际上此法是将个人的结婚与生育捆绑在了一起，没有分清两者之间本质上的差别。夫妇可以结婚并通过婚检或孕前检测获知自己是否患有影响后代健康的疾病或亲缘关系是否必定导致后代的遗传缺陷，并以此自主判断是否生育。

当然，2003 年颁布的《婚姻登记条例》中已经不再要求男女双方在登记结婚时出示婚检证明，但对于近亲结婚的限制仍旧没有解除。值得注意的是，相较于《婚姻登记条例》来讲《婚姻法》属上位法，因此如果一对未经婚检的夫妇登记结婚，只要一方患有《婚姻法》中禁止结婚或应暂缓结婚的疾病，则从法律角度来讲该婚姻属无效婚姻。

如果依照 WHO 对优生学的定义进行评判[1]，《婚姻法》是一部优生学法规，它剥夺了一部分人的婚姻和生育的自由。我们或许可以出于保护未来后代的健康，和家庭成员的经济、心理负担为《婚姻法》进行辩护，并且我们也不应因其剥夺一部分人婚姻自由而全盘否定该法希望确保后代健康的目的。但我们不应当仅仅为了保护后代的健康，或为了维护社会整体利益，而牺牲一部分人的利益，给予他们不公正的对待。这与 20 世纪前半叶欧美国家的优生学运动中存在的伦理问题相同，当时残疾人、穷人、少数族裔等脆弱群体受到了不公正的对待，而该法所体现的是对那些携带有某些基因或患有某些疾病的个体的不公正对待。

绝育与终止妊娠

上面提到的法律法规是将婚姻与生育的捆绑，通过限制个人的婚姻自

---

① Wertz D. C., Fletcher J. C., Berg K., *Review of Ethical Issues in Medical Genetics*, Geneva: World Health Organisation, 2003.

由来达到限制个体生育的目的。以下则是历史上的优生学思想在我国现有法律法规中呈现的另一面，即绝育与终止妊娠。

20世纪末期我国颁布《母婴保健法》时，其中的部分法条涉及绝育和人工流产问题，这同时也是被国外学者猛烈批判的内容。虽然经历了这些来自外部的批评和建议后，《母婴保健法》进行了重要修改，但在此之后颁布的诸多法律法规中却似乎忘却了这段历史，忽略了制定相关法规时应当参考的重要伦理原则。

这些问题集中体现在各省市颁布的计划生育条例之中。如《福建省计划生育条例》第十七条规定："患有会造成下一代严重遗传性疾病的夫妻不宜生育。有生育能力的夫妻一方应当施行绝育手术或者采取长效避孕措施；已怀孕的，应当终止妊娠。"与《婚姻法》和《母婴保健法》相同，该条例也是出于对未来后代健康的考虑而制定。但条例中"应当"一词的使用值得商榷。"应当"一词出现在法律条文中带有强制性的含义，即告诫夫妇双方进行绝育或采取长效避孕措施，如果怀孕则要进行人工流产。如果说20世纪前半叶欧美国家的优生学立法中提到的强制绝育是对个人生殖自由和身体完整性的剥夺，那此条例则是一种变相强迫，两者都构成了对个体自主性的挑战。这一问题不仅仅出现在福建省，四川、新疆、山西、湖南、江西等地的计划生育条例中也含有相同或类似内容。

如果说这些法规中"应当"一词的使用还能够以医学建议为辩护理由的话，则以下一些省市制定的法规更接近于历史上备受指责的优生学。首先让我们来审视《贵州省计划生育条例》，该条例第49条明确规定："夫妻一方患有严重遗传性疾病等医学上认为不宜生育的，应当采取节育措施；已怀孕的必须及时终止妊娠。"法条中"必须"一词的含义十分明确，即一旦女方怀有"医学上认为不宜生育的遗传性疾病"的胎儿，按照该法规定女方必须进行人工流产，终止妊娠。或许有人会以国家计划生育政策为由对该条例进行辩护，但我们仔细阅读条文不难发现，该条例所针对的是"患有医学上认为不宜生育的遗传性疾病的胎儿"。也就是说，如果女方子宫中孕育的是健康胎儿或患有所谓"非医学上认为不宜生育的遗传疾病"的胎儿，不用遭受强制终止妊娠的命运。因此，这里至少存在两个问题：一是为什么必须终止妊娠；二是为何限定为遗传性疾病。第一个问题较易解答，政府为了确保出生一个健康的孩子，阻止那些不健康胎儿的出生，可能出于避免孩子出生后遭受巨大伤害的原因，或是避免在孩子出生后由于严重残疾或过早夭折给父母在经济和心理上带来的压力或伤害。对于为什么将病种限定在遗传性疾病之中，我们或许可以通过将其与其他疾病进行对比后分析得出。从生育角度而言，遗传疾病的最大特点就是可传代性，即父代能够将自己的遗传疾病或致病基因传给后代。如果基于这一点，制定该条例的考虑很可能就在于遗传疾病的可传代性，政策制定者不希望将某些遗传疾病在人群中扩散。如果真是如此，首先从遗传学角度来讲政策制定者的观点是站不住脚的，父母无论通过自然生育或通过辅助生殖技术生育后代，均可能生育健康后代。而从伦理学角度审视，这与20世纪前半叶备受批判的优生学别无二致，包括对遗传缺陷者的歧视，对特定人群的不公正对待，以及对个体生殖自由的剥夺。如果说贵州省的条例还只是个别现象，且没有证据表明其实施的话，人们或许有理由值得庆幸，但不幸的是其他省市的条例中也存在类似的法条。

在2014年海南省和湖北省都对本省的计划生育条例进行了修正，但在新版的条例中仍旧含有禁止生育和强制绝育的内容。《海南省计划生育条例》中的第26条规定："凡患有医学上认为不宜生育的严重遗传性疾病的，不得生育；已怀孕的，应当终止妊娠。"该条例中的首要问题就是哪些疾病属于"严重遗传性疾病"？对于该问题《母婴保健法》中给出了如下解答："严重遗传性疾病，是指由于遗传因素先天形成，患者全部或者部分丧失自主生活能力，后代再现风险高，医学上认为不宜生育的遗传性疾病。"而我国全科医师考试试题中也对严重遗传性疾病的解释为："指由于遗传因素先天形成，后代再现风险高，患者严重致残、致愚，全部或部分丧失自主生活能力的疾病。"此外，《母婴保健法实施办法》中第21条规定："母婴保健法第十八条规定的胎儿的严重遗传性疾病、胎儿的严重缺陷、孕妇患继续妊娠可能危及其生命健康和安全的严重疾病目录，由国务院卫生行政部门规定。"按照《实施办法》规定，具体的疾病目录应有国务院卫生行政部门规定，但笔者至今未能找到这一目录。笔者认为对于疾病严重程度的划界本就是极为困难的，不仅针对我国，放眼全球也是极难界定的概念，如之前提到的"部分丧失自主生活能力"，如何能够准确地对自主生活能力进行判断？

"严重致残""致愚"的标准如何确定？是否仅仅依靠这些粗略的划界就能够剥夺个人的生育自由？

《湖北省计划生育条例》中的部分内容与《甘肃省人民代表大会常务委员会关于禁止痴呆傻人生育的规定》和《辽宁省防止劣生条例》极其相似。《湖北省计划生育条例》第24条规定："经具有法定鉴定资格的组织按照规定程序鉴定确认，育龄夫妻患有严重的遗传性精神病、先天智能残疾和医学上认为不应当生育疾病的，由其父母或者其他监护人负责落实其节育或者绝育措施。"虽然我们并未在同一条例中找到如果监护人"不负责"可能遭受的惩罚，但如果患有被认为不应当生育疾病的女性妊娠且拒绝终止妊娠的话，则根据该条例的第40条规定当事人双方必须缴纳一定数额的罚款。此处的"负责落实"毫无疑问带有强制的含义，法律中的要求无论是节育或绝育都不一定代表当事人或其监护人的意愿。如果说类似法律法规的制定是为了出于未来孩子的利益或避免遗传缺陷儿童给家庭带来心理和经济负担而剥夺生育自由和变相强制绝育的话，其可能的结果和由这些行为所造成的伤害与20世纪前半叶发生在欧美等国的优生学运动给弱势群体造成的伤害无异。这并不是危言耸听，在我国诸多省市出现如此相近的立法反映出一些政策制定者心中仍旧缺乏对基本伦理学原则的重视。虽然并非以改良种族为优生学目的，但他们所制定的法规无不反映出历史上优生学中的错误思想。

对于这些包含有优生学思想的现有法律法规，我们必须对其进行深入的伦理剖析，并使政策制定者和公众了解历史上众多国家以优生学为名对个体造成的伤害和对个体自由的破坏，认识到优生学中的伦理问题，避免我国走上历史上优生学的老路，破坏公众与政府之间的信任。

遗传性残疾与生育二胎

随着我国人口政策改革的推进，全国各省市逐渐放开二胎政策，在调整人口结构的同时也满足了不少父母再次生育的愿望。但这一政策并非惠及所有人，夫妇双方必须严格符合生育法规中的要求后方可生育。相关计划生育规定中的要求种类繁多，由于本书只涉及优生学和生殖遗传学中的伦理问题，故在此只讨论与此相关的法律法规。

笔者查阅了全国各省市的计划生育条例后发现，其中不少法规有着类似的规定：如果夫妻双方只育有一个子女，且该子女经指定医疗机构诊断证明为非遗传性残疾，不能成长为正常劳动力的情况下，夫妻双方可申请生育第二个子女。在此，为何要突出"非遗传性残疾"？一个可能的回答是：如果现有子女为遗传性残疾，这意味着父母再次生育一个孩子患有同样遗传性疾病的概率会很高。但如果我们多少了解一些遗传学知识的话，便会对这一答案产生质疑。假设父母都是同一常染色体隐性遗传疾病的基因携带者，则他们生育一个患有该遗传病的孩子的概率是25%，并且如果他们通过试管婴儿技术进行移植前遗传诊断并挑选不患此遗传病的胚胎植入母体子宫的话，出生一个不患此遗传病的孩子的概率几乎是100%，除非孩子自身的遗传物质发生突变。因此，这样的回答显然是站不住脚的。对于该问题的回答还可能包括：遗传性残疾无法预防，遗传性残疾相比先天性非遗传性残疾要严重，并且伴有遗传性残疾的孩子在未来结婚并生育还可能生育出患同样遗传疾病的后代。但这一解释仍旧能够用遗传学和医学知识进行反驳。总之，无论哪一种回答都难以让我们满意，都难以掩饰这些法律中历史上的优生学思想。这些法律极有可能受到残疾人保护主义者的批判，认为这些法律条文等同于向大家宣布有遗传性残疾的人不应当被生下来，并且这类人不应当拥有后代。这些法律法规不但是对个人生殖自由的剥夺，同时也是一种不公正和歧视的体现。

从以上对现有法律的分析不难看出，100年前流行于整个欧美地区的"优生学"并未消失殆尽，此种优生学思想也并未由于国内外对甘肃、辽宁等省市的优生法规和对《母婴保健法》的批判与反思而消解。那些被人们反复批判的优生学思想仍旧存在于我国现行的法律法规中，它仍旧根植于一些人的思想之中。优生学本身并没有错，促进个体和群体的健康是人类合理的诉求，但可怕的是我们不了解历史上众多以优生学为名对个体和群体造成的巨大伤害，可怕的是我们没能对一些基本的伦理原则给予重视，在制定与生殖遗传学技术应用有关法规中忽略公正原则的重要作用，忽视程序公正。

生殖遗传学技术的伦理问题

前面我们通过对中国现有法律法规的梳理揭示出历史上的优生学在我国存在的证据，这也使我们因可能走向邪恶优生学而感到担忧。随着遗传学技术在生殖领域的不断应用以及未来遗传学对人类基因干预的无限可能，个体将对后代遗传组成的干预达到空前的地步。而这些技术的应用引发了公众和学者们对 20 世纪前半叶优生学运动复活的担忧。

基因检测与人工流产

新技术的产生通常会引发新的伦理问题，并导致新伦理决策的产生。在生殖决策中至少包含两种干预：第一种干预为人工流产，通常是因产前检测后发现胎儿患有先天或遗传疾病后实施。在细胞遗传学、超声波诊断技术应用到胎儿检测前，人类有效获知胎儿健康与否的手段微乎其微，人们通常只有将孩产下后通过观察才可能确定其是否患先天性疾病。

超声波诊断技术和细胞遗传学在医学上的应用使人们能够在胎儿发育早期监测胎儿的躯体健康状况，并获知胎儿是否患有某些染色体疾病。与技术未出现前只有生育一条途径相比，如果胎儿有躯体残疾或染色体疾病父母可以提前获知，并根据父母的意愿在胎儿出生前选择终止妊娠。但这些新的选择也引发了新的伦理困境。父母是否应当流产掉一个患有 21—三体综合征的胎儿？是否能够因为胎儿有唇裂或腭裂而终止妊娠？胎儿的健康状况能否为流产进行合理性辩护？何种程度的残疾或哪些疾病能够为人工流产辩护？这些是否是历史上优生学的复活？至今有关这些问题的争论仍旧没有终结，而遗传学的飞速发展及产期遗传检测的应用又提出了新的伦理挑战。

遗传学研究的发展使人们对遗传疾病有了更深入的了解，地中海贫血、神经管缺陷、黑蒙性痴呆、囊性纤维化、亨廷顿舞蹈症等，人们能够通过产前基因检测对胎儿是否患有这些疾病进行筛查或诊断。当下，父母可以通过二代测序技术对胎儿进行全基因组测序更能获得胎儿丰富全面的遗传信息。我国食品药品监督管理局则在 2014 年批准注册了首批第二代测序技术基因诊断产品，该批产品可通过对孕周 12 周以上的高危孕妇外周血血浆中的游离基因片段进行基因测序，对胎儿染色体非整倍体疾病21—三体综合征、18—三体综合征和 13—三体综合征进行无创产前检查和辅助诊断，相比风险较高的羊膜腔穿刺和绒毛膜穿刺，无创产检降低了胎儿流产的风险并减少了对母体的伤害。如果说经典的细胞遗传学及影像学检测能够对胎儿染色体异常和发育畸形进行检测的话，则这些产前基因检测技术能够更加准确地诊断出胎儿是否患有遗传疾病，且可检测的疾病种类更多，从而使父母在产前检测中有了更多的选择以获得更多有价值的信息。但检测数目的增加在给人们带有益处的同时也带来了困惑和担忧。面对未出生便被诊断患有某些遗传疾病的胎儿，父母应如何来进行生殖决策？生育或流产？根据什么做选择？政府是否会出于保护后代健康利益而过度干预父母的生殖自由？产前遗传检测是否会对残疾人和携带有某些基因的人群构成歧视？

遗传检测可能引发的问题在当下已经成为现实，佛山基因歧视案便是一个很好的警示。2009 年三位年轻人成功通过公务员考试，但当地政府却因三人为地中海贫血基因携带者而拒绝录用。此案被视为我国基因歧视第一案，受到了全国媒体和公众的关注。此案中，仅从遗传学角度来讲，将某些基因作为公务员的排除标准是不合理的，地中海贫血基因携带者并非患者，其自身并无症状，而将该基因的携带者等同于患有血液病的患者显然缺乏科学依据。此外，携带者可被视为自然选择的结果，在地中海贫血高发地区（如两广地带），携带者抵抗疟疾的能力更强，从生物学角度而言更能胜任当地的工作。

虽然此案并非由产前遗传检测所引发，但其所引发的社会效应却会波及人们的生殖决策。个体为了后代在未来具有竞争力且不会被雇主因遗传因素而拒之门外，在结婚前个体可能会设法得知对方的遗传信息，以此作为结婚的必备条件。婚后，夫妇为了确保孩子出生后不会成为基因歧视的对象，可能会进行各种产前基因检测，避免不健康的胎儿的出生，最终选择生育他们认为最健康的孩子。而这种个体行为已不同于前文所述的历史上的优生学，个体根据自己的意愿对是否生育、生育具备何种遗传特点的后代进行自主选择，我们可称其为自由优生学（liberal eugenics），对于这一概念我将在随后的章节中详述。

这种基于个体的选择并非完全独立于社会和他人而存在。有时个人的决策可能会影响到他人，如该现象在我国最显著的体现之一便是父母对子女教育的投入上。A 母亲给 6 岁的孩子报了书法课和钢琴课；A 的同事 B 听闻后不但给自己的孩子报了同样的课程并且还增加了舞蹈课的学习；而经济并不富裕的 C 没有给自己的孩子报任何兴趣班，认为自己的孩子已经输在了起跑线上，开始担忧其孩子的未来，并通过贷款对孩子进行了基因增强，希望"出色的基因"能够使孩子成为人中龙凤。这些孩子出生后开始的"竞争"（也可以称为父母间的竞争）必定会在不远的未来前置，父母通过试管婴儿技术和胚胎移植前基因检测技术来筛选他们满意的后代，甚至通过基因编辑技术"定制"后代的遗传组成，该行为必然会影响到其周边个体的生殖决策。这些个体行为是否会相互影响从而转化为集体行为，并最终达到与政府主导的优生学同样的效果？个体的生殖选择是否会引发或加剧基因歧视？由于个体生殖选择可能带来的负面效果，政府能否阻止或限制个人的选择？这些问题同样会出现在下面所要介绍的基因治疗与基因增强之中。

基因治疗与基因增强

第二种干预是通过基因工程技术（如基因编辑技术）对胎儿施行基因治疗或基因增强。在漫长的人类历史进程中，在孩子出生前人们无法判断的健康状况，这一无奈直到细胞遗传学和医学影像学的出现才得以转变。但无论是细胞遗传学检测、医学影像学检查，或是当下兴起的基因检测，通过这些手段获知胎儿信息后父母几乎只能在流产、生育、有限的胚胎选择之间进行抉择，这也引发了伦理学上有关流产合理性的漫长争论。而基因工程技术的出现将改变这一现状，其中基因编辑技术研究和应用的兴起促使人们坚信人类真正控制后代遗传组成的时代即将来临。

20 世纪 60 年代中心法则的提出、限制性内切酶的发现，70 年代重组 DNA 技术和基因转移技术的应用推动了基因工程的发展，这些都激发科学家产生有关基因治疗的思想。如霍尔丹设想将"合成"新的基因插入到人类染色体中以期达到治疗疾病的目的。[①] 1974 年，詹妮士和明茨应用显微注射法在世界上首次获得 AV40DNA 转基因小鼠，1980 年戈登等人使

————————

① 张新庆：《基因治疗之伦理审视》，社会科学出版社 2014 年版。

用显微注射法首次育成带有人胸苷激酶基因的转基因小鼠，1982 年帕米特等人将大鼠的生长激素基因导入小鼠受精卵的雄原核中，获得比普通小鼠生长速度快 2—4 倍，体型大一倍的转基因"硕鼠"。随后的十几年中，转基因动物技术飞速发展，转基因兔、猪、牛等陆续育成。而基因工程在转基因动物方面的成功，促使科学家们将该技术应用到人类自身之上。1980 年加州大学洛杉矶分校的 Martin Cline 将基因改造过的细胞注射到两名患地中海贫血症的女性患者体内，虽然这一尝试最后以失败告终，但它促进了政府、科学家、公众对于基因治疗的关注。1990 年分子遗传学家迈克尔·布莱泽（Micheal Blaese）和安德森提出的治疗严重联合免疫缺陷症（ADA—SCID）的方案经美国 NIH 和 FDA 批准，标志着"人类基因治疗"时代的开端。迈入 21 世纪后，基因治疗的目标不再局限于罕见的遗传性疾病。2002 年美国 FDA 批准了一项针对帕金森病病人的临床试验，这也是人类首次针对神经系统疾病开展的临床研究。2003 年中国药物公司赛百诺研制的广谱抗癌药物"今又生"（Gendicine）成为世界上首个被批准上市的基因治疗药物，给基因治疗相关技术注入了强心剂。据基因医学临床试验杂志站点（The Journal of Gene Medicine Clinical Trial Site）的统计，从 1989 年到 2014 年全球被批准的基因治疗临床方案共计 2076 个，其中美国占 64.5%，中国仅占 1.8%。[1]尽管这些研究都属体细胞基因治疗，但由于针对生殖细胞的基因治疗或基因增强技术在原理上并无巨大差别，仅是将外源基因导入到生殖细胞、胚胎或胎儿体内以确保未来后代的健康或使后代在智力、记忆、运动能力等超出平均范围。

　　基因编辑是一种基因工程技术（Genetic Engineering），其特点是以人工合成的核酸酶（Artificially Engineered Nucleases）介导对生物体基因组进行修饰，包括插入、替换和敲除等形式。根据使用核酸酶的不同，目前主要分为四大类：归巢核酸内切酶（Engineered Meganucleases）、锌指核酸酶（ZFN）、转录激活因子样效应物核酸酶（Transcription Activator – like Effector Nucleases，TALENs）和 CRISPR/Cas9（Clustered Regularly Interspaced Short Palindromic Repeats/Cas 9）。2015 年 4 月我国科学家在 *Protein*

　　① "Medicine TJOR：Gene Therapy Clinical Trials Worldwide"，2015 年 3 月，*The Journal of Gene Medicine Clinical Trial site*（http：//www. abedia. com/wiley/index. html）.

& Cell 上发表有关人类胚胎基因编辑的研究论文（Liang, et al., 2015）。这是世界上首次公开发表的此类研究，并引发了科学界和伦理学界对人类生殖系基因编辑的巨大争论，更有甚者认为中国已经在开展"设计婴儿"的计划。一些学者质疑，人类生殖系基因编辑是不可逾越的伦理红线，是与自然的对立，破坏了人类基因库和物种多样性。此外生殖系基因编辑引发了人们对"优生学"的担忧，即政府或社会强制个体夫妇进行以增强为目的的生殖系基因编辑，破坏个体的生殖自由，破坏后代的同一性，将后代视为商品。对未来的父母而言，通过基因编辑等技术实现基因治疗能够使他们在自然生育、人工流产、产前筛查和胚胎选择外有了另一种选择，即对父母一方或双方的配子或胚胎、胎儿进行遗传干预，使夫妇的后代在出生时不患有已知的任何单基因遗传病，甚至降低某些疾病或症状的发病风险，如高血压、糖尿病、肺癌、肝癌等。但基因治疗同产前基因检测类似的是，基因治疗的出现伴随着新的伦理挑战，其中与优生学最为相关的便是公正问题。如果说传统的生命伦理学关注的是社会公正问题的话，则生殖细胞、胚胎、胎儿基因治疗的出现则会引发有关自然公正的讨论。在基因治疗成为可能之前，孩子在出生前的遗传物质一旦确定便无法改变（在不考虑突变的情况下），但基因工程技术能够改变孩子出生前的遗传组成，即人类具备改变出生前基因组的能力，而个体的基因组在一定程度上决定了个体一生的健康状况，因此引发了人们对于胎儿出生前公正的讨论。如果胎儿 A 患有 21—三体综合征，其出生后生长发育迟缓、智力低下、生活无法自理且寿命要远低于同一地区的平均寿命，而 B 则是个出生健康的孩子。假设在出生后的两人所处社会环境完全相同，由于 A 缺乏自主性和其他正常生理机能，他难以获得一个有意义的、幸福的生活，只能依靠父母和政府的帮助生存，而可供 B 选择的人生机会要远大于 A。相对于健康的 B 而言疾病剥夺了 A 无限可能的未来，在基因治疗成为可能之前，我们只能接受这一事实或抱怨自然的不平等（自然彩票，nature lottery），但对此毫无办法，只有尽力提升后代的福利。但当基因治疗成为可能时，人们可能会考虑使用该技术来纠正这种不平等，使每个个体在出生时都具有健康的体魄。个体出生后遗传上的不平等是否是某种不公平？是否应当使用基因工程技术消除这种不平等？如果是先天的不公平，依靠个体的能力显然难以纠正，必定要有政府和社会的参与。但这与

政府主导的产前遗传筛查相似，都会引发人们对优生学的担忧。这还可能引发残疾人的反对，认为政府将残疾人视为疾病的存在，基因治疗本身是对残疾人的歧视。如果希望基因治疗给更多的人带来福利，并尽可能地避免伤害的发生和可能出现的歧视，我们必须仔细审视这些问题。

同样，通过基因编辑等技术实现人类基因增强同样面临这些问题。诸如抵抗疾病的能力、身高、记忆力、智力等都或多或少受到遗传因素的影响。假设在环境相同的情况下，不同个体拥有不同的遗传物质（除同卵双生或小概率事件的发生，以及表观遗传学对前者的影响），它们的表型必定不同，而智力、记忆力等对个人未来发展起到重要作用的特征，是否能够因个体基因上的差异推出个体之间先天的不平等？这种不平等是否是某种不公平？如果答案是肯定的，是否能够通过基因增强打破这种不公平的状态？这种干预同样涉及政府和社会的参与，例如提升该技术的可及性、可获取性、可负担性等，而这些政府行为必定会引发人们对邪恶优生学的担忧。如果这些差异并非是不公平，我们又能否允许夫妇根据自己的意愿对后代进行基因增强？如果不允许，是否禁止一切形式的增强？如果可以，哪些增强应当供人们选择？无论是父母或政府的干预，允许对胎儿进行基因增强是否意味着对现有和未来没有进行过增强的人构成歧视？未来的社会是否会根据基因对人进行阶级划分，被增强的人被认为更优秀、更高贵，从事被社会认为是高价值的工作并成为统治阶层，而那些没有增强的人被视为是价值低下的，从事低贱的工作，永远处于被统治阶层？虽然本书并不关注这些问题的解答，但对于这些未来可能出现的技术及其可能引发的伦理问题，仍旧值得我们思考，因为我们或我们的后代可能会生存在这样的社会，而我们现在的决定在一定程度上将决定社会未来的走向。科学和技术能够改变世界，但未来世界应当是怎样的（至少在人类消失之前）是一个价值判断，科学和技术无法给出答案，而是实现某一目标的方法。

总之，我们有必要对优生学进行深入的伦理剖析，并对生殖遗传学中所面临的关键伦理问题进行探讨，生殖决策应当仅由个体决定吗？如何权衡父母的生殖自由与未来孩子的利益？应当限制个体的生殖自由吗？政府对个体生殖自由的干预是否必然会引发历史上优生学的复活？如何公正分配生殖遗传学干预？这些技术的应用是否会引发或加剧对个体或群体的污名化和歧视？

　　我们有必要以历史的经验教训为基础结合伦理学基本理论构建评价优生学的伦理框架，对以上优生学问题进行伦理剖析，避免优生学的阴暗面再次笼罩遗传学，为运用遗传学知识促进人类福祉提供当下可及的最佳辩护。

第二章　评价优生学的伦理框架

对中西方优生学历史的梳理和伦理剖析为我们进一步讨论如何应对快速发展的生殖遗传学技术的应用提供了良好经验。为了让读者更好地了解生殖遗传学技术应用中所引发的优生学担忧、伦理难题及伦理学论证，本章将首先介绍生命伦理学这一学科的性质、内容、特点等，随后介绍分析这些伦理问题时所涉及的主要伦理学理论和原则，最后提出评价优生学的伦理框架。

生命伦理学的性质、内容和特点

生命伦理学产生于 20 世纪六七十年代，第二次世界大战末期及其后出现的三大事件，促使科学家和公众严肃关注科学研究的社会后果，科学成果的应用对社会、人类和生态的影响，以及科学家研究的正当行动。第一件事是 1945 年广岛原子弹爆炸。许多科学家出于好的愿望参与到原子弹的研制中，即希望尽早结束战争并减少战争对人类造成的灾难。但他们中的一些人没有预料到原子弹爆炸会造成如此大的杀伤力，而核辐射所引发的基因突变会世代相传。第二件事是 1945 年在德国纽伦堡对纳粹战犯的审判。接受审判的战犯中包括科学家和医生，他们在犹太人、吉普赛人、战犯身上进行了惨无人道的人体试验。审判中事实的揭露让国际科学界大为震惊，他们没有预料到旨在发现宇宙真理的科学发现会以如此不人道的方式进行。第三件事是 1962 年罗切尔·卡尔森（Rachel Carson）所著的《寂静的春天》向科学家和人类敲响了环境恶化的警钟，世界范围的环境污染威胁人类在地球的生存以及地球本身的存在。[①]

---

① 翟晓梅、邱仁宗：《生命伦理学导论》，清华大学出版社 2005 年版。

生命伦理学就是在这个大背景下诞生和发展起来的。这三大事件使人们考虑到，对于科学技术成果的应用以及科学研究行动本身需要有所规范，从而推动了科学技术伦理学的发展。

性质和内容

生命伦理学是应用规范伦理学的一个分支学科。伦理学又称道德哲学，是对人类行动社会规范进行研究的学科。伦理规范体现在种种规定、准则、法典、公约、习俗之中，具有社会性。"道德"与"伦理学"均为人类行动的社会规范，但道德是一种社会文化现象，体现在该社会的教育、习俗、管理、公约之中。伦理学是道德哲学，是对道德的哲学研究，不同于传统道德依靠权威，无须论证；而伦理学则依靠理性，无论现有的或是建议的规范，都必须依靠理性的论证。

伦理学可分非规范伦理学（nonnormative ethics）和规范伦理学（normative ethics）两大类。其中非规范伦理学包括描述伦理学（descriptive ethics）和元伦理学（meta ethics）：描述伦理学是对合乎伦理的行为进行事实性描述和解释。例如人类学家、社会学家和史学家描述人与人、社会与社会、人与社会之间的道德态度、法典和信念如何不同，并试图作出解释。元伦理学是对伦理学中的术语或概念的意义分析。例如"义务""责任""德性"等术语究竟是什么意思？在生命伦理学研究中，如对"人"（person）、"胎儿""死亡"等概念和术语的分析对于讨论优生学、产前遗传检测、辅助生殖技术等问题具有重要意义。规范伦理学包括普通规范伦理学（general normative ethics）和应用规范伦理学（allied normative ethics）。①普通规范伦理学试图提出一些原则或德性来支配人们做事或做人，并对为什么要采用这些原则或培养这些德性进行论证；应用规范伦理学或简称应用伦理学是应用普通规范伦理学的原则于解决特定领域的伦理问题。

特点

生命伦理学以问题为导向，其目的是如何能够更好地解决生命科学或

---

① 翟晓梅、邱仁宗：《生命伦理学导论》，清华大学出版社 2005 年版。

医疗保健中提出的伦理问题。解决伦理问题需要伦理学理论，但伦理问题往往是复杂的，很难用一种理论解决所有的伦理问题。在解决伦理问题的过程中，伦理学理论本身受到检验，有的理论没有经得住检验，有的理论即使通过检验，也不可能在解决所有伦理问题时成为最优解。因此，在解决伦理问题时应该保持理论选择的开放性，而不拘泥于一定的理论。

生命伦理学的探究存在着放风筝与骑单车模型或近路的争论问题。这种模型或进路最早由美国生命伦理学家阿尔伯特·约恩森（Albert Jonsen）提出。我国生命伦理学奠基人邱仁宗先生曾在 1984 年教科文组织国际生命伦理学委员会第一次会议上强调，我们必须遵循骑单车模型，而不是放风筝模型。[①]

放风筝模型的支持者认为，只要建构一部完善的统一的伦理学理论就可解决一切实际的伦理问题。实际的伦理问题的解决办法可通过从伦理学理论或原则演绎出来。然而，任何一个伦理学理论都不可能是完备的。没有哪个理论能够解决世界上一切伦理问题，无论是既往的、现在的，抑或是未来的伦理问题。放风筝的模型或进路无须考察实际的、现实的伦理问题如何发生。

邱先生主张遵循另一种模型或进路，即骑单车模型或进路。"骑单车"要求我们从实际的伦理问题出发；要求我们关注在临床、研究、公共卫生实践和新技术应用中涌现的特定伦理问题及其特征。每一个伦理问题都是"定域的"（local），即当产生该做什么和怎么办的问题时，总伴随着一定的社会文化差异。例如中西方社会中对流产问题的不同看法。

这里需要注意的是，从某一伦理学理论中演绎出某一伦理问题的解决办法时，需要大前提和小前提，伦理学理论可以成为大前提，但作为小前提的初始条件可因时空而异，并必须根据经验分析其具体情况。

基本要素

生命伦理学两种不同模型或进路之争归根到底反映了对生命伦理学这一学科的不同理解。尽管如此，生命伦理学是一门理性的、规范的学科是

---

①　邱仁宗：《促进负责任的研究，使科学研究成果服务于人民——在联合国教科文组织总部授奖典礼上的演说》，《中国医学伦理学》2010 年第 2 期。

没有争议的，其具有四个基本要素。

生命伦理学的第一要素是：鉴定实践中的伦理问题。生命伦理学研究的第一步是鉴定伦理问题，将其与科学问题进行区分。科学问题是能不能（can or cannot）做的问题，法律问题是准不准做的问题（allow or not allow），伦理问题则是该不该（should or should not）做的问题，是价值判断。因此，我们的逻辑起点是生命科学、生物技术、生物医学以及医疗卫生中的伦理问题，而不是从理论、原则出发。"原则不是研究的出发点，而是它的最终结果：这些原则不是被应用于自然界和人类历史，而是从它们中抽象出来；不是自然界和人类去适应原则，而是原则只有在适合于自然界的历史的情况下才是正确的。"①伦理学不仅要问我们应该做什么，而且也要问我们应该如何做。前者为实质伦理学（substantial Ethics），后者为程序伦理学（procedural Ethics）。生命伦理学是要问：在有关生命科学技术和医疗保健的问题上我们应该做什么和我们应该如何做？例如，父母能否通过移植前基因诊断技术检测胚胎的非健康相关的基因，并通过这一信息进行胚胎选择？

生命伦理学的第二个要素是：进行伦理学探究。进行伦理学探究的第一阶段是在鉴定伦理问题后，设法找到解决伦理问题的方案和办法。或借助伦理学理论、原则，或借助经验，运用类比、隐喻等方法。但大多数新的伦理问题的解决办法不是靠从理论、原则演绎出来。演绎法之不能，因为有义务冲突：如在急诊医疗情境下，有时履行救命义务就不能履行获得同意的义务；反之亦然。这时就要权衡哪一个更重要，即两害相权取其轻。权衡的时候就必须考虑具体情况，包括利益攸关者的价值和利益，以及这些价值和利益的优先次序的排列问题。第二阶段是设法运用伦理学理论和原则以及对利益攸关者可能后果的分析，对可能的解决方案或办法进行权衡和辩护。对每一种解决办法，提供可能的伦理论证和反论证；在论证基础上，在种种可能的解决方案或办法之中选择最佳的方案，形成制定行动规范的基础。

生命伦理学的第三个要素：将探究结果转化为政策。在转化中，体制化非常重要：伦理学术研究成果转化为规范性的准则、条例或法律；在行

---

① 杨耀坤：《科学研究的出发点与科学知识的起源》，《社会科学研究》1985 年第 4 期。

动中检验解决方案或办法或制定的规范，修改和改进规范。在此期间，生命伦理学工作者就要与科学家、法律工作者、行政工作者合作、沟通、交流，尽力完善这些规定。在将伦理学探究成果转化为政策法规时，要考虑可行性，考虑与已有的政策、法规的协调。

生命伦理学的第四个要素：实现关怀人的生命、健康和权利，并善待动物、保护生态的根本目的。这种关怀和保护并不总偏向于某一方。科学家受到无端攻击，医务人员受到病人及家属暴力攻击，我们都要保护科学家和医务人员。即使医务人员有错误不当之处，也不能成为暴力攻击他们的理由；同时，也不能因为病人的这种攻击是非法的而否认医务人员可能存在的不当之处。①

研究径路

本研究从现实生活中的事实出发，主要采用反思平衡的研究方法，通过案例分析、概念分析、论证分析等方法，在对文献的收集和梳理的基础上，对与优生学和生殖遗传学技术应用中伦理问题的相关概念和论证进行伦理学分析，对各方观点进行论证和反论证，并依此提出评价这些问题的伦理框架并提出相应政策建议。本研究反对演绎主义、归纳主义、道德直觉主义和道德先验主义。值得注意的是，对演绎主义和归纳主义的反对并不等同于对演绎法和归纳法的反对。

反思平衡最早由罗尔斯提出，它是一种不断调整道德判断和伦理原则并试图使之和谐一致的过程：首先，我们要在相关道德领域辨认出所考虑的一些判断，排除另外一些判断；其次，在所考虑的道德判断基础之上形成伦理原则，而这些原则能够解释这些道德判断。初次形成的伦理原则或许与所考量的道德判断有所出入，这样就需要于两者之间进行反复调整。调整道德判断以适应道德原则，或者调整道德原则以适应道德判断，最后达成两者的和谐一致。在第一步中，我们所抛弃的判断是那些我们对其缺乏信任的判断，这些判断可能是受到自我利益、偏见、信仰等因素的不当

---

① 翟晓梅、邱仁宗：《生命伦理学导论》，清华大学出版社 2005 年版。

影响，或可能是我们在受到威胁时所得出的选择。①无论是对于道德判断还是伦理原则，反思平衡方法都有助于我们得出相关的道德结论。

反思平衡之所以可以得出这些道德结论，在于其能够表达我们"在永恒的方式下"所进行的思考。②反思平衡是一种思考方式："它不仅从所有社会观点而且从所有时代的观点来思考。永恒的观点既不是从世界之外的某处得来的观点，也不是某种超越存在物的观点，相反，它是一种思想和情感的方式，而这种思想和情感方式是理性的人们在这个世界之内就能够接受的。"③④

因此，罗尔斯认为，道德哲学即伦理学是苏格拉底式的：根据我们所考虑的道德判断来形成我们的道德原则，根据所形成的道德原则来修正我们所考虑的道德判断，如此反复，直到达成两者的平衡。在永恒的方式下思考，所得出的结论就不会因人、因时、因环境而异。因此，所有人理应得出相同的道德结论，也就是选择相同的正义原则。

尽管哲学思维是抽象的，但同其他学科一样，它也是从事实出发的。"在永恒方式下"思考的反思平衡听起来十分形而上学和先验主义，但实际上并非如此。此种方法的目的是试图将认知中偶然的、任意的东西排除出去，以使普遍的、必然的东西显现出来。为达到这一目的，则需要对思考施加某些约束。这些约束包括对信仰、偏见和自我利益中对我们思想的不利影响的限制，把这些排除在伦理考量之外，试图保证道德判断的公正性。

反思平衡具有明显的优势：它考虑尽可能完整的事实，其中既包含有利的事实，也包括相反的事实；由它得出的原则具有普遍性，但并不绝对化，因其所得结论是能够在反思平衡中不断修正的；它强调理性，但并不忽视经验的作用，其实质是在理性和经验之间取得平衡。

道德的普遍性归根结底以客观性为基础。通过反思平衡我们能够得到某种普遍性的原则，但这种原则是否具有客观性却遭到了一些学者的批

---

① Rawls J. , *A Theory of Justice*, Cambridge：Harvard University Press，2009.

② 姚大志：《反思平衡与道德哲学的方法》，《学术月刊》2011 年第 2 期。

③ Rawls J. , *A Theory of Justice*, Cambridge：Harvard University Press，2009.

④ 王占魁：《"公平"抑或"美善"——道德教育哲学基础的再思考》，《教育研究》2011 年第 3 期。

判，并认为这些原则是主观主义。第一种批判指出，如果反思平衡的结果没能达成一致，人们得出了不同的伦理原则和道德判断，则这些不同的原则都是主观的；第二种批判认为，即使反思平衡后的结果达成了一致，但由于其没有客观基础，因此这种一致可能是虚假的、错误的或偶然的，那么这种伦理原则仍然是主观的。

对于第一种批判，我们或许能够这样回答：接受反思平衡的方法，并不要求人们承诺接受反思平衡的结论。①假设人们通过反思平衡后得出不同的结论，我们应该追问产生这种分歧的原因是什么，而不是仅仅因此来否定这一方法本身。如果分歧产生于作为起点的不同的道德判断，则我们应追问谁的判断是正确的，以及正确或错误的原因；如果分歧产生于推理过程，则我们应追问谁的推理过程是合理的。这意味着并非所有通过反思平衡获得的结论都是正确的或客观的。这类似于科学中的实验研究方法，科学家通过实验来试图验证自己或他人所提出的假说，如果两位科学家验证的结果出现不一致的情况，这并不意味着对实验研究方法本身的否定，而应当追问谁的实验设计或实验操作中出现了问题。因此，主体间所得结论的不一致并不能否定通过反思平衡获得的伦理原则不具有客观性，而仅仅能够体现某些反思平衡的结果可能是错误的。

对于第二种批判的回答涉及道德客观性的证明问题。通常，如果人们通过反思平衡在某一伦理问题上达成一致，则此种一致即满足了契约主义的客观性要求。对契约主义而言，主体间在伦理问题上的一致就是伦理原则客观性的证明。但从道德实在论的观点来看，反思平衡的结论的一致可能是错误信念的一致。对于此批判，契约主义认为：反思平衡是一种在道德判断与伦理原则两端不断进行调整的过程，这一过程同时也是某种接近道德真理的过程，即诺曼·丹尼尔斯（Norman Daniels）所说的"在反思平衡的一致与道德真理之间存在一种微弱的证据关系"②。

总之，反思平衡能够帮助我们从特殊的道德判断得出普遍的伦理原则，并且此种普遍的原则也具有一定的客观性。

---

① Scanlon T. M. , "Rawls on Justification"，载 Freeman S. R. , *The Cambridge Companion to Rawls.* Cambridge：Cambridge University Press，2003.

② Daniels N. , "Wide Reflective Equilibrium and Theory Acceptance in Ethics"，*The Journal of Philosophy*，Vol. 76，No. 5，1979.

事实判断与价值判断

上一章我们对中西方优生学进行了梳理，并对当下生殖遗传学技术的应用进行了简要概述，对于历史上以改良人种为目的优生学的是非对错应如何进行评价？生殖遗传学技术的应用如何避免历史上优生学的复活？如何评价个体及群体层面上此类技术的应用？面对种种伦理问题的解决办法应如何选择？有一种观点认为，我们仅仅从事实判断即可推出价值判断，如生殖遗传学技术"是"好的，因此所有人都"应当"使用这些技术。显然这忽略了自主性、公平等重要伦理学原则，仅仅从"是"推出"应当"，这是自然谬误。下面我将对这一问题进行详细论述。

"是"与"应当"的问题一直是伦理学中所关注的重要问题之一。此问题又被称为事实判断与价值判断的问题，并最早由休谟提出，史称"休谟问题"。休谟在《人性论》中指出："在我所遇到的每一个道德学体系中，我一向注意到，作者在一个时期中是照平常的推理方式进行的，确定了上帝的存在，或是对人事作了一番议论；可是突然之间，我却大吃一惊地发现，我所遇到的不再是命题中通常的'是'与'不是'等联系词，而是没有一个命题不是由'应该'或一个'不应该'联系起来的。这个变化虽是不知不觉的，却是有极其重大关系的。因为这一应该或不应该既然表示一种新的关系或态度，所以就必需加以论述和说明；同时对于这种似乎完全不可思议的事情，即这个新关系如何能由完全不同的另外一些关系推出来的，也应当举出理由加以说明。"①休谟这一发现的意义在于：（1）指出"是"与"应当"之间存在的差异，道德涉及的是价值，知识涉及的则是事实；（2）人们需要对从"是"到"应当"的过渡进行说明，而不能将事实判断等同于价值判断；（3）"是"与"不是"和"应当"与"不应当"本应各自构成一种关系，但人们在不知不觉中或有意从"是"滑向"应当"，使问题的讨论复杂化。②

---

① ［英］大卫·休谟：《人性论：A Treatise of Human Nature》，中国社会科学出版社 2009 年版。

② 肖巍：《临床生命伦理分析的经验主义视角》，《中国医学伦理学》2009 年第 4 期。

其中能否"从事实判断推出价值判断"的问题在实践中具有重要作用，这一点也是一些学者、决策者，甚至是伦理学工作者所不清楚的。对于此问题，更准确的说法是："仅从事实判断中能否推导出价值判断。"[①]因此，通常所言的不能从事实判断中推导出价值判断，并非指在进行推论时不需要事实判断这一前提。这也就是说，欲从事实判断中推出价值判断，则必须在推论的前提中至少包含一个价值判断。例如大前提为"凡是不经过他人同意私自取走他人物品的行为是不道德的"，小前提为"A未经他人同意私自取走他人物品"，结论：A 的行为是不道德的。此处的大前提是一个价值判断，小前提为事实判断，而结论为价值判断。此外，有时一些所谓的事实判断也包含价值判断。如"雷锋是好人"，尽管此句包含"是"而非"应当"，但是否为"好人"本身已经构成价值判断，当我们说"某某是好人"时，价值判断已经隐含其中，这也是为何一些人认为能够仅从"是"推导到"应当"的原因之一。由此而言，我们在作出最终的价值判断前，需要对前提中所谓的事实判断进行分析，仔细审视其是否隐含有价值判断。总之，价值判断离不开事实判断，而是以事实判断为前提，但必须注意的是这并不等于可以仅从实施判断的前提中直接推出价值判断。

对于"是"与"应当"的问题，美国伦理学家希拉里·帕特南（Hilary Putnam）认为：无论人们是否承认，我们在作出价值判断时，"是"与"应当"都始终是纠缠在一起的，并批判休谟之后的哲学家、科学家对于"是"与"应当"、事实与价值、科学与伦理学之间关系的割裂和否定。[②]人类社会总是努力向更好和更为合理的方向发展（即使从现实来看未必如此），这一方向并非由实践之外的力量所作用，人类关于什么是好的、合理的标准同样随着实践发生变更。

对于"是"与"应当"的问题我们需要明确：（1）事实判断与价值判断是相互关联的，而不是割裂的；（2）道德判断具有客观性，因为其表达出客观事物的客观性，而不仅仅是人们的情感反应；（3）无论"是"或"应当"中都具有客观性，此种客观性将两者进行关联，但该客观性不能

---

① 张传有：《休谟"是"与"应当"问题的重新解读》，《河北学刊》2007 年第 5 期。

② ［美］希拉里·普特南：《事实与价值二分法的崩溃》，东方出版社 2006 年版。

作形而上意义的理解，而应被理解为特定社会环境中合理的、可被接受的标准，是就人类而言的客观性，而非与自然相对应的客观性；（4）讨论"是"与"应当"关系问题的目的并不在于为哲学家理想化的试验服务，而是为了解决人类活动中的实际问题，事实判断与价值判断将统一于实践问题的分析和解答之中。

总之，事物的自然属性与道德属性之间存在差异，通过前者定义后者是一种"自然主义谬误"，人们不能仅仅从"是什么"推出"应当做什么"。

伦理学框架的理论基础

由上文的论述我们得出，不能仅仅以遗传学或生殖遗传学技术的应用"是"好的，推出个体或所有人"应当"使用这些技术。我们需要以事实判断为基础，针对生殖遗传学技术的自身特点制定评价它们的伦理标准，或伦理框架。如何制定这些标准？在对优生学历史和生殖遗传学技术的应用进行梳理的前提下，让我们分别从后果论、道义论、规则效用论和效用义务论四个理论出发，审视其是否能够作为制定评价生殖遗传学技术应用的伦理学理论基础。

效用论

后果论认为评价某一行动的好坏，要视其后果而定。效用论（utilitarianism）是后果论中的最大学派，同时也是政治哲学中的重要学说，即通过使个人和政府遵守伦理学中的效用原则（principle of utility）来实现社会改革的目标。效用原则无论是在解决生命伦理学难题上，还是在社会改革中都是重要的理论依据。在效用论看来，判断某一行动的对错应视其是否符合效用原则，即该行动的后果所产生的效用（utility）的多少。

英国哲学家边沁（Jeremy Bentham）和密尔（John Mill）是效用论的主要代表，他们所提出的效用原则为：人们应当践行那些使最大多数人获得最大幸福（happiness）的行为。边沁和密尔认为效用（utility）就是幸福或痛苦（不幸），因此他们的效用论又称为一元（monistic）价值论或快乐效用论（hedonistic utilitarianism）。但有不少人认为仅把幸福或痛苦

（不幸）视为效用是片面的，效用应当还包括个人偏好、爱情、友谊、健康等，此种观点成为多元（pluralistic）价值论。

效用论也被称为功利主义，带有贬义并被一些人所诋毁。我们这里所言的"效用"并非仅仅为边沁和密尔所指的幸福、快乐，而是包含爱情、亲情、友情、健康等在内的效用。当我们在生命伦理学中讨论效用时，更多地集中在健康之上，此处的效用包括治愈疾病、缓解症状、避免早死、开发安全有效的新的干预手段，控制疫病蔓延、提供充足的营养和水源等。如果人们仔细审视效用论便会发现，效用论并非总会被否定，反而无论是在日常生活中抑或是在各种思想实验中，效用论都发挥着重要作用。例如在医疗卫生资源的分配问题中，面对人们日益增进的健康需求，政府和社会必须对有限的医疗资源进行合理分配。在各国的分配原则中，公平和效用原则都起着至关重要的作用，而以效用论为基础的成本效益分析在评估何种干预和病种能够被纳入国家医疗保险时也是必要的。总之，在个体行动、社会政策制定中效用论皆为不可获取的理论依据。此外，带有明显负面含义的"功利主义"并不适用于对"utilitarianism"的表达，我们不能将"效用"等同于"功利"。

行动效用论

行动效用论要求人们首先列出所有可供选择的行动方案，随后计算每一行动可能的后果，对自己和行动中所涉及的其他人产生的正负效用进行评估，最后采纳正负效用比最大的方案。在生命伦理学界，弗莱彻（Joseph Fletcher）[1]和辛格（Peter Singer）[2]等行动效用论的代表认为，在特定情况下将行动效用论应用于对不同行动效用的评估上，用以确定哪一行动能够为大多数人（或物）带来最大的利益（good），而这一行动不但是正确的，而且我们有义务这样去做。尽管行动效用论者可能在哪些行动将满足效用原则上面临不确定性，但当伦理准则发生冲突时却不会给他们带来伦理难题，因为他们会对比各种选项之间的效用并最终选择能够使结果效用最大化的方案。

---

① F. Letcher J. F. , *Situation Ethics*：*The New Morality*，London：CM Press，1966.

② Singer P. , *Practical Ethics*，Cambridge：Cambridge University Press，2011.

行动效用论者之所以不会面临伦理难题，在于他们仅仅受效用原则的约束，并且将其他伦理准则当作主体应用效用原则的经验的归纳。这些准则或原则能有助于主体看清行动的趋势，即不同行动所产生结果的好坏。但是，如果效用原则受到其他准则和原则（基于过去经验的概括）的约束，则只能给出描述性的结论。从行动效用论的观点来看，规则效用论和道义论的共性大于个性：两者皆提出过多的准则和原则（除效用以外），而忽视对某一特定行动结果的关注。这些准则和原则制造了受害者：由于一些人恪守某些准则和原则（除效用原则以外），而导致人们不得不忍受不良结果带来的痛苦。当我们看到行动效用论者积极推进安乐死立法时，我们并不感到吃惊，因为他们看重的是，在某些情况下安乐死这一行为本身能够解除患者的疼痛和痛苦。①

行动效用论的缺陷

虽然行动效用论为人们在进行伦理判断时提供了一种进路，但行动效用论本身存在两个问题。首先，它没能注意到其他准则和原则在解决人际互动中合作和信任等问题的必要性，或者称其缺乏对特殊义务的考量，如医患关系、亲子关系等。假设一位患者到诊所寻求一位坚守行动效用论医生的帮助。该患者只能期盼该医生会尝试帮其摆脱疾病的痛苦，"除非医生对行动效用的评估告诉他不应解除患者的痛苦"。相信坚守行动效用论的医生将患者的最佳利益置于首位是没有保障的，因为这样的医生在任何情况下，总会恪守最大多数人的最大利益这一效用原则。例如该患者是在逃的盗窃犯，医生如果从社会整体的受益考量，他可能会拒绝治疗该患者，因为将其治愈后他可能继续行窃并给更多的个体造成经济损失。假设一位母亲希望将自己的肾脏移植给身患尿毒症的女儿，且同一家医院的另一名女孩 B 与该位母亲有更大的移植成活率和更长的预期生存时间，如果医生或移植决策者仅从行动效用论去审视，则肾脏应当移植给 B 而不是自己的女儿。这类有关信任、合作、特殊关系等的问题促使许多效用论者和其他后果论的支持者开始关注规则，而不仅仅将重点置于某个行动之上。

其次，行动效用论缺乏对公正问题的考量。假设在某座城市，一个颇

---

① Singer P. , *Practical ethics*, Cambridge：Cambridge University Press, 2011.

有名望的家族中的年轻女性被人绑架、强奸并被残忍地杀害。事发后警察对此案毫无头绪，而市民在当地媒体的报道下开始谴责警察的无能。案件许久未破，当地的犯罪率骤然上升，人们的恐惧也在不断蔓延。似乎应当做些什么来快速恢复公众对法律和警察的信心。此时，当地警察局长决定找一个"替罪羊"对其进行快速审判。他们逮捕了隔壁城市的一个流浪汉，还精心安排了证人作伪证并小心挑选法官和陪审团，最终将该流浪汉判处死刑。由于此案"告破"，警察的威信得以提升，城市的犯罪率也迅速降低，人们幸福安宁的生活得以恢复。唯独一位知道实情的巡警感到内疚。但在警长告知并展示此行动带来的巨大受益后，该巡警也打消了疑虑。这是一个展示缺乏公正考虑的典型例子。行动效用论以公正为代价来获取最大利益，它忽略了公正的基本要素，因此在将公正作为道德基础的伦理学理论中应当排斥这类行动。此外，人们对这类行动在道德上的厌恶也构成了对行动效用论的另一种反驳，此处不做赘述。

　　如果仅从行动效用论去考量，历史上优生学运动中的强制绝育政策能够得到其辩护。绝育能够使政府投入到"劣等人"、残疾人、穷人的福利减少，从而增加对其他个体的福利，并进一步提升社会整体的福利，即最大多数人的最大利益。然而仅仅从行动效用论对历史上的优生学进行论证是不得当的，这忽略了公正的重要作用，并构成对残疾人、穷人、某些种族的歧视。因此，我们不能仅以行动效用论为基础制定评价优生学和生殖遗传学技术的伦理框架。

道义论

　　行动效用论缺乏对特殊关系、信任以及公正等问题的考量，在解决相关伦理问题时难以给出令人们满意的结果，因此仅仅以行动效用论为基础制定评价优生学和生殖遗传学技术的伦理框架是不适宜的。然而，我们是否能够放弃对行动效用的考量，而仅仅关注于义务问题？与行动效用论形成鲜明对比的便是道义论，下面笔者将对道义论进行剖析，审视其是否能够作为制定伦理框架的理论基础。

　　道义论（deontology）认为某一行动的对错应根据规定伦理义务的原则或规则判断，而不能诉诸行动的后果。道义论认为体现在伦理原则或规则中的我们对他人的义务来自一些特殊的关系，如亲子关系、医患关系、雇主与雇员的关系，等等。这种关系中双方相互承担的义务并非来自行动所带来的效用或后果，而与对象的性质有关。

康德的理论

德国哲学家康德（Immanuel Kant）是道义论中最有代表性的人物。康德认为，一个行动的正确，仅当它符合某条规则，而规则必须满足他称为"绝对命令"（categorical imperative）的原则，而不考虑行动的后果。康德称此类规则为"规矩"（maxim）。规矩是个人的和主观的，但它们可以成为道德规则的备选者，条件是其必须通过绝对命令的检验。通过检验后，它们就成为适用于所有人的道德规则，并通过这些规则来判断所有人行动的正确与否。

绝对命令的一种表述方式是"要只按照你同时能够愿意它成为一个普遍法则的那个准则去行动"①。这意味着强加于规矩的检验是普适化。其中心思想是：道德规则应该是普适的，可应用于所有同类情境。这意味着，包括你在内的所有人在与你同样的情况下都采用你的格律作为道德规则，即使这会引发对你不利的情况出现。假设我是一位负责某临床药物试验的医生，在招募试验患者成为受试者的过程中，对潜在受试者称这是常规医疗干预且干预本身不存在任何风险，因为这样做能够快速招募大量受试者，缩短临床试验的周期，利于药物的早期上市，从而能够尽早为患者提供治疗并缩短药物公司的研发成本。在这一行动中，笔者制定的格律是："在任何临床试验中，笔者对所有受试者隐瞒临床试验与临床医疗的区别，将试验当作常规医疗，并声称干预没有任何风险。"当笔者试图将这一格律普适化时，人们会发现这种做法将产生矛盾的性质。如果使这条格律成为一条普适化的道德规则，意味着所有临床试验的负责人都要向受试者撒谎。这将会破坏患者对医生的信任，甚至公众对医生和医院的信任，而笔者的行动正是建立在患者或公众对医生和医院的信任之上的，即他们相信这些干预不是试验且不存在任何风险。此处呈现了两种规则的冲突，"一条规则要求每一个人讲真话，因为人们认为其他人对他讲的也是真话；但另一条规则指出，只要行动的后果对自己有利（如减少招募受

---

① ［德］康德：《康德著作全集》第4卷，李秋零译，中国人民大学出版社2005年版。

试者的时间和经济成本），我就可以向受试者撒谎"。因此，在某些特定情况下，我可以撒谎，但如果将这一格律普适化，就会产生逻辑矛盾。康德认为，这样的考虑表明撒谎总是错误的。一方面，我希望人们相信我的话；另一方面，我又希望给出虚假的信息和保证，为实现自己的目的而服务。因此，撒谎产生一种逻辑上的矛盾，因为将格律普适化时，撒谎要求的框架本身也就被瓦解了。

康德理论中还存在另一种绝对命令的表述方式："你要如此行动，即无论是你的人格中的人性，还是其他任何一个人的人格中的人性，你要在任何时候都同时当作目的，绝不仅仅当作手段来使用。"[1]这也就是我们常说的"将人当作目的，而不仅仅是手段对待"。这表明了康德道义论中的这样一个理念：所有理性生物具有内在的价值。这种价值并不是因出生环境而决定的，而是内在于具有理性的生物之中。[2]理性的生物具有康德的"意志自律或理性的自我立法"。也就是说，人能够考虑自己行动的后果，制定人类社会的规则，并依此来行动。所以，赋予人内在价值的是理性。一般来说，理性意指超越感官领域或自然领域的能力，实践理性则意味着独立于感性规定而作为一种意愿和行动的能力，它所遵循的原则并不是外在于自身的、预先给定的自然法则，而是由自己表象出来，并被自己承认为原则的准则。一般来说，实践理性还不同于康德所谓的纯粹实践理性，因为前者只是意味着一种不是按照自然法则，而是按照对法则的表象而行动的能力，至于这些被表象的法则或规定行动的理性根据是技术性的、实用性的还是道德性的，在此时没有被考虑。如果这种法则完全独立于一切感性的或经验的条件，完全依赖理性自身的自发，那么承认并遵循它的实践理性就称为纯粹实践理性。在严格的意义上道德指的就是纯粹理性的实践。在康德开创的这一新的道德思考进路有力地拒斥了伦理学中的相对论、怀疑论和独断论，并对后果论形成了系统性的挑战。总之，在康德看来，所有道德最后都来源于理性。绝对命令是理性的表达，是理性生物在实践中遵循的原则。绝对命令的这种表述排除了 20 世纪前半叶用以限制生殖自由的优生学标准。在不考虑其科学上的问题的前提下，那些根据人

---

① ［德］康德：《康德著作全集》第 4 卷，李秋零译，中国人民大学出版社 2005 年版。
② 翟晓梅、邱仁宗：《生命伦理学导论》，清华大学出版社 2005 年版。

的智力、贫富、社会地位等所制定的标准违反了绝对命令，因为它们违反了每一个人拥有与他人同等的内在价值。

康德还将效用论中的幸福与善（德文：das Gute）进行了区分，指出："在世界之中，一般地，甚至在世界之外，除了良善意志，不可能设想一个无条件善的东西。"①这也就是说，幸福是有条件的善，唯有良善意志（good will）才是本身善的。使一个意志成为善的，就是为了义务而行动。当我们根据满足绝对命令的格律而采取行动时，我们就是为了义务或出于义务而行动。这意味着，正是我们行动背后的动力，即意志的性质，决定了行动的道德性质。行动是否道德并不依赖于结果，也不依赖于我们的感情或倾向。一个行动是正确的仅当它为义务而做时。

康德理论的优点是显而易见的。效用论要求人们考量所有行动方针的后果，即效用的比值，决定这些结果能否为我们的行动辩护。康德伦理学使我们摆脱这种犹豫不决，如我们知道我们必不可撒谎，无论撒谎的后果如何。效用论的最大缺陷是缺乏公正原则，而康德的绝对命令弥补了这一点：只要每个人都被当作目的而不仅仅是手段，就可消除为了一些人的利益而剥削另一些人的可能性。

康德道义论中的缺陷

尽管康德的道义论在一定程度上维护了公正，弥补了行动效用论中的缺陷，但康德的伦理学在理论和实践上仍存在缺陷。其一，在伴有义务冲突的案例中，康德的原则有时会提供一个在直觉上似乎错误的答案。根据康德的理论，源于绝对命令的义务称为绝对义务，是我们在任何场合都必须履行的义务，而相对义务则是在某些场合下必须履行的义务。康德相信绝对行动论，即某些行动总是对的或总是错误的。对于康德来说，不撒谎是绝对义务，所以无论在任何情况下我们都不应当撒谎。假设在"二战"期间的法国，笔者是一位纳粹占领区的法国人。我为一名被纳粹追杀的犹太人提供避难场所，同时我备受当地纳粹军官的信任。某日纳粹军官来到我家并询问是否知道那个犹太人的下落，如果此时我对纳粹军官讲真话，一个无辜的犹太人将被纳粹残忍杀害，但如果我对纳粹军官撒谎他会相信我的话并迅速离开。在此情况下，笔者似乎应当撒谎，但一个恪守康德伦

---

① ［德］康德：《道德形而上学原理》，苗力田译，上海人民出版社 2002 年版。

理学中说真话绝对义务的人将会向纳粹军官"坦白"其为犹太人提供了庇护。显然这样的行动是有问题的。因此，这种源于绝对命令的义务不应当被视为绝对义务，而应被归为初始义务（prima facie duty）。这意味着，我们应当履行康德所说的这些义务，除非这些义务被其他要求我们的义务否决或压倒，因为在某些情况下其他初始义务压倒了康德所提出的说真话的绝对义务，例如这一案例中提出的挽救一位处于绝望并面临死亡威胁的犹太人朋友。但可惜的是，康德的道义论中并未给出各种义务之间重要性的明确划分，仅从该理论论证难以解决义务之间的冲突。如在生殖遗传学技术的应用中，我们既应当尊重父母的生殖自由，同时也应尊重后代的福祉，当两者发生冲突时道义论无法提供解决之道。

其二，对于绝对命令的第二种表述，即将人视为目的而不仅仅是手段，并不能应用到所有情况之下。首先，所有可供选择的行动方案都要求仅将某些人视为手段而非目的。例如，轮船沉没，20 个人拥挤在只能承载 10 人的救生筏上，如果不将其中的 10 人排除到救生筏外，所有人将会因救生筏超重沉没而丧生。因此在这一情况下必须将某些人仅视为手段来挽救其他人的性命。康德的绝对命令在此时难以提供令人满意的答案，我们不能让任何人跳下救生筏。第二种情况，所有可供选择的行动方案允许将某些人视为目的，但每一种方案中被视为目的人不尽相同。如公正分配问题，在政府分配社会福利时经常会遇到这类问题，尤其在有限的社会资源无法为所有需要帮助的人提供基本福利的时候。康德的绝对命令难以在不同方案的选择上为我们提供建设性的意见。例如医疗卫生资源的分配上，我们是按疾病在人群中的发病率进行分配，还是按照疾病的严重程度进行分配？而从更宏观的角度来看，国家应在教育和医疗中分别投入多少资金？在总投入资金确定的情况下，教育和医疗两者谁应获得更多的资金？此外，在生物医学研究中也会出现类似情况，如疫苗研制过程中的攻毒试验，需要对健康受试者接触病原微生物，以试验疫苗是否有效。在此类试验中健康受试者仅仅被视作试验研究的手段，而非目的。如果以康德的道义论去审视攻毒试验显然试验本身是不能得到辩护，但如果不进行此类研究，许多疫苗研发周期必将更为漫长，在此期间更多的人会患病甚至因此而失去生命。

总之，尽管康德的伦理学在一定程度上弥补了效用论的最大缺陷，即对公正及个体间关系的考量，但它在解决义务冲突和分配公正方面却遭受了极大的挑战。在生殖遗传学技术的应用，如果仅依据从道义论构建伦理评价框架，则一方面我们要尊重个体夫妇的生殖自由；另一方面我们还需考量后代的利益（减少伤害或风险），但当夫妇的生殖自由与后代的利益发生冲突时，仅从道义论出发不能为我们提供一个合理解决伦理冲突的方法。总之，仅从道义论或效用论出发不能为构建评价优生学和生殖遗传学技术应用的伦理框架提供坚实的理论基础。

从上文的论证中我们不难发现，效用论和道义论在实践中都存在缺陷。效用论中最大的问题在于对公正问题的忽视，其为了大部分人的最大效用而忽视了一部分人的利益，没能公正地分配受益和风险，并且其结果可能会引发人们的厌恶，如杀死一个流浪汉救治数名器官衰竭的患者。康德的道义论中存在的主要问题是其无法应对义务之间的冲突，以及在某些情境下道义论无法适用。对于前者而言，如果不说谎与不伤害无辜生命的义务发生冲突时，仅从道义论去考量人们难以获得答案，因为道义论没有对义务的重要性进行排序，从而导致人们无法在义务之间进行抉择。对于道义论的第二个问题，假设轮船触礁沉没且只有一只容纳 10 人的救生筏，而此时有 15 人拥挤在其中，船长必须让 5 人跳下救生筏，否则救生筏将损坏且所有人将丧生。如果仅从道义论出发，人不能仅仅被当作手段，则船长无法进行选择，因为将任何人跳下救生筏都是将其仅仅当作实现他人目的的手段。

当我们仔细审视两个伦理学理论时，则会发现康德的道义论能够弥补效用论中的公正缺失问题，而效用论则可消除道义论中的难题。如果我们将两种理论结合为一个伦理学理论，似乎能够消除它们各自的缺陷并保持自身的优势，从而获得一个更加完善的理论。康德的道义论侧重赋予人们义务的道德律，这使其包含对公正的重视；另一方面，效用论则包含适用于任何情境的效用规则，即选择能够使效用最大化的行动。

对于道义论与效用论的结合，至少存在两条进路，即效用义务论和规则效用论。在此笔者将对这两个理论进行分析并探究其利弊。

效用义务论

效用义务论将效用论中的效用原则移植到康德道义论中绝对命令的第

二类表述之中。在效用义务论中我们必须明确两点：第一，如果可能的话，不将任何人仅仅当作手段，但如果在某些情境下这不可行，则我们应当使尽可能少的个体仅仅当作手段。例如在疫苗攻毒试验中，在确保科学和统计学意义的前提下，我们应使用尽可能少的健康受试者实施攻毒试验；第二，我们应把尽可能多的人视作目的。此外，对于行动中的利益相关者，我们应当积极促进他们的福祉。由此可见，规则义务论中的这两点是相互制约的，在考虑更多人更大福祉的同时必须尽可能地将最少的人仅仅当作手段，即在两者之间寻找平衡，而非同行动效用论一样只追求大多数人的最大福祉。

人们可能会立即提出反对观点，如人们能够通过不干预来避免将尽可能少的人仅仅当作手段。因此，我们可以在任何情况下避免将所有人仅仅当作手段。如果我们仅将规则义务论中的第一点作为前提，则会招致这样的反驳。但是，我们可以通过以下的表述来避免这一问题[①]：

1.（a）将尽可能少的人仅仅当作手段，且（b）将尽可能多的与（a）一致的人当作手段，且

2. 在确保与（1）一致的情况下，尽可能多地促进整体福利。

效用义务伦的缺陷

如前所述，基于效用义务论进行价值判断时，当且仅当行动满足条件（1）和（2）时，人们应当实施该行动。这一评判标准乍看起来十分简洁，但在大多数实际情况下绝大部分的人难以遵循这一复杂的伦理论证过程。

以前文提到的救生筏问题为例，依据效用义务论的推理过程，我们应当选出5人跳下救生筏以挽救他人生命。此处，我们将尽可能少的人（5人）仅仅当作手段，同时确保尽可能多的人被当作目的，这满足条件（1）。但是当我们考量条件（2）时则会发现，被牺牲的5人必将对整体福利产生巨大负面影响，死亡本身不但会大幅降低这5人的福祉，同时也可能会降低救生筏上人们的福祉，如产生恐惧心理或在今后的生活中产生巨大的负罪感。有人可能会反驳这一观点，被选出的5人可能是通过投

① Cornman J. W. , Lehrer K. , Pappas G. S. , *Philosophical Problems and Arguments*：*An Introduction*，Indianapolis：Hackett Publishing，1992.

票、健康状况或年龄选出的，在所有人认同这一选择标准和程序的基础之上，死亡不会对救生筏上的人造成负面效应，整体的福祉仍旧能够确保尽可能的大。但是，投票或其他选择标准被所有人接受不是必然的，这一反驳仅仅是众多可能情况中的一种，我们不能将个例普遍化。此外，可能还会有人反驳，认为我们可以在所有人中征集自愿跳下救生筏的志愿者。如果最终有 5 人自愿成为志愿者，则在满足条件（1）的同时能够符合条件（2）之要求。此 5 人出于自主意愿选择牺牲自己以挽救其他人，这一行动将尽可能地减少 5 人死亡对救生筏上人们福祉的负面作用。但这一论证存在缺陷，即将必定出现志愿者作为前提条件，然而在决定个体生死的情境下，个体自愿选择死亡不是必然的。在以上的数种可能的行动中，从效用义务论出发并不能给出一个明确的答案，告知人们应当如何选择。

总之，对于效用义务论而言，尽管其尝试以康德道义论为基础并将效用原则应用于对行动的评估之中，即在注重义务的同时考虑行动所产生的福祉，避免了道义论中出现的问题，但是当人们将效用义务论在实践中应用的复杂性难以被大多数人所掌握，人们难以列举出所有可行的方案并根据条件（1）和（2）对行动进行效用评估。在确保道义论与效用论相互弥补的前提下，能否避免效用义务论不切实际的分析与评估，为解决实践中的伦理问题提供坚实的理论基础？随后让我们对规则效用论进行剖析，审视其是否能够更好地解决这些问题。

规则效用论

规则效用论中的福祉（well－being）

经典的效用论（如边沁和密尔等）将受益与伤害视为有关快乐和痛苦的问题。此类观点通常也被称为快乐主义（hedonism）。其主要观点为某人生活的好坏完全取决于他或她的快乐减去痛苦。即使快乐和痛苦的范畴十分宽泛，但其仍旧存在不少问题，人们有时对其他事物的关注要胜于快乐和痛苦，如前文提到的公正。

非效用论以外的后果论对行动、实践等的评估不局限于福祉。当一些学者自称为后果论者而非效用论时，表示他们对结果的评估不仅包含福祉，并且也涵盖对其他利益（goods）的评估。这些善通常包括公正、平等和均等。

然而，后果论本身将公正、平等、均等或其他道德权利作为理论预设并不具有解释力，不能说明公正或道德权利等的重要性，以及道德权利的具体内容。这些问题对于后果论而言都是极为重要和有待解决的。如果后果论希望将公正、道德权利等纳入其中，则其需要对这些概念进行分析和论证。

后果论处理此类问题的一种途径是，主张将公正和道德权利等视作某些已经被论证过的社会实践的集合，且这些实践被认为能够普遍提升整体福利。这一论点认为，人们所拥有的道德权利，以及公正和平等所要求的与那些提升整体福利的实践相符。

完整规则效用论与部分规则效用论

后果论者将他们的理论分成三部分：（1）什么使行动在道德上是错的；（2）行动者应当使用哪些程序进行他们的道德判断；（3）在某一情况下哪些道德制裁是恰当的，如谴责、内疚和赞许等。

人们所言的完整（full）的规则效用论包含以上所有三个条件。因此，当且仅当该行动被那些通过结果所论证的规则禁止时，完整的后果论称某一行动在道德上是错误的。它也认为主体应当依据那些得到结果辩护的规则作出道德判断。并且它要求根据被结果论证的规则来确定使用何种道德制裁。

与完整规则效用论相对应的是部分（partial）规则效用论。部分规则效用论可有多种形式。其中最为常见的形式为，行动者应当根据那些被结果论证过的规则作出道德判断，但并不以这些规则对何为道德错误进行判断。部分规则效用论通常赞成直接以行动的结果来确定是否存在道德上的错误。而此种判断道德错误的理论即我们通常所言的行动效用论。完整和部分规则效用论之间的区分有助于行动效用论与规则效用论之间的不同。

行动效用论的决策进路未必能够带来最大受益，我们至少可以从以下四点得出这一结论：

第一，通常行动者无法获得有关各种行动其结果的具体信息。在无法掌握足够信息时以行动效用论之方法进行决策未必能够获得最大的善。

第二，即使行动者能够获得这些信息，但获取信息的过程所付出的成本将抵消结果中的善。

第三，即使行动者获得信息且不会消耗较大成本，行动者仍可能在评估过程中犯错。这一情况在行动者带有某种偏见，评估较为复杂，或要求在某段时间内进行决策时出现。

第四，可能会出现某种被称为期望效应的情况。假设某一社会中的个体知道他人对该个体持有某种偏见，且仍旧通过评估善的总量进行道德判断。在该社会中，每一个体都可能担心他人不遵守诺言、偷窃、撒谎，个体之间不存在任何诚信可言。这一情况将导致行动效用论的评估进路更为复杂，甚至难以实施。

大多数哲学家承认，对于以上四种原因，使用行动效用论的决策进路未必使整体的利益最大化。随后，一些人提出了如下观点：

规则效用论的决策进路：至少在一般情况下，行动者应当通过应用一些规则进行道德判断，且这些规则的使用能够产生最佳的结果，如"不伤害无辜之人""不偷窃或毁坏他人的财产""信守诺言""不撒谎""给予家庭和朋友的需求以特殊关注""在一般情况下对他人友善"等。

完整规则效用论的决策进路所认可的事物被视为对社会整体而言应当被接受的，即如果社会中的每一个体或绝大多数人都依照某一规则行事，则善将被最大化。行动效用论则倾向于使某一个体受益最大的决策进路。①

我们可以从法官与立法者的角度对此种观点进行阐述。首先，我们必须理解并区分两类关系，即法官与法律的关系，和立法者与法律的关系。英国哲学家纽厄尔—史密斯（P. H. Nowell - Smith）认为：

法官的义务在于根据法律进行判决。"如何判决某一案件？"这一问题仅仅取决于"在此案中依据哪些法律作出怎样的判决？"作为法官，他并不关注判决宣布后的结果、受益或伤害。类似的是，对于"判决是否公正"这一问题并不由宣布判决后的结果决定，而仅仅依据法律来审视。②正如纽厄尔—史密斯所指出的，法官关注的是具体案件并且他的判决应依据有效的法律。他不能用判决结果的影响好坏来为其所作出的判决进行辩护。由于法官的判决是基于一系列法律而作出的，因此法官的行动

---

①　Hare R. M. , *Moral Thinking*：*Its Levels*，*Method*，*and Point*，Oxford：Clarendon Press，1981.

②　Nowell - Smith P. H. , *Ethics*，New York：Philosophical Library，1957.

职责在一定程度上属道义论。

但立法者的义务则不同。立法者并不对法律在特定案件中的应用是否公正作出判断，而是决定什么法律应当被通过以及当人们触犯法律时所受惩罚的量与度。而这些问题并不能以法官对具体案件的判决的方式来实现。即使某些法律部分是基于现有法律而制定，但立法者应当以结果而非其他现有法律去衡量其所制定的法律。由于立法者根据结果而非法律本身来评估其所制定的律法，因此立法者行动职责在一定程度上属效用论。

通过对法律进行类比，纽厄尔—史密斯认为：通常大多数人遵守某一规则的义务并非出于在某一特定情境下所获得的有利结果，无论是短期或长期，正如仅从效用论出发所得结论一样。也就是说，纽厄尔—史密斯认为某一伦理学理论对效用原则的使用应局限于对行动规则的评估，而非针对个体行动。我们用伦理规则对所实施的具体行动或深思熟虑的行动进行评价，且这些伦理规则需要得到效用原则的辩护。由于将效用原则限制于对规则的评价，此种理论可以称为规则效用论。这一理论与将效用原则用于对个体行动的评判不同，因此其与密尔和边沁的效用论不同。如下的描述或许有助于我们对规则效用论的理解：

1. 当且仅当某一规则趋于使行动对象的福祉最大化时，行动者有初始的义务（prima facie）遵守这一行动规则（此处的规则为效用规则）。

2. 当且仅当行动被效用规则要求时，行动者有初始义务实施该行动。

规则效用论能够较好地指导实践。如"急性化脓性阑尾炎的患者建议切除阑尾"这一规则一旦确立，就可帮助医生在遇到此类患者时确定大致的干预方案。此外，规则效用论同样能够解决杀死无辜流浪汉获取其器官并移植给五位患者的案例。如果按照行动效用论对这一行为进行考量，显然是被允许的，但对于规则效用而言，杀死无辜流浪汉的行为破坏了作为初始义务的规则"不能杀死无辜的人"，而破坏这一规则将带来严重的、具有深远意义的负效应。

总之，当人们从长远和整体去审视，依照规则效用论行事所获得的结果将好于根据行动效用论对具体案例进行的分析。

论证规则效用论的两种进路

在规则效用论中，人们首先依据效用原则对规则进行评估，并确定最佳规则的集合，当人们遵循这些规则行动时则会产生最大福祉。在规则效用论中，不对个体行动是否能够产生最大善进行评估，而是审视该行动与规则的一致性。①但这并不意味着规则效用论不去追寻最大化的善。这仅仅意味着它根据规则而非具体行动实现最大化，即规则成为评估焦点。规则效用论以制定规则的方式评估行动，并以产生总体福祉的大小评估规则，这与后果论的目标即实现总体福祉的最大化保持一致。

我们已经了解到规则效用论依据绝大多数人所接受的预期受益来评估规则。哪些规则能够通过这一程序的检验并受到规则效用论的支持？这其中就包含如下规则，禁止攻击无辜者或侵占其财产，信守诺言，讲真话等。规则效用论也要求个体对其家庭和朋友的需求给予特殊关注，或在一般情况下帮助他人的规则。为什么会包含这些规则？较为粗糙的回答是某一社会包含这些规则要比没有此类规则要更好。

事实上规则效用论支持这些规则使得该理论本身更具有吸引力。因为，从直觉上而言这些规则是正确的，且这些规则与人类社会的道德常识相符。当然，除规则效用论外，其他伦理学理论也支持这些规则，如道义论。但是，与其他理论不同的是，规则效用论确定了一项根本的统一的原则，以此为这些规则提供不偏不倚的辩护。当然，也有一些伦理学理论试图做同样的工作。这其中就包含康德的道义论②、社会契约论③，以及某些德行伦理学。④总之，第一种对规则效用论进行论证的进路是：该理论为直觉上似乎合理的道德规则提供了不偏不倚的辩护，并且没有其他理论做同样的事。⑤⑥

这一论证规则效用论的第一条进路或许被视为，某种理论对于我们而言获得了更好的论证在于其提升了我们信念的一致性。⑦不可否认的是，

① Shelly, Kagan, *Normative Ethics*, Boulder: Westview Press, 1997.

② Audi R., "A Kantian Intuitionism", *Mind*, Vol. 110, No. 439, 2001.

③ Scanlon T., *What we Owe to Each Other*, Cambridge: Belknap Press of Harvard University Press, 1998.

④ Rosalind Hursthouse, *On Virtue Ethics*, Oxford: Oxford University Press, 2002.

⑤ Urmson J. O., "The Interpretation of the Moral Philosophy of JS Mill", *The Philosophical Quarterly*, Vol. 3. No. 10, 1953.

⑥ Hospers J., *Human Conduct: Problems of Ethics*, New York: Harcourt Brace Jovanovich, 1972.

⑦ Rawls J., *A Theory of Justice*, Cambridge: Harvard University Press, 2009.

与我们的道德直觉存在一致性并不能使某一伦理学理论为真（true），因为我们的道德直觉可能是错误的。尽管如此，如果某一伦理学理论与我们的道德直觉存在巨大的不一致，这也会降低该理论对我们而言被论证的能力。

第二种论证规则效用论的进路截然不同。它首先承认后果论的评估方式，随后通过人们共同接受的规则对行动进行间接评估（直接评估回归行动效用论）。这意味着该理论首先以效用原则对规则进行直接评估，挑选出在遵守规则的前提下使整体福祉最大化的最佳规则，而非对行动本身进行直接评估，尽管两者的结果可能相同。①

如前文所述，所有后果论者都认为在进行道德判断时对每一行动的预期受益进行逐一评估是某种十分糟糕的程序。目前存在一种共识，即行动者应当根据某些特定规则行动，如"不攻击无辜者""不偷窃""信守诺言""讲真话""对家庭和朋友的需求给予特殊关注"，以及"通常情况下给予他人帮助"等。

对于论证规则效用论的第二条进路面临着完全不同的反驳。这一反驳是，该论证的第一步为承认后果论的评估方式，这一步骤本身需要被论证，即为何以后果论评估事物是唯一能够得到辩护的？其中对后果论原则进行论证并最终导向规则效用论的论证与美国经济学家哈尔萨尼（John Harsanyi）和美国哲学家布兰特（Richard Booker Brandt）相关。②③这一论证将道德描绘为某种假象的或理想化的社会契约。因此这一论证通常被视为从社会契约论对规则效用论进行论证。

如下是社会契约论对该问题的论证。假设我们能够确定在某些情境下每一个体都同意接受一系列合理规则。对于这些情境存在各种理论，例如罗尔斯提出的"无知之幕"（veil of ignorance），在此情境下，每一个在"无知之幕"之后的个体都对其自身真实的状况一无所知，如性别、种族、健康状况、教育程度、职业等。布兰特则假设，每一个书写社会契约

①　Brandt R. B. , "Toward a Credible form of Utilitarianism", *Morality and the Language of Conduct*, 1963.

②　Brandt R. B. , Singer P. , *A Theory of the Good and the Right*, Oxford: Clarendon Press, 1979.

③　Brandt R. B. , *Morality, Utilitarianism, and Rights*, Cambridge: Cambridge University Press, 1992.

者都应当了解所有相关的经验事实并且拥有相应的自然动机，但同时并不具备任何额外的谈判力。其中一些契约理论认为在这些情境中的每一个人都将认同道德能够使善最大化。

进一步而言，道德将使善最大化是某种规则效用论。这就是我们称为论证规则效用论的第二条进路。但是，这一进路将论证的前提建立在契约论之上。因此，如前文的问题"为何以后果论为前提？"我们也可以问"为何以契约论为前提？"对于此类问题的解答仍需借助经验与实证，且并非本书重点，故不在此赘述。

　　理想的规则效用论与现实的规则效用论

首先我们需要明确的是，规则本身并不含有任何后果。仅当规则被传授、相信、接受并以此行动时规则才拥有能够被评估和对比的结果（或被否定、争论、蔑视、嘲笑或错误应用时）。我们能够称仅当规则被嵌入时它们才有结果。使规则嵌入到群体中存在两类情况：第一，所有人遵循规则时能够产生最大福祉；第二，大部分人遵循规则能够产生最大福祉。在第一种情况下，效用论要求所有人皆理解、接受、并遵守这些规则，但这显然在真实社会不可能发生，我们称这一路径为理想的规则效用论。与此相对，一些人认为没有哪个规则被所有人都接受，即使接受规则者也不会自始至终地遵循规则；即使他们受规则驱动，他们也可能误解规则在某些情况下的寓意，或完美实现他们的目的。①因此，人们可能会问如果那些接受规则的人通常（并非总是）有动机去遵守规则，什么规则将会产生最佳结果？一致性、理解、动机都是可变的，且难以被个体或群体永远遵守。规则要求越多，人们越少地受其激励而行动；规则越复杂，人们误解其寓意的频率越高。在现实假定情况下，什么规则被传授、接受并遵守后能够产生最佳结果？我们称第二类路径为现实规则效用论。理想与现实情境的不同，导致两种理论中的规则存在差异。

在理想规则效用论中，预设所有人遵守规则，因此无须考虑规则的复杂性与个体接受或排斥程度之间的关联。但在现实情境下，规则越简单、要求更少、不易误用或误解更可能产生更好的结果，使整体福祉最大化。

①　Shelly Kagan, *Normative Ethics*, Boulder: Westview Press, 1997.

当把理想规则效用论中的规则应用到现实社会中时，由于情境的改变，整体的福祉未必能够达到最大。此外，对于现实规则效用论而言，规则的制定仍旧是困难的，因为在现实社会中总会存在个体对规则的误解或滥用，当然这是一个复杂的实证问题，但是从经验来看，最佳规则与现实社会中的道德常识近似。

　　两类规则效用论并非完全不相容。对于现实规则效用论而言，针对不同社会或个体，人们所制定的规则可能存在特异性，即它们不尽相同。但是，这并不意味着不存在某些不同社会或个体普遍接受、认可、遵守的规则。相反，当人们从理想规则效用的视角制定规则时（以所有人接受、遵守规则为前提），不同社会和个体所制定的规则存在相似性（当然也会存在差异巨大的情况）。并且，两种理论皆以效用论为根基，无论从社会或个体视角审视，评估规则的标准仍旧是整体的福祉，而非仅关注个体自身的利益。

对于规则效用论的反驳及其回应

　　与行动效用论相比，规则效用论的形成要晚许多，后者直到英国哲学家厄姆森（James Opie Urmson）和布兰特的讨论才初见雏形，并在20世纪70年代早期备受学者关注。然而，在那一时期，众多伦理学家认为规则效用论存在巨大困境：第一，规则效用论将坍塌成为行动效用论；第二，规则效用论内部存在不一致；第三，规则崇拜导致灾难性后果。

　　首先让我们审视规则效用论为何会坍塌成为行动效用论。假设规则效用论包含"讲真话"这一规则。假设某一情境下对一个行动者而言说谎与讲真话相比能够获得更大的预期善。如果规则效用论者给予他们预期的善选择规则，则他们似乎会认为"讲真话除非在这种情况下"的规则要好于仅仅包含"讲真话"的规则。将这一观点普遍化，在任何情况下只要初始规则无法获得最大预期的善，则规则效用论允许构建新的补充规则以获得最大预期的善。但是，如果规则效用论依此行事，则它与对每一行动进行评估的行动效用论无异，并产生无限多个规则降低规则的可操作性。

　　来自规则效用论的回应是，其排列规则系统不依据遵从（complying）它们所获得的预期的善，而是依据接受（acceptance）它们所获得的预期的善。也就是说，当考虑接受无数规则所花费的成本时，预期的善未必会是最大的。并且，对规则进行对比时，必须考虑使新一代人接受规则的成本。使人们学习十分复杂和大量规则的成本显然是巨大的。因此，规则效用论倾向于某一包含少量且不十分复杂的规则系统。

诚然，这类规则有时不会使个体的预期受益最大化。但是，规则效用论主张对这些简单规则系统的普遍接受度，即使这些被接受的规则有时仅使人们的行动获得次优结果，但从长远来看其与使人们广泛接受复杂和数量众多的规则所获得的受益要更大。由于规则效用论倾向于简洁且需求较小的规则，规则效用论暗示着一些行动即使能够获得最大预期受益，但该行动仍旧在道德上是错误的。因此，规则效用论能够脱离向行动效用论垮塌的结局。

另一困境为内部不一致，即规则效用论认为某一行动在道德上是错的，即使该行动能够使预期的善最大化。这一假设必定基于规则效用论包含一个首要的承诺，即善的最大化。其不一致性在于它在持有该承诺的同时反对被该承诺要求实施的某一行动。

回应这一问题，我们必须首先明确最大化善的承诺是否是规则效用论的组成部分？规则效用论并不要求最大化善作为他们终极的道德目标。反而，他们可以持有这样的道德心理：他们根本的道德动机是去做那些得到公平辩护的事；他们认为根据不偏不倚的论证的规则行动是受到公平辩护的；他们也认为规则效用论是对不偏不倚的辩护规则最佳的诠释。

持有这一道德心理的行动者将会以规则效用论之规定行事。并且，对于持有这一心理的行动者而言，遵循规则但如此行动不会产生最大预期善本身并不矛盾。在规则效用论中不包含支配一切的最大化预期善的承诺，因此规则效用论在禁止某些行动时也不会存在不一致的问题，即使这些行动能够使预期善最大化。总之，以上对规则效用论的批判是失败的，无论是遵循规则效用论的行动者还是理论本身都不包含这一最大化善的支配性的承诺。

第三类针对规则效用论的反驳认为规则效用论必定是"规则崇拜者"（rule - worshipers）。例如一些人坚持恪守规则，即使这样做将导致明显的灾难性后果。

对于这一反驳的回应是规则效用论支持这样一种规则，即该规则要求个体避免灾难的发生，即使这样行动要求打破其他规则。①诚然，对于何为灾难存在许多复杂性。当"防止灾难"规则与说真话、禁止偷窃、不伤害无辜者等规则冲突时，什么能够被视作灾难？

例如一位医生原定于当晚同朋友一起看电影，但他的一位患者出现心搏骤停的症状，如果其赴约则会导致患者死亡，医生最终作出救治患者的决定。鉴于此，规则效用论所制定的规则应当允许例外，如"信守承诺，除非救治生命要求该承诺"，或"信守承诺，除非其会造成灾难性的后果"等。从规则效用论去审视，这些包含例外的规则的效用远比"信守承诺""说真话"这类康德道义论式的义务要大，并且能够很好地解决后者所无法应对的义务冲突。

对规则效用论的反驳还来自个体与群体规则的相悖。当社会中大多数人履行由效用原则检验后的规则时，个人和社会整体的福祉能够实现最大化，但个体可以通过制定符合自己的规则来打破社会整体的规则，从而使自身的利益最大化，即个体规则能够使效用最大化为何还需要群体规则。例如，高速公路上的紧急车道仅允许急救车、警车、消防车或紧急情况下的社会车辆使用，这一规则能够确保社会整体的效用最大化，但个体可能会出于自身利益考虑打破这一规则，如堵车时使用紧急车道以更快地到达目的地。

对于这类反驳，规则效用论可以通过制定惩罚性规则予以回应。这与前文纽厄尔—史密斯的论述类似，立法的初衷就包含有使社会整体福祉最大化这一目的，同时也保护每一个体追去福祉最大化的权利。但当个体的行为对他人福祉造成破坏或产生不良影响时，法律同样会对其进行惩罚，以保护他人的权益并降低或避免其对社会整体的福祉的不良影响。在个体使用高速公路紧急车道的案例中，个体的行为可能从两方面对他们的福祉造成损害。一方面，在堵车的情况下个体对紧急车道的占用可能会影响后方紧急车辆的行驶，如救护车。这种阻碍将会延误患者的救治，患者可能由于未能得到紧急救助而失去生命；另一方面，个体的行为或多或少地会影响到社会中其他个体的行为，在此案例堵车时某

---

① Brandt R. B. , *Morality*, *Utilitarianism*, *and Rights*, Cambridge：Cambridge University Press, 1992.

个人使用紧急车道会诱使他人效仿，从而导致更多的人占用紧急车道，最终阻碍后方救护车、警车、消防车等的行驶并降低他人的福祉。因此，为了避免这一情况的发生，规则效用论要求我们制定惩罚性规则，如"在非紧急情况下驶入紧急车道将受到处罚"，以此避免或减少破坏整体效用行为的发生。

当然，对于规则效用论仍存在不少挑战。如一些针对规则效用论的反驳集中在传授新规则的机制上。正如前文所言，规则效用论将新生代规则内化的过程划归到成本之中。提及新生代意味着避免将当下已经内化了其他规则或理念的人与新规则所内化的成本在内。但是，我们面临的问题是那些需要负责传授新规则的人可能已经内化了其他规则或理念。如果教师已经内化了其他规则，我们又如何让他们传授新的规则？如果这些教师被认为没有内化这一新的规则，则存在着理想住在哪里与他们现在持有准则间相互矛盾的成本问题。此外，规则效用论内部对如何定义该理论也存在争议。

伦理学框架

如前所述，目前还没有一个在逻辑上自洽的、能够应用到所有现实情况下的伦理学理论，即任何一个伦理学理论都不是完备的。但是，规则效用论将道义论与后果论有机地整合在一起，在保留它们优点的同时弥补了各自理论中的缺点，不仅提倡义务，也考量行动所产生的效用。在实践中，对于临床、研究、公共卫生、科技创新而言，首先我们求其效用，如治愈疾病、控制疫病流行、获得新的干预手段等的效用。如果当规则发生冲突时，永远将道义论中的尊重放在第一位，则在前面救生筏案例中我们只能坐等其沉没并最终导致所有人丧生；而在临床、研究、公共卫生与技术创新中，则不利于促进人类整体的福祉，假设我们不能把人仅当作手段，则疫苗研制过程中的攻毒试验或众多新药研发中的一期临床试验都无法开展，不少疫苗和药物的出现都将被大大推迟。此外，规则效用论有利于我们的"法治"，对医疗、研究、公共卫生、新兴技术开发创新的管理不能仅仅依靠自律或个体的修养，而应遵循"法治"和"体制化"，在伦理学研讨基础上通过法律法规、条例、规章、规则等促进医疗干预、科学研究、公共卫生政策、技术创新的良性发展。因此，我们可以依据规则效用论来制定伦理学原则。

尽管伦理学原则要依据伦理学理论，但这些原则不是理论推演的结果。伦理原则既不能从理论或其他原则演绎，也不能从事实归纳（自然谬误）。伦理学原则是在一定条件下针对一些实践中遇到的问题提出和形成的。而问题是在人类实践过程中产生的，往往是由于产生了历史教训，人们考虑如何吸取教训，防止今后再次发生类似的问题。如当代生命伦理学（或医学伦理学）起源于《纽伦堡法典》（1947），此法典在历史上第一次以书面形式确认了医学中的人权，将病人的福利置于医学实践最显著的位置。这一法典是总结了人类历史经验，尤其是纳粹医生和科学家在犹太人、吉卜赛人、战俘身上开展惨无人道的人体实验的教训，并且是在与纳粹医生及其辩护人激烈辩论后产生的，其中包含现已成为基本理论原则核心的若干基本要素，例如科学上的有效性、知情同意、研究者有确保不存在不当风险的义务、确保受益明显大于最低风险等。这些要素，尤其是知情同意这一伦理要求并不是从任何伦理学理论中演绎出来的。然而《纽伦堡法典》并未引起人们重视，许多人将其视为法律文件且只针对纳粹，并未认识到它同时是一个伦理学文件，因此在世界各地的人体研究中仍存在违规情况。《纽伦堡法典》中第10条"可允许的医学实验"体现的人文关怀，包含着对人的伤害、痛苦和不幸的敏感性和不可忍受性（这相当于孟子所说的"不忍之心"）以及对人的自主性和人的内在价值的认可度（这相当于荀子所说的"仁者敬人"）。因而使得《纽伦堡法典》的精神具有普遍性以及它与我们今日之相关性。[①]《纽伦堡法典》的人文关怀使得具有数千年历史的医学发生了历史性的范式转折，即从医生、医学家为中心的医学转换到以病人、受试者为中心医学。这种人文关怀从医学研究推广到医疗实践，再进一步延伸到公共卫生。1966年比彻（Henry Beecher）在新英格兰杂志发表了一篇有关临床研究中伦理问题的文章，揭露了数起在美国开展的违规临床试验，使人们

---

① Macklin R., "The university of the Nuremberg Code", in Annas G & Grodin M (eds.), *The Nazi Doctors and the Nuremberg Code: Human Rights in Human Experimentation*, New York: Oxford of University Press, 2005, pp. 240—257.

对医学研究中伦理问题的关注再次升温。随后，在总结了 Tuskegee 梅毒研究案件以及其他案件的基础之上，美国总统委员会于 1978 年发布 "贝尔蒙特报告" （Belmont Report），在历史教训基础上总结出评价涉及人类受试者的生物医学研究的三条伦理原则，即尊重人 （respect for persons）、受益 （beneficence） 和公正 （justice）。①次年，生命伦理学家查尔德里斯 （James Childress） 和博尚 （Tom Beauchamp） 在他们合著的 *Principles of Biomedical Ethics* 中总结并阐释了此后影响巨大的 "四大原则"，即尊重自主性 （respect for autonomy）、不伤害 （non‐maleficence）、受益原则 （beneficence） 和公正 （justice）。②虽然此四条原则并非在一个统一和一贯的理论框架内提出，各个原则其自身之独立性，因而原则之间会产生冲突，但在实践中，当人们在不同情境下面对各类道德难题时，这些原则为我们应如何行动提供了有效的解决途径。但如果不构建这些原则或探求某些理论依据，仅凭借道德直觉对每一个问题进行就事论事的讨论，则会陷入某种混乱。

伦理学理论必须支撑某些基本的伦理学原则，使其满足以下六个条件：③

（1） 在任何需要进行道德判断的情境下都能够适用；

（2） 与特殊义务相容；

（3） 能够解决义务冲突；

（4） 确保将人当作目的并确保公正；

（5） 考虑行动的结果对人们福祉的影响；

（6） 不去实施任何我们确信是错误的行动。

这些条件有助于我们构建评价伦理问题的伦理框架。对优生学及生殖遗传学中面临的伦理问题进行伦理评价，建立合适的伦理框架，即伦理学

---

① Beauchamp T., "The Origins, Goals, and Core Commitments of The Belmont Report", In: Childress James F., Meslin Eric M.; Shapiro, Harold T. (eds.), *Belmont Revisited: Ethical Principles for Research with Human Subjects*, Washington, D. C.: Georgetown University Press, 2005: 12—25.

② Beauchamp T. L., Childress J. F., *Principles of Biomedical Ethics*, Oxford: Oxford University Press, 2001.

③ Cornman J. W., Lehrer K., Pappas G. S., *Philosophical Problems and Arguments: An Introduction*, Indianapolis: Hackett Publishing, 1992.

原则是必要的。这些伦理学原则即为我们解决伦理问题提供指导，也为我们的解决办法提供辩护。

在伦理学推理中，原则不是出发点，出发点应该是伦理问题，而原则和理论是解决伦理问题的指南，为伦理问题的解决办法提供伦理辩护。以下我将根据优生学在历史上的经验教训，以及当下生殖遗传学技术应用所面临的问题，结合伦理学理论，提出如下评价优生学和生殖遗传学技术应用中伦理问题的伦理框架：

（1）受益原则（beneficence）；

（2）不伤害原则（no harm）；

（3）自主性原则（autonomy）；

（4）分配公正（justice）；

（5）公众参与（public engagement）；

（6）学术自由和责任（intellectual freedom and responsibility）。

受益

"受益"（beneficence）在古英语中表示仁慈、友善、宽容，或爱的行动，如今其表示包含任何形式的有益于他人的行动。在医疗情境下，受益原则意味着医务工作者有某种道德义务采取使患者受益的行动。无论是医学，或生殖遗传学技术的应用，首先要考虑的便是受益原则。此处的受益指治愈疾病、维护健康、改善生命质量、避免早死等，即包含躯体、心理和精神上三个层面的健康。任何医学和生殖遗传学干预，其首要目的都应当是使个人或群体受益。纵观医学的发展史，患者的福祉本身就是医学这一学科最好的辩护，受益原则长久以来皆被视为医疗的根本原则。我国医学专业的顶尖学府北京协和医学院，其老校训"科学济人道"（Science for Humanity）也是对受益原则的一种极好诠释。

受益原则早已不局限于临床医疗领域，该原则在评价生物医学研究、公共卫生、新兴技术的应用等领域的伦理问题中也起着至关重要的作用。例如在生物医学研究中，受益原则至少可应用到两方面。第一，研究本身可能给受试者带来好处。如受试者本身是患者的情况下，试验中的干预可能会好于现有干预，而对于患者来说当下不存在有效干预时则受益将更加明显，如有效改善健康状况；第二，研究最终的结果将使社会整体受益，如肝炎疫苗成功研制能够在一定程度上减少肝炎的发病率，避免个体遭受肝炎疾病的侵袭。公共卫生中的受益原则同样重要，以产前遗传筛查为例，我国两广一代地中海贫血的基因携带者较多，对该地区人群采取筛查将有助于夫妇获取更多信息以作出符合自身意愿的生殖决策，而对新生儿进行筛查也有助于患儿的早期干预，提高其生活质量和预期寿命。对于未来必将成为现实的生殖细胞系基因修饰而言，以治疗或增强为目的，受益原则都同样适用，即这些技术的使用应当以促进个体或群体的健康和福祉为基础。

不伤害

无论医学或生殖遗传学技术的应用，干预本身使个体或群体受益的同时也必然会存在风险或伤害。如产前遗传筛查中可能引发的隐私泄露的风险，生殖细胞系基因治疗和增强可能导致的早产、胎儿畸形和可遗传给后代的遗传疾病和风险等，这些风险或伤害将抵消甚至超出干预本身所带来的受益，且有些风险本身就是无法被接受的，如严重的残疾（尽管很难划出绝对的边界，但人们能够在某些疾病的归属上达成一致）和死亡。因此当我们评价生殖遗传学干预时，除考虑其可能给人们带来的受益外，还必须对其可能引发的风险和造成的伤害进行评估，即评价中纳入不伤害原则。

不伤害原则是生命伦理学中重要的原则之一。哲学家范伯格认为，伤害原则是两种对伤害理解的结合———一种是作为对利益造成折损的非规范性的伤害概念；另一种是作为道德错误的规范性伤害概念。[①] 就前一概念而言，他认为重要的利益是一个人福祉中可被明确区分的一部分，这些利益的折损将影响个人的福祉，因此它们会对个体造成伤害。检验某事是否构成此类伤害，就是看干预的发生与其不发生时是否使"情况变得更糟"，这是从伤害的本质出发进行判断。伤害至少包括躯体、心理、精神三个层面。任何偏离健康的状态都会对个体造成伤害，如对于一些癌症患者而言，除了癌症在躯体上造成的各种不适和症状外，还会影响患者的精神状态，如刚刚获悉患上癌症时的恐惧、失落、痛苦，甚至引发抑郁症。

---

① Feinberg J. , *Harm to Others*, Oxford：Oxford University Press, 1984.

另一个判断伤害的维度与公正相关，即如果个体对他人的干预不希望发生在自己身上时，该干预极有可能会产生伤害。在密尔的经典著作《论自由》（*On Liberty*）中，他指出个体对其自己的身体和思想有着绝对的统治，同时论证道，"违背其意志而不失正当地施之于文明社会任何成员的权利，唯一的目的也仅仅是防止其伤害他人"[1][2]。当然这并非仅仅存在于西方社会的经典著作中，中国古代便已有相同之思想，借用儒家的理念来说，这就是"己所不欲，勿施于人"[3]。

在医学遗传学中，遗传学干预的发展和使用的一个重要的原因就是避免伤害的发生。人们有某种特殊的义务（obligation）避免后代受到伤害。遗传学干预所含有的巨大潜能迫使我们去思考：对于避免伤害的道德义务而言，其更为具体的范围和限制是什么？以及在伦理学中我们应如何理解伤害？

在生殖活动中伤害原则通常用于对生殖自由的权衡。当两者发生冲突时如何权衡，削弱个体的生殖自由或避免伤害的义务？当父母发现胎儿患有遗传疾病时可能会选择生育而非将胎儿流产，孩子出生后疾病本身将会对其造成伤害。而伤害的程度与疾病的严重程度呈正相关。伤害越大对孩子未来发展的影响也越大。因此，为了避免孩子出生后遭受伤害，尤其是那些致死性或严重致残性伤害，父母应当在作出生育决策的同时考虑未来孩子可能受到的伤害。一些学者认为通过干预阻止某一本应当出生的个体来避免遗传缺陷的出现，不能称其为避免伤害，这被称为非同一性问题，我们将在随后章节中进行具体论述。在生殖遗传学技术的应用中，具体问题涉及是否应当遵循"非指令性咨询"？个体是否有道德上的义务避免严重遗传疾病的传递？个体是否有权利选择生育一个残疾后代？

当不存在伤害时，伤害原则也否定他人出于某一个体 A 的最佳利益而强迫 A 做某事或阻止其行事。这确保对个体自由的唯一限制便是出于对个体行为对他人后果的考量。直到某一个体的行动伤害到他人，该个体拥有按照自己的意愿而不受他人干涉的自由——即使可能在他人看来，该个体的行为不符合其自身的最佳利益。

---

① ［英］约翰·密尔：《论自由》，许宝骙译，商务印书馆 2005 年版。

② Stefan Collini（ed.），*On Liberty and Other Writings*，Cambridge：Cambridge University Press，1989，pp. 15—22.

③ 程树德、程俊英、蒋见元：《论语集释》，中华书局 2013 年版。

此外，政府通过各种组织形式（法院、立法机构、民事和军事执行机构）在不同程度上限制个人的自主性，尽可能减少个体对自身或他人造成的严重伤害，如强制要求系安全带或佩戴摩托车头盔。但通过立法以避免伤害为由限制个体的自由，尤其在不直接涉及第三方的权利或利益时，受到一些学者的反驳。这种通过强制来减少伤害的方式通常会应用到儿童或其他被认为是脆弱的人群之上，例如禁止商家向未成年人销售烟酒、要求商家禁止向一定年龄以下的儿童提供服务（如共享单车的使用）。事实上，通过代替个体作出决定并希望以此来防止个体受到伤害的行为通常被称为"家长主义"干预，即将国家或其各种机构视为"家长"，而将公民视为"孩子"，认为父母有权利决定什么是对孩子最好的决定并在违背个体意愿的情况下强制执行这些决定。这类为了避免伤害而开展的行动可能与个体的自主性相悖。例如，在美国和加拿大，政府推行强制性新生儿筛查，以避免新生儿因一些本可以控制或治愈的疾病而受到不必要的伤害。当然这种限制并非是绝对的，父母仍旧可以选择让自己的孩子退出筛查，但必须以书面的形式表达。[1][2][3]这类强制性筛查，及随后可能需要的治疗应当纳入公共卫生之中，确保这些干预的可及性、可得性和可负担性，以此使父母及孩子能够真正从政府的干预中受益。在讨论胎儿（无论是否将其视作人类）、新生儿和未成年人的代理决策时，尤其针对前两者，他们的心智上不成熟，通常法律上并不认为他们有能力作出有关生与死的决定，故此时代理人的决定十分重要，而该决定必须建立在有利于被代理人的基础之上，在医疗情境中是要确定代理决策是否有利于孩子的健康。因此，当父母作出的代理决策不利于孩子的健康利益时，即增加伤害时，第三方（通常为政府）便可以介入，通过劝说甚至诉讼的形式维护孩子的健康利益，如发生在 2017 年的婴儿查理案。[4]

---

① Newborn Screening, Minnesota Department of Health, http: //www. health. state. mn. us/newbornscreening/.

② Carmichael M. , "A spot of trouble", *Nature*, Vol. 475, No. 7355, 2011.

③ Nicholls S. G. , "Proceduralisation, Choice and Parental Reflections on Decisions to Accept Newborn Bloodspot Screening", *Journal of medical ethics*, Vol. 38, No. 5, 2012.

④ "Great Ormond Street Hospital v Yates and Gard", https: //en. wikipedia. org/wiki/Great_ Ormond_ Street_ Hospital_ v_ Yates_ and_ Gard.

当政府对个体实施干预时对伤害的界定也会存在争议。如对大部分人而言，耳聋被视为一种疾病，因为相对于健康——物种正常的生理机能——耳聋者失去了正常人所拥有的听觉，并且这一机能的缺失将导致未来孩子个人发展范围的缩小，因此被视为伤害。但对于一些希望生育一个有遗传性耳聋孩子的父母而言，他们认为耳聋是一种文化非疾病，融入耳聋社群和耳聋文化的重要条件之一便是确保其后代同样是聋人。因此，在这些父母看来他们的选择并不会对孩子造成伤害。总之，我们需要明确对于大多数人来讲人类正常生理机能的偏倚（如失去听力）是一种健康的折损，是对未来个体发展的折损，应当被视为伤害，但同时也应在一定程度上尊重不同个体所持有的不同价值，并通过后天社会的公正来弥补这些出生时自然的不平等。

不伤害原则不但会约束父母的生殖决策，同时也约束国家所实施的干预。在制定生殖遗传干预相关政策时，国家也要考虑这些政策是否会伤害个体或夫妇。20 世纪前半叶的优生学运动中，一些国家的政府在破坏无数个体自主性的同时，也对他们造成了伤害，如强制性绝育对个体造成的物理上和心理上的伤害。此外，在我国发生的数起强制引产案例也对个体，尤其是妇女，造成了巨大的身体和心理伤害。[①]这些地方政府的行为不但是对不伤害原则的严重破坏，更是对我国立法精神的践踏。

总之，对于生殖遗传学技术应用中的伦理问题，伤害原则不仅仅要求避免或减少对未来后代造成的伤害，同时也要求避免伤害到个体夫妇（尤其是妇女）。这意味着，我们或许能够论证夫妇有生育一个健康孩子的道德义务，但伤害原则不支持政府采取强制手段干预个体夫妇的生殖自由，如强制绝育、引产等。

自主性

在讨论生殖遗传学技术的应用时，仅考量干预可能产生的受益、风险和伤害外是否就可以进行伦理评价？答案显然是否定的，如果仅从考虑前两点，我们将面临行动效用论中义务缺失和不公正两大问题的挑战。回顾历史上的优生学，对个体生殖自由的剥夺几乎遍布全球，为了避免历史上

---

① 《强制引产是政绩杀人》，2012 年，新浪新闻中心（http://news.sina.com.cn/z/qzyc/）。

优生学的复活，同时促进生殖遗传学技术的合理应用，尊重个体的自主性必不可少。

自主性原则是生命伦理学中重要的原则之一，它要求我们尊重个体通过他们自己的方式来追求他们自身之利益。通常，在论证人们为何应当拥有这一自主性上至少有两个原因。第一，个体被认为能够对他们自身的利益作出最佳判断，并且与其他人代做决定相比，他们能够更好地作出符合他们最佳福祉的决定。第二，无论第一个论证是否成立，实际上个体几乎不会在不参考任何其所信任的人之观点和意见的情况下作出孤立的决定。自主性原则要求我们尊重个体追求其所认为重要的或有价值的生活，而免受不当干涉。这意味着即使个体根据自己的意愿或价值观所作出的选择，在他人看来并不符合该个体的最佳利益，我们也应当尊重他的选择。我们必须注意的是，尊重个体的自主性并非等同于尊重理性。

在遗传革命飞速发展的当下，遗传技术的应用亦然渗入人类生活的诸多方面，尤其是在生殖遗传学领域，如孕前、产前基因筛查、产前诊断、无创产检以及胚胎移植前诊断技术等，而未来基因增强技术的应用更将使人类对自身遗传物质的操作上升到新的层次之上。这对现有遗传技术给人类带来的巨大受益和对未来遗传技术翘首期盼的同时，也引发了一些学者对这些技术可能被滥用的担忧，更有人将其与 20 世纪前半叶邪恶的"优生学"相提并论。如前所述，在优生学的历史中，一些国家通过立法等手段对个体自主性的剥夺，是优生学被批判的主要原因之一。因此，对个人自主性的尊重是避免遗传技术可能的滥用和邪恶"优生学"复活的重要伦理原则之一。

但是，当其与其他伦理原则发生冲突时，尊重个体自主性原则并不总会压倒所有其他伦理学原则，并且时常会出现强有力的反论证来限制这一原则。这种冲突在公共卫生领域中时常会出现。例如，某患者 A 感染上某一新型流感病毒，为了阻止病毒在人群中的迅速扩散，避免更多的人因病毒侵袭而受到伤害，则需要在一定程度上削弱个体的自主选择权，对感染者实施隔离。如果此时我们仍旧将尊重患者自主性原则置于首位，让其自己选择是否接受隔离，个体可能出于自身利益考虑而拒绝，而此行为的后果可能会加速病毒在人群中的扩散，使更多的人感染上流感病毒并因此产生更大的伤害。因此，即使患者自主选择的结果可能是接受隔离，但根据不伤害原则，为了保护更多人的生命健康应选择强制隔离。当然，在这一情况下，相关部门也应当履行信息的告知义务，让患者理解强制隔离干预的必要性，以尊重个体的知情权并增进公众与政府间的信任。在生殖遗传学技术的应用中，决策者通常为夫妇或个体，但干预本身的利益攸关者除夫妇外还包括未来的后代。这一生殖决定将对未来后代产生巨大影响，在体细胞基因治疗还不甚完备且缺乏其他有效治疗措施时，疾病或疾病风险的影响几乎伴随后代终身。但生殖作为个人生活的重要组成，生殖决策本身受社会、经济和文化等多种因素影响，相对于政府而言个人在伦理上具有先天的主导权。父母有选择生育后代的自由，选择出生有残疾的后代、对胎儿进行"定制"，但是这是否会伤害到未来的孩子？是否影响了他们开放未来的权利？是否会对那些携带"缺陷"基因者构成歧视？这些问题涉及自主性与不伤害原则，甚至公正原则之间的冲突，如何应对这些冲突并作出个体或社会决策，将是本书关注的焦点之一。

公正

20 世纪前半叶的优生学运动，通过政府立法或公众宣传干预等使得一部分人受益，而同时侵犯了另一些人的合理权益。在评价生殖遗传学技术的应用时，除需考量干预带来的受益、风险、伤害，以及尊重个体的自主性外，还应考虑受益与负担的公正分配问题。

分配公正要求我们满足个体和群体合理、正当的基本需求。对于医疗卫生领域而言，这一需求就是对健康的需求。与收入上的不平等不同，健康上的不平等并不能带来经济刺激，反而会使那些本就处于弱势地位的人情况更糟。健康对于人类发展有着重要的作用，它对于个体获取"公平的机会平等"① 或有助于确保个体实践其所认为重要的生活方式的基本能力。② 因此，医疗卫生作为确保个体健康的重要因素，必须实现公正的分配。

对于生殖遗传学干预而言，它们同样影响着个体的健康。通过产期遗

---

① Rawls J. , *A Theory of Justice*, Cambridge：Harvard University Press, 2009.

② Sen A. , *Commodities and Capabilities*, Oxford：Oxford University Press, 1999.

传检测和 PGD 等辅助生殖技术，父母能够确保生出一个健康的孩子，同时也会对父母的利益产生间接影响。因此也需要对这些干预进行公正分配。但是在分配过程中必须确保受益和负担的公正分配，不应使一部分受益的同时侵犯到另一些人的正当权益，这也是优生学历史留给我们的重要经验。这意味着，在分配包含生殖遗传学技术的医疗卫生资源时，我们不能使一部分人受益的同时，却使另一些人的情况更糟。这要求我们在分配时对疾病严重程度、个体健康需求、个体所处脆弱状态等因素进行综合考量，避免不公正的分配。不公正的分配还可能引发对个体的污名化和歧视问题，如针对残疾人、某些基因的携带者，甚至是遗传上存在差异的个体或群体。公正要求我们认真审视这些问题，尽可能给予每一个体公正的对待。

公众参与

从有益、不伤害、尊重自主性、公平四条伦理原则出发，在有关生殖遗传学技术应用的问题上，有助于合理政策的制定。而公众的参与将促进以上四条原则在实践中的应用，促进利益相关者对伦理问题的分析与讨论，促进公正政策的制定。

公众参与原则反映了一种民主、合作式的决策制定过程，充分尊重反对观点和公民的积极参与。当形势要求我们必须在有限的时间中达成一致时，它能够促进政策制定者与公众代表之间的沟通交流和共同合作，并确保他们之间的相互尊重。

公众参与原则的核心是公众、政策制定者、学者之间观点的持续交流，尤其是当出现观点高度不一致的科学、伦理、社会、法律问题时。通过正式或非正式的协商途径，政策制定者和他们所代表的公众应当认真考虑对方的观点，为最终可能被采纳的政策进行合理性论证。并且，这些论证应当尽可能地以某种让政策实施者和其他利益相关者能够理解的方式表达。

无论是作为个体或整体，公民都积极参与到公众讨论之中，包括公民内部和公民与政策制定者之间的讨论。无论最终政策怎样，公众的讨论与争论能够促进它的合理性，即使这些政策不太可能令所有利益相关者满意。积极的讨论和论证过程还能够推动各方的争论和决策的确定，通过这种互动以寻求各方共识并促进各方的相互尊重，即使矛盾和差异仍旧存在。这推动参与者接纳某种社会整体视角来克服对个体利益的过度审视。这一原则鼓励参与者在考虑个人利益的同时，以某种社会整体的观点来审视问题，甚至使后者压倒前者。

重要的是，公众参与原则意识到当决策必须最终确定的同时，那些决定不需要（通常是不应当）是永恒不变的，尤其是在随后的发展中它们被不断检验的情况之下。当各方参与制定的决策中出现某些不可避免的错误时，公众的参与能够纠正一些错误，并使其成为一个持久、动态的过程。该原则还意识到，根据新的信息和观点来挑战之前所达成共识的重要性。因此，它要求公民认真对待这种可能性，即某些人的反对观点可能在将来被证实是正确的，并使当前的决策在未来作出转变。

尽管在生命伦理学中公众参与原则远没有尊重、受益、不伤害、公正等原则耳熟，但其在制定有关生殖遗传学技术应用的法规和评价相关伦理问题时将起到重要作用。与现代优生学最初的理念类似的是，在这些技术承诺给社会带来实质性受益的同时，它们也可能引发难以预料的结果或可能被误用的风险。即使我们或许能够掌握这些技术的科学原理，但在技术的应用中必然会存在或多或少的不确定性，因此我们应当在努力推进科学发现和技术创新的同时尽可能地减少这些行为所带来的风险。为寻求这一平衡，我们需要不断仔细审视人们对科学知识和技术的应用。而公众参与原则为科学共同体、政策制定者，和公众的广泛参与和对话提供了理想的契机。公众的积极参与能够有助于决定的达成，并促进全体公众对这些决定及相关科学和技术问题的理解，尽可能满足更多利益相关者的基本需求，同时避免使一部分人受益的同时让另一些人的正当权益遭受侵害。总之，公众参与原则与前四条原则相辅相成，有助于一个深思熟虑的、包容的决定的形成。

学术自由与责任

学术的自由和个体、机构以负责任的方式来使用他们创造性的潜能（运用科学知识和技术的应用）在推动社会发展和促进人类福祉的过程中发挥着重要的作用。持续不断的、专注的学术探索促进了科学和技术的进步。学术自由对于技术创新十分重要，并且它是企业和学术之间合作从而创造和生产产品的必要条件之一。虽然许多新兴技术引发了人们对其潜在滥用的担忧，但这些风险自身不足以为限制学术自由进行充分辩护。如果我们作为社会的一员因畏惧技术可能带来的伤害而扼杀学术自由的话，则当这些伤害如洪水般扑面而来时我们将变得手足无措和无比脆弱。一个关注科学的健康的公共政策必定会促进科学家的创新精神，并明确地保护科学家的学术自由。

在使用遗传学技术和知识对人类进行生殖干预时，人们总会联想到20世纪前半叶的优生学运动。当时一些科学家试图通过遗传学来"改良"人种，并与政治家和社会大众对种族"退化"的担忧、经济萧条等多种因素交织在一起，最终以强制性绝育和纳粹大屠杀的悲剧收场。历史上优生学的经验与教训对我们当下的遗传学应用有着重要的意义，它让我们知道在使用遗传学技术和知识对生育进行干预时，应尊重个体的生殖自由并确保受益和负担的公正分配。但是，这些经验和教训并不能够作为当下否定遗传学研究和遗传学技术应用的理由。从遗传学在临床和公共卫生的应用中我们不难发现，其在促进个体和群体健康中发挥了重要的作用。生育前的个体基因检测和遗传咨询能够为夫妇提供有价值的信息，以此作出人生中重要的生育决策；产前遗传诊断、移植前基因检测等能够确保出生一个健康的孩子，使未来的孩子获得公平的机会、平等和开放的未来。[1]因此，在遗传学研究或遗传学技术的应用中，我们应当明确的是研究和使用技术的目的，以及实现这些目的所使用的手段，即确保实质公正和程序公正，而不是否定遗传学研究本身或遗传学技术的应用。

同时，负责任的科学应当反对技术命令（technological imperative）[2]：事实上，新的事物能够被制作或使用并不意味着我们就应当这样做。这即是人们在谈论科学和伦理学的关系时常说的，我们不能从"能"（can）推出"应当"（should）。科学史中有关学术自由在缺乏负责这一关键要素的情况下酿造的悲剧案例并不少见，这些行为导致脆弱人群、环境，甚至

---

[1] Feinberg J. , *Harm to others*, Oxford：Oxford University Press, 1984.

[2] Gutmann A. , Wagner J. W. , Yolanda A. , et al. , "New Directions：The Ethics of Synthetic Biology and Emerging Technologies", *The Presidential Commission for the study of Bioethical Issues*, U. S. , 2010, pp. 1—92.

科学的理念都受到了轻蔑和伤害。一些不负责任的学者不但会伤害到其自身和其他个体，还会伤害到科学共同体和整个国家。例如 20 世纪末我国制定的《母婴保健法》所包含的优生学内容，以及一些学者不够严谨的调查研究直接影响到我国遗传学界在国际学界的声誉。[①]社会作为一个整体与学者的行动息息相关，而他们也不能认为好似他们的研究完全独立于其他人而存在，因为社会既是他们的受益者也是风险的承担者。而当那些被当作手段的人与那些受益人不同时，风险可能会更大。社会作为整体为科学家的工作提供手段，同时科学家对社会整体负有巨大责任。

　　出于对学术自由和责任这一原则的考虑，笔者认为对生殖遗传技术应用的监管仅限于确保尊重个体生殖自由，以及受益和负担的公正分配是不够的。这一监管原则对于许多新兴技术的应用十分重要，如基因治疗和基因增强技术等，我们对于这些技术实际应用中的风险和受益并不十分明确，而十分明确和严格的限制并不总适用于它们。生硬的监管法规可能不仅会抑制受益的分配，而且它们还可能会通过阻止研究人员开发有效的防范措施而产生与预期相反的结果。在充分的学术自由之下，科学家们在未来所获得的成果或许能够化解今日无法消除的健康问题。此外，科学共同体内部的自我约束也能够推进负责任的科学活动的开展。

----

① Mao X. , "Chinese Geneticists' Views of Ethical Issues in Genetic Testing and Screening: Evidence for Eugenics in China", *The American Journal of Human Genetics*, Vol. 63, No. 3, 1998.

第三章　优生学的问题所在

对"优生学"的解读

优生学之所以被人们所铭记，尤其在欧美等优生学运动曾盛行的国家，大部分是源于历史上各国以优生学为名所犯下的错误。但是，就这些错误本身而言并不能告知我们优生学其内在的伦理考量，这与我们不能以纳粹德国对犹太人、吉卜赛人、战俘身上开展的对人体惨无人道的人体试验，或美国政府在脆弱人群身上所开展的不符合伦理的生物医学研究而彻底否定涉及人类受试者的生物医学研究的在推动医学发展和促进人类健康福祉中的重要作用。

优生学被标记上伪科学、偏见、纳粹，甚至大屠杀等负面标签。它使我们了解到这一原本希望通过遗传学的进步而提升人类福祉的计划，却导致严重错误的产生。难道这一目标必然会引导我们走向不幸？在当下遗传学飞速发展的时代，以及遗传学技术在我国的应用不断扩展的当下，对优生学历史的剖析对确保当下和未来社会的公正有着重要作用。在这之中，最为关键的问题之一便是优生学是否本身是错误的。如果答案是肯定的，则任何优生学有关的计划都是错误的。另一方面，如果对优生学这一词语的滥用并不一定反映优生学理念本身存在错误，则我们的任务便是确保任何未来与优生学相关的干预避免出现这些滥用。在笔者看来，对于以优生学为名犯下的错误而言，绝大多数都能够在未来和现在的生殖遗传学技术的应用中避免。

通过前文笔者对优生学历史和我国现有法规中优生学问题的分析，本章我将从生命伦理学视角解读优生学，探究优生学可能的错误。

优生学可能的错误

美国生命伦理学家威克勒（Daniel Wikler）曾提出过五点优生学可能的错误。①② 这五点并不涉及优生学运动中不可靠的科学或带有偏见的证据收集过程。威克勒认为仅有缺乏对受益和负担公正分配的考量才是优生学错误的原因。下面笔者将对优生学可能的错误进行分析，并提出笔者的观点：生殖自由及其限制，受益和负担的公正分配是优生学中的关键问题。

替代，而非治疗

优生学试图以某种特殊的方式追求改善人类这一目标：通过生育那些被认为更好的后代，而不是通过直接改善任何个体自身的福祉。对于被出生在这个世上的个体而言受益是直接的：免受那些被认为是不健全或有缺陷者造成的负担（如社会资源的更大投入），同时分享那些被认为有天赋者所创造出来的价值。美国遗传学家理查德·路翁亭（Richard Lewontin）也对两者给出了明确的区分："将预防疾病和阻止患病个体的出生合并，是对预防医学彻底的诽谤……遗传咨询和选择性流产是疾病预防和治疗的替代品。"③

尽管这一批判涉及优生学的一个重要特点"选择"，但威克勒等人并不认为这是优生学固有的错误。当然此处也包含一些基于该原因而谴责优生学的合理的担忧。其中一个担忧便是几乎没有人能够对"更好"进行明确界定。优生学家可能更偏向于寻找那些被认为不好的特征，并且它们可能不愿意接受在价值多元主义和有关哪些使人类更具有价值上的不同观点。此外，任何优生学家为"提升"人类而制定的衡量人类优秀的尺度，都将对那些处于该排名最底层的人造成歧视和污名化。对于这些担忧笔者将在随后进行讨论。的确，半个世纪之前的优生学家没能包容那些被认为

① Buchanan A. E., *From Chance to Choose: Genetics and Justice*, Cambridge: Cambridge University Press, 2000.

② Wikler D., "Can We Learn from Eugenics?", *J Med Ethics*, Vol. 25, No. 2, 1999.

③ Lewontin R., "Billions and Billions of Demons", *The New York Review*, 1997, Vol. 9.

应当"被预防"的人。这种轻视在英国作家威尔（H. G. Well）的言语中暴露无遗"自然从来都会淘汰那些最弱者，并且没有其他的方式，除非我们能够预防那些被认为是最弱者的出生"①。纳粹在此之上更进一步，对那些被认为是弱者的人进行大屠杀。尽管如此，这并不是优生学主要的罪恶。对优生学家选择的反对并不一定会推出对任何选择尝试的反驳。并且在反对一些试图改善某些现有人类身体状况的计划中，如耳聋，同样会引起人们对污名化问题的担忧：除非人们不希望耳聋，否则为什么要试图"治疗"耳聋者？

这类批判的范围还会进一步扩大。它可能会谴责遗传筛查，甚至包括那些对严重遗传疾病的筛查。例如前美国矮小人协会的主席露丝·雷克（Ruth Ricker）就曾声明反对软骨发育不良基因的筛查，并且该协会还希望在未来的某一天患有软骨发育不良的父母能够"毫无顾忌地传播这些基因"②。而一些失聪者要求认为对遗传性耳聋的生活质量表示赞许并将耳聋视为一种文化；但笔者的论证也会谴责任何残疾人保护者出于"预防某些生命"而不允许他人选择出生一个健康孩子的权利。在随后的章节笔者将论证，在尊重残疾人的前提下，这些"预防"不但被允许，而且对父母来讲应当被视为某种道德义务。

关于来自替代而非治疗的批判，人们的确会以此过度攻击优生学和生殖遗传学技术。然而，对于优生学中的替代是可以二分的。一种是包含种族主义、阶层偏见等的替代，这些观点显然是得不到辩护的，无论是从科学角度或伦理学角度而言。尽管种族间存在的遗传上的差异，但我们仍需辨析基因的差异与健康、智力等人类属性的关系，而不是因为这些差异的存在而给予不同种族或个体不公正的对待；另一种是包含健康的替代。这种替代是可以得到辩护的，父母希望生育健康孩子的愿望并没有错误，但需要注意残疾人歧视问题以及对健康的界定。此外，如果某人坚持认为替代本身是错误的话，则他也会认为以下行为在道德上是错误的：如一位妇女选择一位男士作为自己的丈夫，因为她认为他将能是个称职的父亲和丈

---

① Paul D. B., Spencer H. G., "The Hidden Science of Eugenics", *Nature*, Vol. 374, No. 6520, 1995.

② Ricker R. E., *Dwarfism: Little People of America and Genetic Testing*, http://home.comcast.net/~dkennedy56/dwarfism_genetics.html.

夫；一对夫妇不选择现在生育，因为他们在经济上和心理上都没有做好准备；母亲阻止未成年女儿的生育，等等。但是，显然这些行为都是可以得到辩护的，在多个选项中选出符合个体意愿的选项并不意味着对其他选项的否定、歧视或延误。总之，在我们对这两种观点进行考量后，替代并非是优生学固有的错误。

价值一元主义

丹麦遗传学家威廉·约翰森（Wilhelm Johannsen）曾言："什么是完美的？谁应当为这个决定负责？社会的复杂性使我们难以给出唯一的标准来衡量何为最好的人类。"[1] 对完美的单一界定是否就是优生学固有的错误？如果没有这一标准，优生学家如何来推行优生学运动？至少基于此，人们对于优生学家的批判似乎是合理的，因为一些优生学家没能尊重人类发展的价值多元性。在历史上，我们不难找到一些优生学家将某一种或几种人视为完美者来推行优生学理念或政策。在英国和美国主流优生学家中，他们中的大部分人在其自身的领域上属于中上级，如高尔顿、达文波特等，他们常常将自己，或那些他们所仰慕的人作为完美人类的标准。社会主义遗传学家及优生学家赫尔曼·穆勒（Hermann Muller）就曾列举了一系列他心中的优生学典范，如列宁、甘地和孙中山等，他认为包括自己在内的所有这些人都是极为杰出的人类，人们应当以此为标准推行优生学计划。

主流优生学家对那些他们认为不好的人类特征的贬低并非是优生学运动的附属品，而是其重要的驱动力之一。[2]种对差异的排斥和自命不凡是主流优生学中值得注意的道德错误。其实，对价值一元主义的批判与之前从代替角度的论述相似，都可以对其进行二分。包含种族主义和阶层偏见等的价值取向被广泛批驳，而这种价值显然是无法获得合理性辩护的。然而，像健康这样的价值偏好是被人们广泛接受的，这样的优生学计划或许能够被人们所赞同。几乎所有当时的优生学家都没有否定"健康"这一

---

① Roll – Hansen N. , "Geneticists and the Eugenics Movement in Scandinavia", *The British Journal for the History of Science*, Vol. 22, No. 3, 1989.

② Mazumdar P. , *Eugenics, Human Genetics and Human Failings: The Eugenics Society, Its Sources and Its Critics in Britain*, London: Routledge, 2005.

对人类生活和发展起着重要作用的特征。①优生学家所倡导的能够遗传的
和值得培养的一些特性，也正是对个人发展、人生规划起到重要作用的。
虽然有些优生学家认为酗酒、懒惰等特征能够通过父母遗传给后代，但优
生学家在一些人类特征上的关注并不存在太大争议。如身体和心理的健
康、一定的智力水平，等等。如果优生学把目标局限在被广泛接受的范围
之内，则可以避免价值一元主义的批判。但是，仍有两点值得我们注意：
一是健康的概念；二是涉及生殖遗传学技术的公共政策可能对残疾人构成
的歧视。

　　此外，我们不能因为某些优生学家或科学家指出提升人类智力水平能
够使人类更加幸福而指责他们。值得我们去批判和反对的，是将这一因素
与历史上的优生学计划相关联的观点和看法。这其中就包含，假设提升智
力能够使中产阶级的价值观得到更广泛的传播，并认为这是件好事；而将
诸如犯罪和低雇用率等社会问题的根源归结为某些人群的智力低下；或认
为整个智力低下人群其自身几乎没有价值或对他人没有价值。

　　然而，对于未来的遗传学技术的应用而言，价值一元主义仍旧是一个
重要的问题。那些选择不使用遗传筛查或基因工程技术来避免生出一个身
材矮小后代（相对于当时的社会标准而言）的父母，可能会遭到来自家
人、邻居和朋友的谴责，因为后者认为前者没能确保孩子拥有"正常"
的身高。更具争议的是，那些希望通过基因工程技术或辅助生殖技术来确
保生出一个耳聋孩子的父母，他们拥有着反传统的价值取向，有关他们的
生殖自由的问题是现在也是未来极具挑战的遗传伦理问题。这涉及歧视与
污名化问题，如社会整体对身高的偏好，此类偏好未必具有生物学或医学
意义（如是否被定义为疾病），而是某种社会学现象或污名化的体现。欧
洲议会基因工程专家小组的成员哈林（R. Härlin）指出，遗传筛查要求我
们确定"在个体出生的前后区分其遗传组成上的正常与异常、可接受性
与不可接受性、有生存力与无生存力之间进行区分"。并且，当我们通过
遗传检测、基因治疗和基因增强技术具备改变个体特征的能力时，如通过
改变遗传物质影响个体的性格等，这类讨论便更加重要。虽然这些问题并

---

① Roll – Hansen N., "Geneticists and the Eugenics Movement in Scandinavia", *The British Journal for the History of Science*, Vol. 22, No. 3, 1989.

非本书的重点，但这些问题仍旧是遗传学技术应用中值得人们关注的。

对生殖自由的限制

除纳粹所犯下的暴行外，优生学历史中最为败坏的便是在美国和一些欧洲国家对数以万计的个体实施的非自愿性绝育。自拉马克遗传学说被抛弃后，大部分优生学计划都包含对婚育决策的干预，即对个体生育决策所进行的干预。这也是当时优生学家在影响后代遗传组成上的唯一手段。这种对生殖自由的破坏可能被视为优生学本身错误的原因之一。保尔（Diane Paul）指出并非所有优生学家都赞成使用强制手段（coercion），如"现代优生学之父"高尔顿。[①]优生学目的的实现不仅会采取种族隔离和绝育等强制手段，同时它也可能采取完全自愿的方式，如我国的免费婚前健康检查，以及两广（广西和广东）一带的地中海贫血筛查等，其目的也并非是改良人种，而是为了确保夫妇有能够选择出生一个健康的孩子。但是，从前文对中国现有法律法规的梳理中我们不难发现剥夺父母生殖自由的情况仍然存在，且缺乏对这些限制性规定的合理性论证。

如前所述，优生学的核心是：运用遗传学知识，提升人类的遗传质量。由此判断，优生学本身并不一定包含强制。但是，将提升某种特征作为优生学的目的，这本身就含有对生殖自由的限制。如人们希望自己后代健康（这里的健康指人类的正常机能，也是指大多数人类所拥有的能力），但有些耳聋父母希望生出一个耳聋的孩子，并认为优生学的目标是对他们的歧视并且是对他们生殖自由的干涉。这种可能来源于他人对耳聋父母生殖选择的谴责。这意味着，虽然这些谴责本身可能存在问题，但是此种对生殖自由的破坏或干涉并非一定是不合理的，反而在笔者看来是可以得到辩护，即父母在道德上有义务生出一个健康的孩子。但必须要明确的是，这种义务存在前提条件，即确保促进未来孩子健康的技术和其他相关干预（如相关医疗保健服务、产前遗传检测、基因治疗甚至基因增强等）的可得性、可及性、可接受性。只有在这一前提下才可能实现个人的生殖自由，并使选择出生一个健康的孩子成为现实，而不仅仅是父母的

① Paul D. B., "Culpability and Compassion: Lessons from the History of Eugenics", *Politics and the Life Sciences: The Journal of the Association for Politics and the Life Sciences*, Vol. 15, No. 1, 1996.

幻想。对于生殖自由问题，笔者将在随后章节中进行详细论述。

国家主义

DNA 双螺旋结构的发现者之一沃森（James Watson）在对优生学的历史进行回顾后认为：避免历史上邪恶优生学再次出现的最为重要的保障手段便是取消在生殖决策上的任何政府干预。他指出，种族隔离、歧视性移民政策、非自愿性绝育、大屠杀等，以优生学为名对脆弱人群所犯下的罪行，如果没有政府的参与则不会发生。在挪威、瑞典等社会民主政体国家也是一样的，但在英国这一国家干预较少的地方，却没有对个人权利进行严重破坏。

以沃森的角度来看，如果在生殖遗传学技术中排除来自政府的干预则能够避免历史上的优生学的复活。但优生学在不涉及国家干预的情况下同样能够被实现，如美国社会学家（Roy Duster）提出的"通向优生的后门"，通过众多雇主、保险商和未来父母所做的决策或干预的集合，同样能够对那些在遗传上被认为不受欢迎的人构成伤害，并最终达到历史上以政府为主导的优生学同样的效果。[1]如我国广东佛山的基因歧视案，雇主以应聘者是地中海贫血基因携带者为由拒绝录用。此种行为不但会对某些基因的携带者造成歧视和伤害，同时作为人们社会环境的一部分，其对当下或未来个体的择偶、生育、事业发展等诸多方面皆会造成难以估量的影响。虽然这些影响难以量化，但通过更多的社会学家、法学家、生命伦理学家对类似问题的调查、分析和讨论能够有所判断。此外，在我国的保险行业中同样存在着歧视。笔者曾尝试投保一份商业健康保险，在该保险合同中明确规定如果被投保人患有遗传性疾病则不在投保范围之内。在笔者看来遗传性疾病的种类如此繁多，且这一数字还在不断增加之中，如果表面上看来健康且无家族史的个体没有做过基因检测或相关医学检测，则根本无法确定是否患有遗传性疾病。而一旦投保，如果在索取保险理赔时，保险公司对笔者进行检测发现笔者至少患有一种遗传性疾病的话则会根据合同规定免除对笔者的理赔。显而易见，这是对患有遗传性疾病的人群的歧视，没能对遗传性疾病内部进行区分，而将某些人群完全排除在保险之

---

① Duster T., *Backdoor to Eugenics*, London：Routledge, 2003.

外。当然，这与我国保险业法律滞后有着密切关联，社会也缺乏对保险业中基因歧视的关注。

正如美国生命伦理学家瓦希布罗伊特（Robert Wachbroit）所指出的，政府和社会可能会互换角色，后者将前者所使用的干预置于个人选择的范围之内，以此来保护个人免受那些携带有引发疾病基因的个体的威胁。[①]在这一情境下，否定国家的作用可能会加速邪恶优生学的来临而不是阻止它。若这一优生学的"后门"被证实，则我们不会得出沃森的结论，即只要避免国家对个体生殖决策的干预，未来的遗传学技术的应用便不会走向"邪恶的优生学"。

除了社会代替政府干预这一通向优生学的后门外，在笔者看来政府干预并不一定会使历史上的优生学在当下或未来复活。在生殖遗传学技术的应用中，政府的作用无处不在，至少在当下和不远的将来都会如此。首先，政府的干预是绝大多数夫妇实现生殖自由的必要条件。如果没有政府干预，一些夫妇难以获得相关医疗保健服务，他们或因消息闭塞或因遗传干预高昂的价格望而却步。政府对医疗资源的公正分配有助于脆弱人群获取生殖遗传学干预，获得更多具有价值的信息，从而实现他们自身的生殖自由。其次，生殖活动本身不仅涉及夫妇自身，而且还将影响未来的后代生殖活动的结果之一便是孩子的出生。在没有政府干预的前提下，生殖决策完全由夫妇决定，但对于生育这一涉及第三方利益的行为而言仍旧缺乏合理性，即使大多数人承认父母会作出对未来孩子有利的决策。但我们不能否认由于缺乏信息可及性或缺乏对信息的理解能力，一些父母会作出对其自身和后代构成伤害的决定，更不用说一些父母希望生育一个和他们一样伴有某些残疾或患有特定疾病的后代。在这些情况下，政府应当对其进行干预，如加强对人群的健康宣教以提升父母对健康信息的理解能力，以及生殖遗传学干预和遗传咨询的重要意义等。

此外，还有人会认为政府制定某一生殖目标便会走向邪恶的优生学。我对此并不赞同。政府制定生育目标并不一定意味着是不好的，如我国不少政策文件中所提到的提升出生人口质量。虽然这一词语被翻译为英文时

---

① Wachbroit R., "What's Wrong with Eugenics?", *Report from the Institute for Philosophy and Public Policy*, Vol. 2/3, No. 7, 1987.

会产生歧义（quality of new - born population），但仔细阅读这些政策法规后会发现这一质量与种族主义并无关联，而仅仅意味着提升后代的健康水平。如果说个体希望出生一个健康的后代在道德上没有错，试问：在不考虑达成目标的方式和途径时，一个国家希望所有父母都能够生育一个健康的孩子这一目的本身难道是错的吗？国家制定的生育政策背后所体现的价值并不可能与所有个体的价值取向一致，但这并不能否定国家政策的合理性。当然，我们必须确保政策制定过程的透明，使利益相关者能够参与到政策的制定中，并鼓励他们从自身及其所代表的人权角度提出政策建议，即在确保实质正义的同时也应确保程序公正。

公正

美国历史学家凯弗利斯（Daniel Kevles）在其对优生学运动的历史具有权威性的解读中总结道："优生学已经在历史上证明其自身曾是一个残酷的并且一直将是一个问题重重的信念，不仅是因为它将'种族''人口'和'基因库'置于个人及其家庭的权利和需求之上。"①

20 世纪前半叶的优生学运动毫无疑问包含有众多错误，当时的人们认为人类正面临着退化的巨大威胁，并相信如果人类整体服从某些类似于提升植物和动物的"育种计划"，则会解决这一问题并获得巨大的收益。但我们不得不问在这些干预中谁将获益，而谁又将付出牺牲？优生学运动内在的逻辑为此提供了答案。那些"低级"的人，以及那些被认为携带有不良基因的人，将通过非自愿绝育、生育隔离，甚至谋杀来付出代价。正是这些对受益与负担的不公正分配构成了历史上优生学运动之所以错误的有利证据，即使假设我们已经接受优生学家发出的有关"退化"的警告以及他们对未来美好社会的承诺。由此而言，有关优生学的伦理问题与公共卫生伦理学中永恒的伦理难题有着极其相似的地方。公共卫生试图使公众受益，且在有些情况会采取强制干预的手段，例如对传染病患者的隔离、非自愿疫苗接种等。例如伤寒玛丽就曾被迫隔离于纽约附近的小岛上；2002—2003 年 SARS 病毒在中国传播时，为了避免更多的人受到伤

---

① Kevles D. J. , *In the Name of Eugenics: Genetics and the Uses of Human Heredity*, Cambridge: Harvard University Press, 1985.

害，政府对感染者实施强制隔离。在公众健康、个人自由和其他利益之间作出权衡是公共卫生伦理中持续的难题。值得注意的是，优生学家经常会将他们的建议描绘为一场公共卫生运动。美国历史学家普尔尼克（Martin Pernick）曾注意到优生学和公共卫生中在术语使用上的重叠，它们会使用"隔离"和"绝育"这些词语来针对那些被认为对公众福祉造成威胁的个体。①优生学也经常使用医学术语，例如试图预防（遗传）疾病在世代间地传递。而希特勒曾被称为德意志民族伟大的"医生"，将雅利安人的基因库从犹太人所带来的遗传疾病中拯救出来。②

　　总之，公正是避免优生学阴暗面死灰复燃的关键。即使是一个完全自愿的、医学为导向的——"医学遗传学"，并努力避免旧的优生学的错误，也必须回答残疾人权利保护者的问题，因为当下的遗传筛查项目正试图阻止任何一个母亲怀上一个残疾胎儿或避免残疾胎儿的出生。伦理学家已经发出警告，人们对差异的容忍度在不断降低，一旦我们得到获取"最佳婴儿"的能力，这种不容忍便会促使社会对那些拒绝选择生育最佳后代的个体进行惩罚，而不去考虑医疗资源是否得到了公正分配。公共卫生和优生学中伦理问题存在不少相关性，它们的难点都在于如何在个人利益与大多数人的利益之间进行权衡。我们或许能够从罗尔斯的《正义论》寻找到对这些问题的初步解答：

　　"在公正中每一个人都具有不可侵犯性，即使社会福利作为整体也不能侵犯。因此公正否定以牺牲一部分人的自由为代价，来获得其他人的更大的利益。它不允许一些人所作出的牺牲被大多数人的更大的利益所压倒。因此在一个公正的社会中，平等和自由的公民身份是根基；这些权利被公正所保护，并且不能成为政治交易的对象或被当作社会利益来衡量。"③

　　遗传学方面的公共政策，无论它是否被称为优生学，都不应当侵犯个人自由。但我们也不会因为基因筛查等措施可能对残疾人带来的歧视，而

① Ruo B., "The Black Stork: Eugenics and the Death of 'Defective' Babies in American Medicine and Motion Pictures since 1915", *The Yale Journal of Biology and Medicine*, Vol. 69, No. 4, 1996.

② Proctor R., *Racial Hygiene: Medicine under the Nazis*, Cambridge: Harvard University Press, 1988.

③ Rawls J., *A Theory of Justice*, Cambridge: Harvard University Press, 2009.

放弃确保我们的子孙健康的努力。遗传服务给父母带来的受益可能给其他人带来相反的效果，而我们的责任在于对受益和负担的公正分配。当我们深思熟虑一项遗传干预时，应当公正地考虑到将其应用到所有可能会从中受益的社会成员中。公正这一伦理原则告诫我们不应当仅仅考虑干预对于某一特定个体的利益，而还应考虑到每一个利益相关者的权益。

公共卫生模式与个人服务模式

即使优生学的历史错综复杂，但优生学的核心始终未变：通过遗传学方法，提升未来人类的质量。在当下和未来遗传学的应用中，优生学这一核心并不会消失，因此我们必须对其在生殖自由以及分配公正的问题上进行详尽的伦理剖析。此外，由于优生学与公共卫生之间的紧密关系，尤其是众多优生学家将那些带有"不良"基因的胎儿视为疾病时，人们试图划清公共卫生、公众福利与服务于个体的医学遗传学之间的界限，以避免邪恶优生学的复活。前者被称为公共卫生模式；后者被称为个体服务模式。人们希望这条鲜明的界限能够将无法获得辩护的优生学与可以得到合理性辩护的遗传学进行明确区分，尽管后者也面临着自身的伦理难题。但可惜的是，这条界限并不如我们所期望的那般清晰，正如在伦理学上我们难以在义务的道德与理想的道德之间确定一个明确标志以区分两者。

如果这条界限是鲜明的，那么当父母自愿选择生育一个"完美婴儿"时（健康或其他身体特征）便与优生学无关。因为在这些潜在父母的脑海中，他们并不认为通过使用医学遗传学获得"完美婴儿"是为了公众的福利，即通过生育一个富有潜在工具价值的后代，而不是生育一个消费更多社会资源且拥有极少外在价值的后代。潜在的父母能够使用任何遗传检测或其他遗传干预，如通过基因编辑或其他基因修饰技术达到治疗或增强的目的，因为他们希望自己的后代能够享受新遗传学带来的所有优点。虽然，随着时间的推移，这些生殖决策的集合可能会对其他人的福利造成实质的影响，但就寻求临床服务本身而言，这并不是他们所关注的。他们几乎只关注自己的选择对自己后代和自身的影响。

然而，此种个体模式能否与公共卫生模式截然分开？让我们进行如下假设：

（1）我赞成使用某种遗传干预，因为我希望我的孩子健康。

（2）我们中的每一个人都赞成使用某种遗传干预，因为我们希望我们的孩子健康。

（3）我赞成某种遗传干预（为了我们社会中的每一个人），因为我希望我们的孩子都是健康的。

如果 A 在伦理上能够被接受，则能够推出 B 是正确的。因为 B 仅仅是众多 A 的集合。那么 C 中某一个人代表整个社会或群体表达某种意愿是否正确？C 中的个体可能是某项卫生政策的制定者或专家顾问。考虑大多数人的福利是他们的重要工作。提倡在医学遗传学与关注人群的优生学之间存在一条鲜明界限的人可能会回应，国家卫生行政部门或立法者允许父母使用遗传学服务并非意在关注群体的"质量"，而可能是为了确保父母的生殖自由或未来孩子的福祉。就这点而言，从这些服务中受益的首先是所有父母，其次为他们的后代；而对"人口"的影响并非是有意而为的，其可能仅仅是附带效应。因此，无论从个体模式或公共卫生模式，其目的和结果都可以是一致的，两者之间的界限也并非如人们想象的那般清晰。在缺乏可靠证据的前提下，对两者进行区分也是武断和缺乏合理性的。

从社会学和心理学视角分析，个体决策也会产生相互作用。以国内流行但又缺乏监管的各类早教机构为例。S 女士听说自己朋友 L 的孩子在早教机构上课，便询问 L 的体会，L 认为早教机构的课程有利于孩子的智力和体力发育，并成功说服了 S 也为孩子报名参加，S 也不希望让孩子输在起跑线上。这一假想的案例在实际中应该并不少见，而没有任何一部分法律法规要求父母必须让孩子接受早教机构"训练"。与此相对，当更多有价值的基因组信息被揭示，加之基因编辑等基因修饰技术的不断成熟，某一对夫妇选择使用这些技术检测、治疗甚至增强自己的后代（体细胞或生殖细胞水平），很可能会影响其他夫妇出于相同或不同的目的，选择使用这些技术对后代进行干预，而那时政府很可能也没有制定法规强制父母对孩子进行基因检测或基因修饰。

此外，在成本效益分析中区分这两种模式仍旧是十分困难的。在 20世纪初期美国优生学协会发布的优生学问题中描绘了一些我们当下正试图避免的情景①：

问：生殖隔离将花费多少成本？

答：如果对那些将犯罪、贫穷、低能遗传给后代的人进行一生的隔离，将会大致花费纽约政府 25000 美金。

问：如果对这些人进行绝育其成本是多少？

答：少于 150 美金。

我们试图避免使用这些语言的重要原因之一，不是否定成本效益分析，而是反对仅仅将人视为手段而非目的。虽然我们试图避免使用这些语言，但在当下的中国我们不难搜寻到类似的表达。如《医学伦理学》中提到："……对智力低下者施行绝育是否有利于对资源的公正分配？例如，一个智力低下者人数较多的地区（如某些'傻子村'），人们的生活费用、医药费用占的份额很大，肯定会影响这些地区的发展，造成对资源分配的不公，这也是导致这些地区贫困、落后的一个根源，反过来也影响了社会对智力低下者的支持和照顾的质量。"②而作者对消极优生学的解释表达了同样的观点，"消极优生学主要内容是预防有严重遗传疾病和先天性疾病的个体出生，其重要措施之一，就是通过社会干预，用特殊手段对'无生育价值的父母'禁止生育。这些手段包括限制结婚、强制绝育等。"《遗传与优生学》（Genetic and Eugenics）中也有类似表达："一个严重出生缺陷儿或先天痴呆儿，留之无用，弃之不能，是家庭的累赘，又加重了社会的负担。"③对于这些作者而言其初衷可能是好的，他们或许与不少政策制定者有着相同的目的，即希望每个父母都能够拥有一个健康的后代。但在他们的表述上却存在着问题，不仅直接否定某些人群或个体的价值，并将一些残疾人视为社会的负担，将他们视为分配公正的障碍。

当然，遗传学干预中的成本效益分析并非必然会为了一部分人的利益而牺牲另一部分人的正当权益。如果我们为支持某项产前筛查或其他能够表明总收益大于其成本的干预而使用成本效益分析，我们不需要传递遗传服务应当被用来节约成本这样的信息。这些计划或政策的目标可以代之

① Brock D. W., Daniels N., Wikler D., *From Chance to Choice：Genetics and Justice*, Cambridge：Cambridge University Press, 2001.

② 吴素香：《医学伦理学》，广东高等教育出版社 2013 年版。

③ 陈爱葵：《遗传与优生》，清华大学出版社 2014 年版。

为——使尽可能多的孩子在出生时能够拥有健康的体魄。在当下科研机构对公共资金无止境的激烈争夺中，如果人们能够论证其净社会成本为零或更好的话，这将对其项目的申报起到关键的作用，这也不难理解为什么一些政府支持的研究及随后据此制定的政策。这种成本效益分析在卫生资源分配上起着关键的作用，尤其是在如围产期保健这样十分看重成本效益分析的医疗服务中。

例如美国在 1974—1994 年的 20 年间共花费 50 亿美元用于减少唐氏综合征的患儿的出生率，通过自愿筛查和自愿流产，最终减少了 50% 的唐氏儿童出生率，并为美国节省了超过 18 亿美金，而针对其他基因和染色体疾病的筛查还为政府节约了 750—1000 亿美金。[①]在我国也有类似的计划和成本效益分析，如 2012 年卫生部（现卫生与计划生育委员会）发布的《中国出生缺陷防治报告（2012）》中指出："根据 2003 年的资料测算，我国每年因神经管缺陷造成的直接经济损失超过 2 亿元，每年新出生的唐氏综合征生命周期的总经济负担超过 100 亿元，新发先天性心脏病生命周期的总经济负担超过 126 亿元。在社会保障水平总体偏低的情况下，出生缺陷导致的因病返贫、因病致贫现象在中西部贫困地区尤为突出。"[②]这些能否被称为优生学？一位坚决避免使用这一词语的美国医生曾说道："有时你需要放弃使用那些通常有着坏的伦理学或道德寓意的词语。"

从成本效益分析这一方法来开，其是公共卫生领域当中疾病健康与卫生资源分配中至关重要的工具和手段。在当前我国公民对健康需求不断增长的前提下，尤其是新农合政策的成功推进和实施，与这种需求相比，我国在医疗卫生上的投入仍是远远不够的。而在医疗卫生资源有限的前提下，如何分配这些资源将引发更紧迫的公正问题。面对这一供求之间的差距，成本效益分析无疑是一个有效地评估资源分配的重要手段和指标。当然，作为一种手段和指标，无论其应用在生殖遗传学干预中还是在其他的公共卫生干预中，其本身并没有错误。成本效益分析也不必然要求我们在干预时为了一部分人的福祉而牺牲另一部分人的正当权益。但是，将其作

---

① Kevles D. J., *In the Name of Eugenics: Genetics and the Uses of Human Heredity*, Cambridge: Harvard University Press, 1985.

② 中华人民共和国卫生部：《中国出生缺陷防治报告（2012）》2012 年。

为政策制定的理由时应当满足两个必要条件：首先，无论其目的如何，都不应当以伤害他人为代价。即与伦理学框架中的不伤害原则一致；其次，即使出于保护或促进个体自身的福祉考量，也应当尊重个体的自主性；最后，只有在涉及第三者利益的情况下，才可以考虑通过强制的手段进行干预，但这并不意味着必须通过强制的手段维护他人的利益。尽管通过理性判断我们认为应当做某事，但我们不应强迫他人去过理性的生活。正如富勒所言，"我们只能做到将较为严重和明显的投机和非理性表现排除出他的生活。我们可以创造出一种理性的人类生存状态所必须的条件。这些知识只是达致这一目标的必要条件，而不是充分条件。"① 在医疗情境下，这意味着政府应当促进医疗干预的可及性与可得性，如产前遗传检测和辅助生殖技术干预等，使个体据此结合自身的情况（包括社会、文化和宗教因素）作出理性判断或决策，而不是对个体实施强制人工流产。

　　总之，至少从以上有关成本效益分析的论述中我们可以得出，公共卫生模式与个体遗传模式之间的界限并非如我们想象的清晰。如果优生学中的核心问题集中在生殖自由与分配公正之中，则我们应当确保现在和未来的生殖遗传学干预远比历史上的优生学更为尊重个体生殖自由和社会公正。此外，个人与社会之间观点上的区分也不总是明确的，如我们反复提到的健康这一目标。然而，为了划清这一界限，我们是否必须放弃任何社会或群体目标？这也就是说，政府是否必须放弃任何涉及人群生育相关的目标，如我国法律法规中提到的提升出生人口质量？

生殖遗传学干预的社会维度

　　在笔者看来，确定优生学运动的阴影对医学遗传学影响的关键问题，并非在于那些医学遗传学干预政策（如婚前健康体检，产前筛查，两广地贫筛查等）的制定者是否关注于个体而非社会或群体目标。社会目标并不必然存在问题。尤其是，如为了下一代更好的健康这一期望本身是有价值的，甚至与健康无关的其他人类机能的增强，在其他条件不变的情况下，这一目标本身并不必然会出现对生殖自由的限制、资源分配不公正等

――――――
① ［美］富勒：《法律的道德性》，郑戈译，商务印书馆2005年版，第12页。

问题。通过尊重个体生殖自由以及对公正问题的审视，希望出生一个健康后代的想法以及未来期望后代具备更强能力的愿望，应当被视为是合理的并且是能够得到辩护的公共卫生目标。

罗尔斯在其《正义论》中曾认为遗传上的提升应当被视为某种社会责任："拥有更好自然条件（出生时的身体状况，先天的，包括遗传）是每一个人的利益。因为这能够使其追求他所期望的人生规划……因此执政者希望确保所有国民的后代都拥有最好的遗传天赋。之所以要制定这些政策，是出于上一代人对下一代人的亏欠，这便是世代之间所引发的问题。"①当时的优生学家或许拥有的是某种超前的想法。但他们缺乏我们现在所拥有的遗传学知识和遗传学技术手段，他们难以确定人群中隐性基因的分布，更不用说对基因序列进行检测了。更重要的是，他们当时所拥有的对生育的干预也只是根据职业、收入、健康选择配偶，以及更为极端和备受批判的非自愿绝育和纳粹实施的"安乐死"。优生学的历史告诉我们，我们不能将培育农作物和牲畜的遗传学方法直接应用到人类之上。我们没有理由认为 20 世纪初期的优生学家在"改善"人类基因库上作出了任何贡献，当时的人们也不具备实现这些目标的条件（对当下人类遗传学的理解，以及遗传学在未来对人类遗传组成的干预不得不令人惊叹）。

但在我国，或许是因为缺乏对这中外优生学历史的了解并缺乏对相应问题的伦理反思，包括某些生命伦理学家在内的一些学者认为 20 世纪初期的优生学运动与当今这些国家相对较高的社会经济发展水平有着重要的关联。如陈爱葵在其所著的《遗传与优生》中写道："世界上最早的优生法于 1907 年出现于美国，1940 年日本公布国民优生法，1948 年 7 月又公布了优生保护法，其他凡提倡优生，施行优生法的国家都取得了良好的效果。"②当然，作者的本意可能是希望大多数人能够生育一个健康的后代，就此目的而言并没有错，但作者的此番言语不仅缺乏可靠的证据支撑，更会引发读者对其可能持有种族主义观点的猜疑。

我们不难发现，在优生学概念的核心中某些诉求几乎未变——如果人们拥有使自身更加健康和其他有利特征的基因的话，人们的生活可能会变

---

① Rawls J. , *A Theory of Justice*, Cambridge: Harvard University Press, 2009.
② 陈爱葵:《遗传与优生》，清华大学出版社 2014 年版。

得更好。历史上的优生学尽管备受批判，无论在科学上的漏洞百出抑或是对生殖自由的破坏、受益和奉献不公正分配等，优生学仍旧有其可取之处，我们不能仅仅因为在优生学名义之下出现的众多错误而否定其可能好的一面。但正如我们从优生学历史中看到的那样，人类社会第一次试图提升自身基因质量的尝试以悲剧和罪恶告终。对于当下的人类而言，我们的任务是试图在尊重个体生殖自由和公正的前提下追求遗传上的健康甚至通过基因增强来实现，并同时排除那些历史上优生学家所犯之错误。

小结

当今和未来的生殖遗传学干预之所以会笼罩在优生学的阴影之下，大部分原因在于历史上优生学为了达到目的而采取的方式上，即存在程序公正问题。那些支持以遗传"改良"为目的而侵犯底层人群权益的狂热分子，尽管对这些人的谴责要少于对政府和国家的批判，但那些对生殖自由的侵犯、种族隔离，以及收益和负担的不公正分配皆是在众多狂热分子的支持下实施的。当今社会中人们对残疾、缺陷，甚至差异（如身高、体重、相貌）包容度的降低令我们同样担心。但是，如前文所论证的，这些问题本身并不能用来彻底否定优生学，也不能因历史上优生学曾经错误使用成本效益分析来否定该方法在当下公共卫生中的重要作用。优生学概念的核心是使用遗传学知识来提升人类的质量，如果这里的质量为健康，笔者相信几乎没有人会对此表示反对。

当然，对于这些错误任何可能的再次出现我们应当倍加警惕。尤其在我国，人们仍旧缺乏对优生学历史的了解及对历史上优生学运动的伦理反思。或许正因如此，才导致我国现有法律法规中出现不少历史上优生学的错误，如对个体生殖自由的破坏、对残疾人的歧视、对受益和负担的不公正分配等问题。当然这不仅存在于法律法规之中，它们还出现在一些国家级和省级的高等教育教材中，这也能体现一些政策制定者学者持有旧的优生学思想。尽管政策制定者和教材的编写者的初衷可能是好的，即确保后代的健康或提升后代某一方面的遗传特征，但我们不能以实现一个好的目的而忽略程序公正问题，走向极端功利主义。我们不能为一部分人的利益而牺牲另一些人的合法权益。虽然我们在优生学与医学遗传学之间划线的尝试均以失败告终，但生殖自由和分配公正是评价优生学及当下生殖遗传学技术应用中伦理问题的关键，也是确保后者不会走向历史上邪恶优生学的关键所在。此外，优生学中仍然存在着一些不应被否定的事物，如通过遗传学知识确保未来孩子的健康或增强他们某方面的能力以促进他们未来的发展。如果我们能够确保在尊重个体生殖自由的前提下公正地实现这些目标的，我们不应当放弃。在随后的章节中，笔者将对优生学与生殖遗传学技术应用中的生殖自由、分配公正等问题进行论述，并讨论遗传干预可能给残疾人带来的歧视问题，最后提出相应政策建议。

第四章　遗传学应用的伦理问题

生殖自由与后代的利益

前文对优生学进行了详细的伦理剖析，指出优生学中可能存在的主要伦理问题之一便是对个体生殖自由的侵犯，如通过非自愿绝育计划，以及其他方式阻止那些"不适者"（如遗传疾病患者、残疾人、精神病患者等）生育后代。而在当下，生殖自由受到新遗传学知识和技术的再次挑战，如我国现有法律法规中对生殖自由的不当限制，以及一些学者和政策制定者所持有的历史上优生学思想等。当然，国家制定相关防止出生缺陷的政策和干预的目的是好的，即为了确保父母拥有健康的孩子，或提升人口素质等。对于生育这一涉及未来后代利益的行动而言，潜在父母的生殖自由不应是个体进行生殖决策的唯一考量，人们应当在生殖自由与后代利益之间进行权衡。

生殖自由

为将新遗传学在人类生殖领域的应用与历史上的优生学划清界限，一些学者提出自由优生学这一概念，希望通过对个体生殖自由的绝对尊重来避免优生学的复活或避免来自伦理学的谴责。但我并不赞同这种所谓泾渭分明的界限划分。为了明确政府对生殖自由干预的合理性，我们需要对生殖自由的范围、限制和内容进行系统性的分析，并试图给出生殖自由的伦理学基础。这些将是下文所要论述的主要内容。

对遗传疾病知识的发现和积累，不但给予个体更多的生殖选择，同时也赋予个体选择是否将那些能够造成伤害的遗传物质传递给后代的"权利"。当下，个体在妊娠前便可通过遗传检测获取相关遗传信息以预测是否有可能生育一个患有遗传疾病或具有较高疾病风险的后代（如某些癌症、心血管疾病等），或从妊娠后至胎儿出生前通过产前基因检测来确诊其是否患有遗传疾病。此外，遗传学知识积累和技术的进步还能够使人们通过生殖细胞系基因修饰来改变后代的遗传组成，实现基因治疗或基因增强的目的。随着这些已经成为现实以及未来可能出现的新干预，个体将面临是否获得这些信息或使用相关干预的手段，来阻止某些遗传物质传递给后代。

这些遗传干预与当今一些非遗传干预存在相似之处，如为防止对胎儿和未来的孩子造成伤害，在妊娠期间应避免吸烟、饮酒等，几乎所有人都会认为这是义务的道德行为。

新的遗传学知识会增加政府以避免伤害或促进未来后代健康为目的干预手段。一些学者认为政府、机构或社会整体应当在对个人使用生殖遗传学技术这一问题上采取绝对中立态度，即公共政策不应当以某一特定目标（如促进人群健康）来要求或鼓励个体在生殖决策中使用遗传信息。这涉及目前国际以及我国在遗传咨询中所遵循的非指令性原则，而我将对这一原则提出质疑。

笔者认为政府不应当在生殖决策的问题上保持绝对的中立。一方面，生育并非只涉及夫妇个人利益，其不仅影响到潜在父母的利益，同时它还会影响到未来孩子的利益，因为生育本身的结果就是产生一个新的生命。夫妇的决策将影响到未来孩子的健康和发展，甚至可能使其受到伤害；另一方面，除政府的直接干预外，众多社会因素同样能够对个体生殖决策中遗传信息的使用产生影响，如来自社会、亲人、朋友对个体生育选择构成的压力，以及保险条款和雇主的雇用标准，等等。这意味着即使政府保持中立，社会因素同样能够产生与政府干预同样的效果。来自社会的影响因素更为复杂，其不但可能会阻碍受益和负担的公正分配，还会扩大对残疾人的歧视，并降低对差异和疾病的容忍度。

自由优生学

在遗传学技术飞速发展的当下，不少人将遗传学技术及其应用视为邪恶的优生学，并认为它们在伦理学上无法得到辩护，或至少在伦理学上是有问题的。这一假设引发了人们对有关优生学在道德上到底错在哪里的疑问。虽然纳粹的优生学计划由于其公然地蔑视生命，忽视那些被杀戮或被强制绝育者的价值等暴露了其在道德上的严重错误，但我们更多地只能将其视为历史上纳粹借优生学的名义所犯下的罪行，而非优生学固有之错误，毕竟纳粹德国不是创造和第一个使用该词语的政府。纳粹的罪行是显而易见的，但这种错误并不存在于有关"好的出生""人口健康和福祉"，以及期望"消除生殖不确定性"的优生学原则之中。①因此，一些学者提出自由（laissez‐faire）优生学这一概念，希望通过对个人自主性的绝对尊重来达到明确划分新遗传学的应用与邪恶优生学之间的界限。

自由优生学的提出与遗传学的发展密切相关。在有关当下的遗传学是否为优生学这一问题上一些学者认为，"某些形式的优生学是难以避免的"②。对于持这类观点的人而言，纳粹优生学的历史对当下遗传学在生殖领域的应用具有警示意义，但这并不能用作判断优生学在道德上能否被接受的依据。因此，关键的问题不是避免所有的优生学，而是"在可供选择的情况之中我们能够发现最安全的地带"③。

这类尝试的目的在于形成一个在伦理上和政治上都能够被接受的"优生学"。在这方面，已经出现了如"laissez faire"或"liberal eugenics"这样用来描述使用遗传学技术来提升人类福祉的词汇。它们意味着自由优生学本身并没有错。两个原则为自由优生学提供了核心辩护，即价值多元主义与个体自由。对于第一个原则，是指政府对什么是好的生活或好的遗传特性等这类判断保持价值中立，不去强制规定遗传特征的好坏，而将判断的权利留给每一个个体。对于个体自由而言，是指保护每一理性个体有根据其自身的价值和信仰决定其自身生殖决策的自由。

对于自由优生学而言，它要求除个体自身以外的其他人不得对该个体的生殖自由进行任何干涉，即认为个体有绝对的生殖自由。但这一观点却引发人们的质疑：首先，由于个体父母所作出的生殖决策，其不仅会对他们自身的利益产生影响，此外还会影响未来孩子的利益，因为通常情况下生殖的结局是一个新个体的出生。因此，如果从伤害原则考虑，当个体的

---

① King D., "Eugenic Tendencies in Modern Genetics", In Tokar Brian (ed.), *Redesigning Life? The Worldwide Challenge to Genetic Engineering.* London: Zed Books, 2001, pp. 171—181.

② Kitcher P., *The Lives to Come: The Genetic Revolution and Human Possibilities*, New York: Simon & Schuster, 1996.

③ Ibid..

决策对他人造成伤害时，这一自由应当受到限制。此外，生殖决策还涉及孩子"开放未来的权利"的问题。①其次，如果伤害原则和"开放未来的权利"能够构成对个体生殖自由的限制，政府为何不能够通过干预来避免这种伤害的发生，并确保后代的利益？为了更加清晰地阐述这些原则与生殖自由的关系，我将首先对生殖自由这一概念进行剖析。

作为自我决定的生殖自由

通过对 20 世纪前半叶优生学运动惨痛历史的反思后我们发现，对生殖自由的侵犯以及风险受益的不公正分配是历史上优生学运动的主要问题。但这并不是优生学本身的错误，优生学的核心是使用遗传学知识提升人类质量，如生出一个健康的孩子。这一目标本身没有错误，值得我们关注的是人们采取何种手段来达到该目标。在孕前、产前遗传检测和辅助生殖技术被广泛应用，以及未来生殖细胞系基因修饰技术应用的背景下，父母希望生育健康孩子这一目的本身并没有错，我们考量的关键在于如何使用这些技术。为了避免走向历史上优生学的老路，我们至少应当从两方面来考量，即个体自由与分配公正。对于前者而言，这意味着个体有根据他们自己的价值和对善的理解而生活的自由，且不受任何不合理干预的限制。父母是否具有一个完全不受限制的生殖自由并依此使用生殖遗传学技术，且不受政府或他人干预？

密尔曾言："唯有通过我们自己的方式来获取我们自身的善，才能够称之为自由。"②并且，在其对于限制自由的经典论证中指出：唯一能够为限制自由提供合理性辩护的理由便是为了防止对他人的伤害。因此，在谈论优生学和生殖有关的伦理问题时，不伤害原则始终是一个关键因素。

对自由优生学的论证主要集中在其对生殖自由不设任何限制的保护之上，与带有国家主义色彩的历史上的优生学进行区分。历史上的优生学强调政府对人群生育的干预和控制，而当下的自由优生学或医学遗传学所强调的不对个体决策进行约束是对强制性生育政策和实践的最佳反驳。正如英国著名生命伦理学家 John Harris 所言："避免极权主义和远离社会或个

---

① Feinberg J., Aiken W., La Follette H., *Whose Child? Children's Rights*, *Parental Authority*, *and State Power.* London: Littlefield Adams, 1980.

② S. Collini (ed.), *J. S. Mil.*: *On Liberty and Other Writings*, Cambridge: Cambridge University Press, 1989.

人偏见的最佳方法是允许父母在这些问题上进行自由选择……对于人们作出的大部分选择而言很可能是不尽相同的。"①

这种对生殖自由的强调可能立刻让我们产生对两个问题的反思。首先，什么是生殖自由，或换句话说，它是哪类自由？其次，生殖自由的限制是什么？有趣的是，已有许多对第二个问题的讨论，尤其是从 Mill 的伤害原则进行分析，而对于何为"生殖自由"的清晰阐述则较少。本小节的任务就主要集中在对第一个问题的讨论。当然，对于生殖自由这一概念的理解仍旧存在着诸多争议，由于篇幅限制笔者在此并不一一列举，而是从中挑选具有代表性的解读，并试图对生殖自由进行概括，以此为随后对生育自由的限制及父母的道德义务等内容的论述提供支持依据。

作为消极自由的生殖自由

对于当下众多生殖技术的应用，包括试管婴儿技术、移植前基因诊断技术、产前筛查、非侵入性产前诊断技术，以及不久的将来可能被普遍使用的胎儿全基因组测序技术以及基因治疗和基因增强技术等，个人是否有权自由使用这些技术而不受任何限制？换句话而言，个人是否具有一个不受任何外界干扰的生殖自由？当生殖自由与后代的利益发生冲突时该如何权衡？本节主要对前两个问题进行讨论，试图阐明生殖自由的含义。值得注意的是，此种阐述并非意在构建某种道德权利，而是试图通过一些学者对生殖自由的解释来对其进行更为全面的剖析，为随后讨论生殖自由与未来后代之间利益的权衡进行铺垫，同时为本书最后部分所提出的政策建议提供理论支撑。

在讨论生殖自由之前，我们应首先明确区分消极自由与积极自由。消极自由是指个人有不受他人限制而行事的自由，例如一个人的言论自由要求其他人不去阻止他或她在私人环境甚至大众媒体上发表言论。积极自由是指只有在他人协助的情况下个体才能够实现的自由。如接受教育的自由，只有当国家、组织、个人提供给某人受教育的机会时该个体方能实现此种自由。类似的是，个体的言论自由也要求他人确保该个体通过各种媒体表达自己观点的自由。由此可见，一些自由并不仅仅只属于消极自由或积极自由范畴，而可能是两者的结合。此外，除特殊说明外，本书所使用

---

① Harris J. , Holm S. , *Rights and Reproductive Choice*, Oxford：Clarendon Press, 1998.

的"生殖"同"生育",即仅包含出生一个孩子,而不包括出生后的养育过程。

　　哈里斯对生殖自由的解读

　　作为新生殖技术和遗传学技术最坚定的推动者英国生命伦理学家哈里斯(John Harris)认为,个体自由能够维护人们获取包括基因检测、基因治疗,甚至基因增强等在内的生殖遗传学技术。这一假设支持公民享有在不受外界干预的情况下作出独立判断的自由,且无须为他们的判断或选择进行解释和论证。确切地讲,哈里斯认为如果对生殖自由进行限制,则这些限制必须给予明确界定,如个体的生殖决策对个人或社会造成何种严重的伤害。此外,哈里斯指出这些伤害必须是"真实存在、在当下发生的,而不是未来的,或被推测出的"[1]。以此观点,当生殖自由与其他伦理学原则发生冲突时,前者具有更大的权重。

　　重要的是,哈里斯强调生殖自由的权利应当仅被理解为不受干扰的消极权利,也就是说该权利并不要求他人协助来实现这一自由。对他而言,在实现生殖利益的过程中生育自由的权利并不要求他人的协助。生殖自由仅仅意味着,"无论政府、专业组织、咨询师或监管主体"[2] 都可能不具备合理性来干预个人的生育决策。然而,此种包含非协作性的消极自由或许并不如哈里斯所认为的那样简单。这是因为任何有效行使获取这类促进和保护生殖自由的技术的能力,必将需要医学专业人员或他人的协作来确保生殖计划的成功实践。这意味着此处可能存在一个积极的权利要求生殖自由不仅仅被尊重,且需要被协助或促进。[3]此处,最关键的是在某一特定情况下行动本身是否尊重了重要的价值或有助于实现对这些价值的整体认识。后果论者通常采纳第二种观点,即行动应当提升重要价值的整体认识。这将使他人有义务来协助实现生殖自由的重要价值。

　　哈里斯并没能明确区分消极和积极的生殖自由,他并不满足于将生殖

---

　　[1]　Harris J., *Enhancing Evolution: The Ethical Case for Making Better People*. Princeton: Princeton University Press, 2007.

　　[2]　Chervenak F. A., McCullough L. B., "Ethics in Fetal Medicine", *Best Practice & Research Clinical Obstetrics & Gynaecology*, Vol. 13, No. 4, 1999.

　　[3]　Sparrow R., "Is it 'Every Man's Right to Have Babies If He Wants Them'? Male Pregnancy and the Limits of Reproductive Liberty", Kennedy Institute of Ethics Journal, Vol. 18, No. 3, 2008.

自由仅仅视为是对偏好的满足，如旅游、打篮球或看电影等。相反，他论证生殖自由是某种更加根本的，并且事实上能够被视为类似于言论自由和宗教自由那样的"基本人类权利"。这意味着反对生殖选择中的这一假定自由必须"相对地更强，并且因实践该自由而产生的伤害必须相对更大"。这一将生殖自由视为基本权利的观点，使其在有关生殖的道德讨论中具有巨大的权重。但这也会引发争论，作为基本权利的生殖自由也会压倒其他权利诉求，例如医生们拥有不提供他们认为有违道德的治疗的权利。为了更加明确地分析这些问题，随后笔者将集中讨论两类问题：第一，将生殖自由视为基本道德权利的论证；第二，哈里斯所讨论的生殖自由。

在论证作为基本人类权利的生殖自由中，哈里斯对美国哲学家罗纳德·德沃金（Ronald Dworkin）*Taking Rights Seriously* 一书中的观点进行了强有力的反驳。德沃金认为"根本不存在一般性的自由权利"①，并且他认为如果对于基本自由的限制伤害到我们，这并非源于对自由本身的限制，而是因为其对自由之外的其他事物的影响。具体而言，这意味着"我们所拥有的并非是自由的权利，而是拥有个人价值、偏好或立场等的权利，而那些限制也是针对后者而非自由"。最后，德沃金论证认为平等比自由更为根本，并提出平等的概念，其核心是要求"平等关注和尊重的权利"。

这体现了生殖自由的可辩护性。虽然德沃金反对一个抽象的自由权利的概念，然而他坚持认为存在具体自由权利的可能性，尤其是那些保护极为重要的或具有道德和政治重要性的权利，例如信仰自由、言论自由等。②对于德沃金来讲，生殖自主性原则受到美国宪法第一修正案的保护，即保护信仰和表达的自由。然而，德沃金的论证要远比这里所呈现的要复杂得多，哈里斯有关作为基本权利的生殖自由的论证类似于它与表达自由权利之间的比较。他认为这一相似性来自"选择自己生活方式的自由，以及根据个体最为坚信的事物而生活的自由"这两者的核心。③这一论证

---

① Dworkin R. , *Taking Rights Seriously*, Cambridge：Harvard University Press, 1978.

② Dworkin R. , *Life's Dominion：An Argument about Abortion and Euthanasia*, New York：Vintage, 1993.

③ O'Neill O. , *Autonomy and Trust in Bioethics*, Cambridge：Cambridge University Press, 2002.

乍听起来十分合理，但此种生殖自由与表达自由之间的类比仍旧缺乏说服力。

　　然而生殖对于人们的重要性以及根据自己的信念做决定本身，并不能直接得出应当视其为某种自我表达，或从自我表达的权利能够推出生殖自由的权利。英国哲学家奥诺拉·奥尼尔（Onora O'Neill）指出生殖"其目的在于创造出第三方——一个孩子"；"在于产生一个需要依靠的存在"，而这种照料或依靠通常会缩减而非增强个体的自主性。因此，将生殖自由与言论自由进行类比显然是不恰当的，其根本问题在于前者的目的是产生另一个权利拥有者（即未来的孩子也是某些权利的拥有者）；而后者并非如此。

　　我们已经看到了在辩护生殖自由的权利并非是抽象自由权利本身中的争论；生殖权利的重要性来源于人们的价值和信仰的重要性。哈里斯指出生殖自由的重要性来自对生殖本身价值的尊重，而这一权利所保护的是"个体选择自己生活方式的自由，通过行动和言语表达个体内心深处信仰的自由，以及家庭希望分享或力图传递给后代子孙的道德观念的自由"①。在此种构建生殖自由的过程中，哈里斯再次借用了德沃金的论证，尤其在他对自主性以及论述自主性与生殖自由的关系上。

　　对于德沃金而言，对于自主性的关注其关键点并不在于理性；相反，自主性的核心与正直和尊严相关。当然，笔者并没有否认理性在自主性中的重要性。德沃金认为，自主性被视作为自己作出重要决定的权利，源于该权利保护我们根据自己所认为重要的价值、承诺、信念以及偏好来形成我们自己生活的能力。他认为"认识到某个个体的自主权将使自我创造成为可能。它允许我们每一个人为根据其自身连贯的或不连贯的个性所塑造的生活负责"。而且，"对于自尊来讲同样是必要的"，因为"其他人不会认为该个体的生命有任何内在的、客观的重要性，除非他坚持自己主导自己的生活，而不是将其任由他人所支配。"②

　　哈里斯一方面强调生殖自由是某种消极自由的权利，并以此保护父母

---

　　①　Harris J., *Enhancing Evolution: The Ethical Case for Making Better People*, Princeton: Princeton University Press, 2007.

　　②　Dworkin R., *Life's Dominion: An Argument about Abortion and Euthanasia.*, New York: Vintage, 1993.

的生殖选择不受外界干涉；但另一方面，他将自己有关消极自由的主张构建在自主性的概念之上。换言之，消极自由的要求依靠于一个更为积极的自由之上，如以赛亚·伯林（Isaiah Berlin）所言的希望成为自己的主宰者，就此而言个人的决定取决于其自身而非外部的强迫。①

随后笔者将审视另一种对生殖自由的论证，它并非依赖表达自由与生殖自由之间备受争议的类比，而是谈论生育中的价值在构建和限制生殖自由时的作用。

罗伯特森对生殖自由的解读

美国哲学家罗伯特森（John Robertson）为生殖自由假定的优先权提供了一个更为详尽的论证过程。为了确立该优先权，罗伯特森同样依赖于直觉，即生殖是人类活动的核心并且有关生殖的决定对个人同一性和个人生命的意义有着某种深远的影响。他论证道："当生殖自由的实践引发矛盾时生殖自由应当享有预设的优先权，因为控制个体生殖与否是个体同一性、尊严和个体生命意义的核心……因此决定生育或避免生育是个人的决定且它对构建个体生活的意义和方式关系重大。"②在罗伯特森看来，生育的重要性与生殖的生物性驱动有着密切关系。③同样地，在面对死亡时生殖能够为我们提供某种安慰，而它的重要性还包含夫妇之间爱的表达。无论人们是否同意这些，生殖决策对个人同一性和塑造个体生命上的重要性这两点上较少存在争议。然而，值得注意的是罗伯特森所言的这种直觉在确定生殖自由的预设优先权以及限制生殖自由方面都能起到作用。

罗伯特森将生殖自由定义为"在遗传意义上的生育或不生育的自由"。然而，生育自由仅仅保护那些直接与是否生育有关的问题，而不扩展到养育孩子的问题。进一步讲，罗伯特森对于生育的解释蕴含着父母与其后代遗传相关性的必要性。然而，遗传相关性的伦理或道德意义存在争议，这并不是本书所关注的。相反，更值得关注的是这种被认为存在于生殖中的价值也能够被用于对某些生殖选择进行限制。罗伯特森的定义指出

---

① Berlin I. , *Two Concepts of Liberty*, Oxford: Oxford Clarendon Press, 1969, pp. 118—172.

② Robertson J. A. , *Children of Choice: Freedom and the New Reproductive Technologies*, Princeton: Princeton University Press, 1994.

③ Robertson J. A. , "Procreative Liberty in the Era of Genomics", *American Journal of Law and Medicine*, Vol. 29, No. 4, 2003.

生育自由包含两部分内容，不生育的自由以及生育的自由，两者包含有各自不同的利益。通常，前者涉及对有关避免妊娠手段的可及性问题，包括避孕或流产的可及性等；后者首先涉及"进行一系列能够最终生育的行为的自由"①。例如自然的生育过程、试管婴儿技术及代孕的可及性等等。然而，由于后者还涉及自然和非自然生育有关的不同潜在利益问题，因而更为复杂。然而自然生育有关的利益在当下相对较少存在争议（例如自由选择配偶，性交，以及获得确保生育健康的医疗保健的可及性等），如我国通过制定和实施《母婴保健法》来保护妇女获得基本的生殖医疗保健，通过《婚姻法》来保证公民自由婚配的权利等。对于非自然生育而言，技术的进步在促进其可得性增加的同时，也引发了限制生殖自由问题。

在罗伯特森看来，自然生育受到生殖自由的保护是不证自明的。正如他所指出的，父母不需要获得他人的许可来生育孩子，并且他们也不需要为生育提供合理性辩护。然而，各种对生育进行干预的技术的出现考验着对生殖自由的限制，罗伯特森认为确定这些技术是否包含在生殖自由的范围之内的手段，就是秉持相邻性原则。这就是说，新的技术或实践（如非治疗性遗传增强，生殖性克隆，以及有意地减少生育数量）是否受到保护在于它们与生育利益核心的距离，这些核心利益通过自然生育过程的实践的例证获得。通过应用这一检测方法，他总结到这些实践"将不包含在生育自由之中，因为它们相比于使生育成为一个宝贵的经验相距甚远"。即这些实践与受生育自由保护的"核心利益"不相符。

尽管罗伯特森对"核心利益"的描述仍旧是模糊的，但他指明了有关生殖的核心利益中的一个，即生育"正常健康"（normal healthy）后代的愿望。这就是说，正是这一期望拥有健康遗传学后代（遗传物质至少来自父母一方）的愿望，确保了作为给予人类生命意义的生育本身的重要性。而且，这一愿望的核心和愿望的实现不但确定了生殖自由预设的优先权还确定了生殖自由的限度。

罗伯特森基于正常和健康这两个概念来区分哪些是属于生殖自由的生

---

① Robertson J. A., *Children of Choice: Freedom and the New Reproductive Technologies*, Princeton: Princeton University Press, 1994.

育活动。鉴于此他的论证应当围绕正常和健康这些概念进行，但罗伯特森却继续重申生殖自由原则"生殖自由将仅保护那些意图养育健康、正常后代的父母的生育活动"①。他以"现代传统主义"（modern traditionalism）的进路来为其辩护，他所谓的这一进路是指"对新技术的接受是某种现代性的体现，但传统要求我们通常使用这些技术为传统的生育目标来服务，这一目标是指养育在生物学上与个体存在相关性的"②。罗伯特森所提出的是一种折中进路，它介于允许自由获得所有生殖技术的激进的自由主义观点，与强调人类生殖神圣性而试图禁止使用任何技术干预的传统观点之间。

在此，生育与养育是分开的，并且后者并不受生育自由的保护。当下，现代传统主义同时要求遗传相关性和抚养后代的双重意图。这意味着罗伯特森没能完成其最初的意图，即对生育与养育进行明确区分。但是其重要性是什么？如前文所述，生殖自由的预设优先权建立在生殖本身对个人同一性及个体根据自身价值而生活的重要意义。但将这一价值仅建立于生育之上是否可靠，或它是否给予生殖与养育的整合？与罗伯特森不同，笔者认为严格意义上的生育在确定生育自由的预设优先权中既非必要也非充分。相反，养育孩子的实践以及其在伦理上的重要性一直根植于罗伯特森对于生殖自由的理解之中。也就是说，不仅仅是遗传物质确定了人们生活中生殖的重要性；更重要的是在于孩子的脆弱性和父母的责任，是这些确保了生殖在实际和伦理上的重要性。

因此，生殖自由的本质不应仅仅被视为某种消极自由或个人不受人为外界干涉的选择。尽管如此，哈里斯和罗伯特森仍旧认为必须将生殖自由视为某种消极权利或不受任何干涉的权利。罗伯特森将生殖自由描述为："个体在作出生殖决策时不受任何道德义务的侵犯，且他人有义务不干涉这一决策……这一义务并不意味着他人需要为生殖自由的实现提供任何资源或服务。"依照他的观点，生殖自由保护个人的生育决策不受国家或他人干涉，但这并包含要求政府或他人帮助个体实现其生育选择的积极权。

①　Robertson J. A., *Children of Choice: Freedom and the New Reproductive Technologies.* Princeton: Princeton University Press, 1994.

②　Robertson J. A., "Procreative Liberty in the Era of Genomics", *American Journal of Law and Medicine*, Vol. 29, No. 4, 2003.

此种把生殖自由视为消极权利的理解将其限定在不受干预的范围之内，并将其视为消极自由。然而，基于生殖决策和抚养子女在父母生活中的重要性，将生殖自由视为消极自由的解释未能完整地诠释自由在生殖决策中的意义。

积极自由与消极自由的结合

从上文的论述中可见，罗伯特森与哈里斯犯了同样的错误，他们都仅将生殖自由视为消极自由，忽视了实现生殖自由时个体对他人协助的需求。基于人们塑造自身目标、价值的能力，生殖自由也能够被视为某种积极自由。在没有他人协助的情况下，人们难以获得哈里斯与罗伯特森所言的生殖自由。假设一对遗传学性耳聋的夫妇希望确保生育一个健康的后代，使其能够生活在有声世界中，与世界进行更多的接触。在第一种情况下，如果当时不存在针对耳聋基因的产前遗传检测或/和相关辅助生殖技术或/和基因治疗技术，则他们的愿望不可能实现，未来孩子的命运只能由运气（概率）来决定。第二种情况，如果当时该类检测已成为可能，夫妇仍需通过医院、医疗工作者的协助以获得这些干预，以生育一个具备正常听力的孩子。但是，一些人可能会反驳此类观点，认为相关机构和个人并非主动提供这些技术和信息，而是在夫妇的自主决定下被动提供干预，因此不能依此将生殖自由归为积极自由。但此反驳存在致命漏洞，即没有考虑到生殖遗传学技术的可及性问题。对于一些新兴的遗传技术甚至是一些应用超过数十年的技术而言，如我国这样地区经济发展及医疗卫生水平存在较大差距的国家，一些生活在欠发达地区的人（甚至该地区的医疗卫生工作者）对这些干预不甚了解，更不谈及在当地获得这些干预以实现个体的生殖自由。

此外，仍有人会对此予以反驳，认为生活在这些地区的人可以到那些提供此类遗传学技术的地区获取干预，以实现自己的生殖自由。但该反驳同样不具有说服力。首先，以我国为例，2015 年 2 月国家统计局发布的数据显示，按照年收入 2300 元的农村扶贫标准计算，中国农村贫困人口为 7017 万人；[①]全国城镇居民人均可支配收入为 28844 元。[②]在我国，尽管

—————————————

　① 《2014 年我国农村贫困人口比上年减少 1232 万人》，2015 年 2 月，新华网（http：//news. xinhuanet. com/politics/2015—02/26/c_ 1114447148. htm）。

　② 《2014 年城镇居民人均可支配收入 2.9 万元农村居民 1.05 万》，2015 年 1 月，财经网（http：//economy. caijing. com. cn/20150120/3802909. shtml）。

新农合的参保比例接近 100%，但遗传检测及包括 PGD 在内的辅助生殖技术并未包含在医保的报销范围之内，对于大多数农民而言获取这些检测几乎不可能，对于那些年收入 2300 元的贫困人口而言则更为不现实。对于生活在发达地区的人而言，虽然能够更为便捷地获取这些干预，但城镇职工和居民医保仍旧不会对这些医疗服务给予报销，对于动辄上万元的辅助生殖技术干预来讲，这些费用仍旧是一笔不小的开销。由此我们至少能够得出，城乡之间经济收入和医疗水平都存在着巨大差距，而这一差距是不公正的体现。如果政府不提升贫困地区的医疗服务水平并给予经济支持和政策倾斜，生活在该地区人口将难以获取那些用以确保个体生殖自由的遗传干预。此外，在城镇地区同样存在着个体之间的差异，一些人更易获得相关干预的信息，如医学生、医生等，并且个体间的经济收入也存在差异，而这些都将影响到个体生殖自由的实现。因此，对于一部分人而言只有通过政府的积极干预方能了解相关信息的重要性并确保这些干预的可及性、可得性、可接受性。当然，以上的讨论涉及分配公正问题，笔者将在随后章节中进行更为详尽的分析和论证。

此外，如果生殖自由仅仅被视为消极自由，个体不受政府或他人对生殖自由的干涉，则医务工作者、婚姻登记人员也不应与希望生育的夫妇或孕妇谈论任何有关生育的话题，或鼓励其进行婚前、孕前、产前的医学检测，因为这在极端自由主义者看来都是对个体生殖自由的破坏。但他们忽视了个人对自身生活和价值的塑造能力。在进行生殖决策时，夫妇或个人需要获取足够的信息来作出符合自身价值取向或利益的决定，并且生育决策本身不仅关系到夫妇自己，还将影响到未来孩子的利益。这些信息可以通过婚前、孕前、产前体格检查、遗传检测、遗传咨询等干预获得，如夫妇是否为某些致命遗传疾病的基因携带者、是否患有遗传疾病，或患有可垂直传播的传染性疾病，以及后代患遗传疾病、先天性疾病或传染病的概率等。夫妇可以根据这些信息选择是否生育，或在妊娠后是否选择流产，或提早针对孩子的健康状况进行早期干预等，如不久的将来通过生殖细胞系基因治疗技术对生殖细胞或胚胎进行干预，以治愈某些遗传性疾病，甚至对胎儿进行某些特性的基因增强。我们不难发现，夫妇通过使用这些技术而获得的信息在他们作出生殖决策，塑造自身及未来孩子等方面都具有重要意义。更为重要的是，作为具有社会属性的人而言，如果不与医疗专业人员或了解这些干预的人进行沟通交流，仅仅依靠夫妇个人难以获得或使用这些技术，即无法获得作出生育决策的重要信息，以确保生殖自由的实现。

　　然而，极端自由主义者可能会认为，这些信息会干扰夫妇的生殖自由，使他们作出非自愿的决策。但这种反驳是站不住脚的。从某一个体降生算起，该个体不断与社会中的人、事、物接触，在个体塑造自身的过程中我们不能够忽视外部环境的关键作用，即使自由主义也无法否认这一点。夫妇通过医务人员、亲属、朋友等途径获取有关影响生育决策的信息，他们不但对夫妇作出理性决策是重要的，而且更关键的是这些信息对尊重夫妇的自主性和夫妇作出符合自己意愿、价值的生殖决策起着关键作用。假设一对夫妇希望生育一个健康的孩子，而不希望生育一个患有严重遗传疾病的孩子，因为后者不但对夫妇自身会造成心理上的伤害同时更会对孩子自身造成肉体和心理上的伤害。如果依照极端自由主义的观点，那么国家没有义务向夫妇提供任何可能干扰夫妇生殖自由的医疗服务，如果夫妇生育出一个患有严重遗传疾病或先天性疾病的孩子且过早夭折时，这无异于与夫妇的意愿相违背，且破坏了夫妇的生殖自由。如果生殖自由不仅作为一种消极自由，同时也被视为积极自由时，那么国家或他人应有义务向夫妇提供帮助，以满足其生育健康后代的愿望。该夫妇如果发现腹中胎儿患有出生后不久便会夭折的严重遗传疾病或先天性疾病，他们可能会选择流产，或在孕前进行遗传咨询并通过辅助生殖技术来实现生育健康孩子的愿望。

　　此外，我们还可以从后果论的角度审视积极自由在生殖自由中的重要性。据 WHO 于 2015 年发布的报告显示，由于各国近十年间母婴保健水平的提高，1990 年至 2013 年世界各地孕产妇死亡率下降了近50%。①尽管如此，截至 2014 年 5 月的数据显示，全球每天仍约有 800 名妇女死于与妊娠和分娩有关的可预防疾病或风险。2013 年我国孕产妇死亡率为23.2/10 万（0.232‰），与 2000 年相比降低了 56.2%。同时，2013 年我国婴儿死亡率、5 岁以下儿童死亡率分别下降至 9.5% 和 12%，较 2000

① 《孕产妇死亡率》，2016 年 9 月，世界卫生组织（http：//www.who.int/mediacentre/fact-sheets/fs348/zh/）。

年分别降低了 70.5% 和 69.8%。①政府通过对母婴保健的经济投入、提供孕产期系统保健、加强妇幼保健人员培训，以及开展围产期健康教育等多种手段，使孕产妇死亡率从新中国成立初期的 1500/10 万降低到 2013 年的 23.2/10 万。②由此可见在缺乏母婴保健或医疗水平低下的时期，个人的生殖自由的实现不但存在问题（胎儿自然流产、死胎、婴儿的夭折等），而实现这一自由的代价也可能是巨大的（孕产妇的死亡）。因此，医疗保健服务（尤其是母婴保健）在夫妇实践自身生殖自由的过程中起着重要作用，它不但有利于夫妇实践生殖自由，同时也可降低这一实践过程中可能承受的风险。

由此可见，仅仅依靠消极自由难以保护个体的生殖自由。而通过消极自由和积极自由的结合能够有力地维护个体的生殖自由，使其免受那些不合理干预的同时，能够满足个体的生殖意愿。但正如前文所述，实践生殖自由的结果不但是对主体生活的塑造以及个体同一性的体现，同时它还会影响到第三方，即未来后代的利益。这类似与言论自由与诽谤的关系。我国宪法规定公民拥有言论自由的权利，作为一项消极权利的言论自由，公民虽然依法享有该权利，但人们在行使该权利的同时必须履行高度的注意义务或谨慎义务，不得以自己能够预见的行为（包括发表言论的行为）损害他人的权利。就言论自由而言，我们在充分享有发表个人意见高度自由的同时，必须自觉遵守言论自由设定的底线——这就是任何人都不得以行使言论自由权为由而侵害他人的权利。就此而言，生殖自由并非不受任何约束，而是有限度的自由，当可预见的生殖自由的实践伤害到未来后代时，我们应在生殖自由与未来后代利益之间进行权衡，而不是在所用情况下都将生殖自由置于道德优先的地位。为了更好地对这一问题进行讨论，我们需要首先对生殖自由在伦理学上的基础进行阐述，这有助于随后讨论对不伤害原则和开放未来的权利对生殖权利的限制。

---

① 《中国孕产妇死亡率 13 年下降 56%》，2014 年 4 月，《新京报》（http://www.bjnews.com.cn/news/2014/04/17/313363.html）。

② 汪金鹏：《孕产妇死亡原因及降低孕产妇死亡率策略》，《中国妇幼保健》2007 年第 26 期。

生殖自由的伦理学基础

无论作为消极权利还是积极权利，在实践生活中生殖自由难免与其他伦理原则或利益相冲突。当这种冲突发生时，我们必须对冲突的各方进行权衡，而这要求我们明确生殖自由所保护的道德价值或意义。在这里笔者将简要阐述决定生殖自由其道德重要性的利益和价值。首先且最为常见的论证来自于"自主决定"或我们通常所称的"自主性"；第二个伦理学基础来自效用论的观点，即生殖自由在促进个体善或福祉中所起的重要作用。值得注意的是，虽然这两个不同的观点从不同的伦理学理论来对生殖自由进行辩护，但它们并不会相互排斥，或被迫在它们之间进行选择。此两点都体现了生殖自由的道德意义。

自主决定

人们自主决定的利益就是他们根据其自身的价值理念或有关什么是好的生活的概念，作出有关他们自身生活的重要决定，且使他人尊重这些决定。罗尔斯将这一利益视为人们不断形成、修改和追求某一人生计划的基本能力。①个体对其自身想要成为什么样的人有其自身的理解，无论是过去、现在或将来，他们有能力制订短期或长期的计划，并确定他们人生的目标。在其他条件不变的情况下，对于未来的计划看得越远，通常其细节和确定性将越低。

除对各种活动和尝试的渴望外，人类还有能力对特殊的欲望和动机进行价值评估的能力。其他动物与我们同样具有目的指向性的行为，但与它们不同的是，人类不仅有能力对自身的动机、行动和结果进行反思，对其进行肯定或否定，且能够确定自身未来欲成为怎样的人。正是这些能力，使得人类有了善的概念，这远比与其他动物所共有的简单的欲望和动机要多得多。（笔者并不否认某些动物存在意识和推理能力）当人们的欲望并非以人们期望它所展现的那样出现时，人们能够在一定限度内采取行动来改变这些欲望从而使其符合人们所持有的价值。当然，这并非否定人类社会和自然环境对人们的价值观和对善的定义的影响。通过其他人对某一个体决策的尊重，人们有能力控制自己的生命并为之负责，即使他们不赞成

---

① Rawls J., *A Theory of Justice*, Cambridge：Harvard University Press, 2009.

该个体的选择。因此，自我决定能够被理解为包括对个人对善的概念的反思过程，以及在特定情况下根据动机和结果来辨别或确定善的概念是否成立的能力，并且个人行动的自由不受他人干涉。对自我决定的实践在此能够被视为个人塑造他们自身独特同一性的过程。

大多数人由自己来评价和决定有关他们生活的重要决定，而不是让他人为自己做决定，即使从个人自身的观点来看其他人所做的决定要更好。如 A 有抽烟的习惯且患有某些呼吸系统疾病，平均每日抽 20 支烟，以吸烟作为缓解工作压力的途径，且没有戒烟的打算。可能在不少人眼中如果自己是 A 的话，出于健康的考虑，会戒掉吸烟的习惯并选择其他方式缓解工作压力，如体育运动。但在 A 的行为没有伤害到他人或对他人产生不良影响的情况下，人们仍旧应当尊重 A 的选择。为此，自我决定是一个人道德理念的一部分，而不单具有满足个人其他欲望和利益最大化的价值，也就是尊重自主性并非以决定是否符合理性为主要依据。更确切地讲，个人作出有关自己的生殖决策并不仅仅基于他们能够作出最好或最明智的决定，而且还在于对作为个人价值观的自我决定的实践，而后者有助于他们对自身同一性的界定。

此外，自我决定的重要性或价值在不同情境下会发生变化。判断决定本身在重要性或价值上表现的不同的重要因素之一，便是特定情境下决定本身及随后的行动。我决定明天早餐吃什么的重要性显然要小于我在职业规划、婚姻上的决定，以及在什么情况下生育后代、是否生育或生育怎样的后代、是否做一个 DINK（double income no kids）。生育本身首先会对个体（包括单亲母亲）或夫妇双方的生活产生巨大的影响，无论是日常生活还是人生的规划，孩子的降生将成为他们生命的重要组成部分。在孩子降生后，甚至在受精卵形成后，夫妇便会增添一份社会属性，父亲和母亲这两个属性将分别赋予个体夫妇。然而，生育的结果不仅仅对夫妇双方的生活有着深远的影响，同时也会影响到其他人，如个体或夫妇双方的家人、朋友等，而这些对除个体或夫妇外影响最为深远的应当是个体或夫妇所生育的后代，即他们的孩子。与死亡相反，夫妇在生育上的自我决定使孩子从无到有，我们很难找到其他对个体生命产生如此之大影响的决策。

塑造孩子的属性对个体自身的生活有着巨大的影响，并且这一行为包含在自我决定之中。然而如前文所述，这一决定不仅仅是个人自我决定的问题，更为重要的是，这也是在替他人作出决定。这不仅仅涉及对那些被认为有害或不良遗传特点的选择，也涉及使用遗传筛查或基因工程技术来增强个体的遗传属性，如非健康理由的性别选择或其他未来可能开展的记忆、运动、智力等特征的增强。

生育和养育孩子是许多人生命中的重要组成部分，自我决定在一定程度上支持父母对孩子遗传属性的塑造，正如自我决定支持他们通过其他方式来对孩子的生活和习惯进行塑造一样。在大多数社会中，父母在养育孩子的过程中通过各种方式引导和塑造孩子，包括接受何种教育的决定、宗教信仰以及将何种价值观传递给后代。然而，这种父母为孩子所做的"自我决定"并非没有限度，无论在道德上还是在法律上。孩子最根本的利益对此种决定具有道德约束力，而且在法律中同样有所体现。例如我国颁布的《中华人民共和国未成年人保护法》第一章第3条规定："未成年人享有生存权、发展权、受保护权、参与权等权利，国家根据未成年人身心发展特点给予特殊、优先保护，保障未成年人的合法权益不受侵犯。未成年人享有受教育权，国家、社会、学校和家庭尊重和保障未成年人的受教育权。未成年人不分性别、民族、种族、家庭财产状况、宗教信仰等，依法平等地享有权利。"

尽管如此，更困难的问题包括，在选择是否生育及对孩子遗传属性进行选择的决策中，社会是否有正当的理由进行干预？能够在多大程度上进行干预？众多父母所作出的阻止带有不良性状或增强某些性状的决定，其集合可能会对这些父母所在的社会产生巨大影响，并影响其他人的生殖决策。此外，这些决策并不仅仅对个体的生殖决策产生影响，它们主要影响的是那些通过遗传筛选后的人，也就是未来的孩子。

广义上讲，父母协助塑造了未来社会本身，虽然这种影响的程度有多大仍旧存在争议。因此父母在自我决定上的利益，被视为有关他们自身生活的重要决定，不能够作为构建一个是否防止或增强个体某些遗传属性的绝对权利。因为这些决定本身也会影响社会本身的塑造，而他人也同样生活在这个社会中并或多或少地受其影响。

总之，自我决定或自主性能够部分论证生殖自由的道德重要性。但我们也认识到，尊重某一生殖决策的结果所造成的伤害越大，尊重该选择的自我决定的道德权重便会越低。

个体利益或福祉

上文阐述了自主决定对生殖自由道德意义的重要性，以下笔者将简要
论证其重要性的第二条进路，即对生殖自由的尊重能够有助于对个体幸福
（happiness）、福祉（well‐being）或利益（good）的提升，这也是在哲学
上通常区分三种主要类型的善的理论。①每一理论都关注生命中内在的善
或价值，也就是说善独立于其结果和其他相关的事物而存在；其他事物是
工具性的善，因为它们有助于生命中内在善的形成。

意识经验论（conscious experience theories）认为人们的善由某些特定
的积极心理状态组成，通常表现为愉悦、幸福，以及没有痛苦或不开心；
偏好或欲望满足论（preference or desire satisfaction theories）认为，满足人
们的欲望或偏好即是善的；最后，客观善论（objective good theories）否
定个体的善仅由积极意识经验或欲望的满足所组成，他们认为某些事物本
身对人来讲就是善的，即使个体并不想要它且也不能从中获得愉悦或
幸福。②③

在对以上各种有关善的理论进行全面和详细描述的尝试中，都会面临
许多困难和复杂的问题，且其中的一些问题对为生殖自由的道德价值进行
辩护有着重要的启示。尽管如此，能够明确的是，在人们的善和确保他们
的生殖自由之间至少存在着广泛的关联。确保并保护个体生殖自由通常能
够提升个体的福祉，因为能够胜任的个体通常是判断哪些生殖选择将促进
他们自身福祉的最佳人选。然而，当人们的生殖选择受阻时，他们通常会
经历不愉快和挫败感。同样，尊重个体的生殖自由通常允许他们满足自身
有关生育的欲望。最终，尊重个体的生殖自由通常会提升善的某些特有的
客观组成（例如，为自己生命中重要的组成部分负责，以及拥有深入的
个人关系，如父子和母子关系等）。然而必须强调的是，以上所述的有关
提升个体善的内容仅当其在"通常"情况下是合理的，当个体的生殖自
由与未来孩子的利益发生冲突时，其合理性则有待进一步商榷。对于后

① Mills C. , *Futures of Reproduction：Bioethics and Biopolitics*, Dordrecht：Springer, 2011.

② Brock D. W. , *Quality of Life Measures in Health Care and Medical Ethics*, World Institute for Development Economics Research, 1989.

③ Griffin J. , *Well‐being：Its Meaning，Measurement，and Moral Importance*, Oxford：Clarendon Press, 1986.

者，我们需要在冲突的双方之间进行权衡后再做判断。

综上所述，生殖自由对善的促进能够部分论证生殖自由的道德重要性。但它与自主性一样，两者都不能支持一个绝对地、毫无限制地对生殖自由的保护。因为这种为了获取个体自身善的生殖自由有时能够支持对父母生殖自由作出限制。从效用论的观点看，假设夫妇生育一个健康的孩子A，对于此夫妇和A而言，这一生育选择能够提升他们的效用，从而达到效用最大化；但如果生育一个患有严重遗传疾病的孩子B，不但B将遭受疾病所带来的伤害，且此夫妇需要花费比生育A更多的精力和物力，尤其在缺乏政府支持和缺乏残疾人保护的地区，与生育A相比这一生殖决策从整体来看效用显著低于前者。当然不同情境下通过效用论所分析的结果不尽相同。因此，有必要评估在特定情境下某一具体的生殖自由对某一特定个体善的提升，以此来确定应当给予该生殖自由多大的道德权重，从而在生殖自由与其他伦理原则或利益发生冲突时进行权衡。

小结

以上笔者从尊重个体的自我决定和个体善的提升两方面对生殖自由的道德重要性进行论述，这包含了道义论中对将人视为目的而不仅仅是手段的论证，同时也体现了后果论对最大善的追求。从以上两方面而言，我们至少能够得出，在某些情况下我们应当尊重个体的生殖自由，因为这不但是对个体自主性的尊重也是对个体善的提升的保护。这些在整个生育过程中都有所体现，如是否进行产前遗传筛查，遗传咨询师对夫妇自主性的尊重等。这也是我国对现有法律进行修订时所应当关注的重要问题。此外，生殖自由包含消极和积极两部分内容。从消极自由角度出发，它要求包括国家、组织或他人等不得对其进行无理干涉，让个体根据自身的价值观念作出生殖决策；积极自由则要求国家、组织或他人为个人提供帮助，以协助个体实现其生殖自由。这其中可能包含有基础的母婴医疗保健服务，以及作出合理生殖决策所需要的重要信息。这些都涉及分配公正问题，笔者将在随后章节中进行详述。

此外，我们也发现生殖自由并非是一项完全不受限制的自由。众多父母的生殖决策不但影响着他们自身的生活及其个体的同一性，同时这些决策还或多或少地影响到他们所生活的社会中的其他个体，且更重要的是，生殖决策本身还会确定未来孩子的存在与否，这将直接影响到后代的利益。因此，我们便会思考个体生殖自由的限度道德在哪里？父母是否在道德上有义务选择出生一个健康的孩子？政府应当在个人生殖自由问题上采取怎样的立场？政府对生殖自由的干预势必会引起人们对邪恶优生学重生的恐慌，我们应当怎样做来避免这一恐慌？随后笔者将对个体生育自由的限制、父母在生殖决策中的道德义务及政府对生殖自由的干预做进一步的剖析。

生殖自由的限制

前文我们对生殖自由这一概念进行了剖析，生殖自由的实践作为消极和积极自由的整合，表明了其在人类生活中的重要性，同时还点出了生殖自由在实践中存在着限制。随后，我将对以生殖自由为基础使用生殖遗传学技术的限制进行分析。为了完成这一任务，笔者将检验在生命伦理学中有关生殖自由限度的具有代表性的进路，尤其在近些年生殖伦理学中最具争议的问题，即潜在的父母通过使用遗传学技术来选择或放弃残疾后代的情况。

通过技术手段选择生育患病胎儿，自然生育患儿，通过流产选择出生健康后代之间的辨析。

尽管不少伦理学家和科幻作家十分关注人类利用遗传学技术来增强某些人类特征的问题，但是这类技术距离真正的应用或许还有很远的路要走，因此本书多着眼于当前突出的伦理问题，而对这类技术的实际应用进行简要分析。不少的"增强"是通过使用遗传学技术在产前或孕前选择"更佳"的后代。目前此类应用中最为广泛的无疑是移植前遗传诊断技术、产前超声诊断技术，以及从 2014 年起卫计委已经批准开展的无创产前遗传检测技术。[1][2]已有不少文章对这些技术的应用进行论证和反论证，本书不做赘述。在此笔者将针对围绕选择或放弃伴有残疾的胎儿的概念问

① 卫计委妇幼司：《高通量基因测序产前筛查与诊断技术规范（试行）》2014 年。
② 《卫计委批准 109 家医疗机构开展 NIPT 高通量测序临床试点》，2015 年 1 月，MedSci（http://www.medsci.cn/article/show_ article.do？id＝bacb45648a5）。

题进行论述。尽管选择放弃生育患有残疾的胎儿在道德上几乎被认为是合理的，但一些残疾人权利保护者试图挑战这一观点并认为此种行为是对残疾人的歧视，并可能会导致历史上错误优生学的死灰复燃。与此相对，选择生出一个伴有残疾的孩子通常会引发道德上的冲击，因为这与大多数人对有关什么是"对孩子好的"这一直觉以及确保孩子开放未来的权利相矛盾。

通常，相对于政府对公民的塑造而言，父母有更多的自由通过遗传学干预塑造其后代。在有关父母是否能够选择生育一个残疾后代的争论上，不仅涉及生殖自由的外延问题，同时还挑战着人们对什么是好的生活的理解。此外，这些问题涉及生命伦理学中的重要原则：避免伤害原则（no harm）。在后果论中，从密尔的效用论引申出的伤害原则为生殖自由树立了明确的界限。这这一框架中，在不对他人造成伤害的情况下，潜在的父母能够自由实践他们的生育计划。

但对于伤害概念的界定仍旧存在诸多争论，而伤害原则本身也存在一些问题。伤害原则作为目前限制个体行动对他人影响的关键因素，密尔假设该问题中的其他个体是那些已经存在的个体，即已经出生的人。然而，在讨论优生学和遗传学技术在生育中应用的问题时，其中最为困难和令人困惑的问题便源于其涉及未来的孩子。在生育决策中夫妇的选择不仅影响他们自身，同时也对"被选择"的孩子产生巨大影响，并且该后代无法对这一选择进行干预。

因此当人们在生殖伦理学中使用伤害原则论证有关残疾的问题时，不得不面对英国哲学家 Derek Parfit 所提出有关非同一性的重要推论。非同一性问题的起点始于这样一个事实：如果某一个体在某一时间内没有被孕育，他将不会存在于这世上，而另一个不同的人将取而代之。例如，一位希望生育后代的妇女被告知由于其现在患有某疾病，如果其现在妊娠则会导致胎儿畸形并最终生育出一个伴有残疾的孩子 A。但是，如果她进行短暂的治疗后再妊娠，她的孩子 B 将不会伴有此种残障。然而，从表面上来看，似乎现在妊娠将会对孩子 A 造成伤害，但并非如此。因为如果该妇女等待一段时间后再妊娠，孩子 A 将不复存在，同时就存在与不存在两种状态而言哪种更好我们不得而知，因此生出伴有残疾与不存在相比并不会更糟，因为如果 A 不伴有残疾的话他将不会降生于这个世上。但是，如果残疾的严重程度极大以至于伴有该残疾的生命不值得生活下去，即这个孩子已经被生育下来，但如果不被生育的话会更好，我们只有在这种情况下才能够说这个孩子受到了伤害。

根据这一推论，一个出生便伴有某种残疾的孩子仅当他（她）所拥有的生活被认为比不被生育出来要糟时，才能够称其受到了伤害。很少有生命处于这样的状态，即能够将自己的生命状况与是否出生进行对比（除非时间能够倒流，使同一个孩子能够在同一时间有不同的经历），而这似乎意味着选择生育伴有残疾的孩子不会对孩子本身造成伤害。由此似乎能够得出这样的结论，即如果父母愿意的话，他们应当能够选择生出一个伴有残疾的孩子。

该问题在生命伦理学领域被广泛讨论，包括对与 "wrongful life"（错误的生命）概念有关问题的讨论。当把个体的出生被视为使其变得更糟这一情况作为伤害的界限时，便会引发 "wrongful life" 的问题。一个生命的质量低于这一界限则被视为一个不值得生存的生命。然而，对于 "wrongful life" 这一概念是否成立存在着巨大的争论。此类问题并非本书所关注的重点内容，故不再赘述。但其中的一个问题仍旧值得我们注意，即 "不值得活" 的伤害标准是否过高？如果我们接受这一伤害的界限，事实上几乎没有其他症状或残疾能够构成伤害；这也就是说只有在极少数的情况下我们才能够说某一个体的出现使其自身变得更糟，并对个体的生殖自由进行限制。但是，我们如何来界定诸如亨廷顿舞蹈症这样的遗传疾病？与健康个体相比，患者在发病前与正常人无异，但患者一旦发病便会遭受巨大的伤害并迅速走向死亡。此外，在能否允许生育一个遗传性耳聋后代的案例中，伴有耳聋的个体相对于 21—三体、18—三体以及患有其他遗传性疾病相比，其可能对孩子未来发展造成的伤害要小得多，相信大多数人也不会认为一个耳聋的孩子是不值得活着的。因此，就使用 "wrongful life" 这一概念来限制个体的生殖自由虽然可以避免非同一性问题，并避免巨大伤害的发生，但对于更多的遗传性疾病或未来基因增强对个体遗传物质的干预问题，这一原则几乎起不到多少作用。

这也就是说，当我们在使用密尔的伤害原则来限制个体的生育自由时，不得不面对非同一性问题，即父母通过流产等干预阻止残疾后代 A 的出生，而生育出健康后代 B 时，我们不能称避免了对 B 的伤害，因为

A 和 B 是不同的个体；此外，即使伴有残疾的 A 出生，我们也不能称对其造成了伤害。为了对个体生殖自由进行合理干预，必须试图解决，或避免非同一性问题。下面，笔者将列举当下对非同一性问题的数种不同的回应，找出它们之中的不足，并给出对生育自由进行限制的伦理学基础。

健康的定义

在讨论伤害原则对生殖自由的限制之前，为了避免不必要的误解，有必要对健康这一概念进行明确定义。

对于健康的定义，最为常见的定义或许是 WHO 在 1948 年成立时对健康的解释，"健康不仅仅是没有疾病或虚弱现象，而是一种生理上、心理上和社会上的完好状态"[1][2]。1989 年 WHO 对其修改后定义为："健康不仅仅是身体没有缺陷和疾病，而是身体上、精神上和社会适应上的完好状态。"[3]在 WHO 的定义中，不但包含大家普遍接受的身体、心理健康，还将道德健康加入其中，似乎十分全面。但是，WHO 对于健康的定义过于宽泛，这是将健康等同于福祉或幸福。此外该定义是对社会问题的医学化。健康作为临床和公共卫生医学的重要用语，如果按照该定义来指导医学实践，则意味着医生和公共卫生工作人员不但要考虑每一个体的身体、心理疾病，而且还要对社会上遇到的一切有碍他们福祉或幸福的问题负责。

美国医学哲学家克里斯托弗·布尔斯（Christopher Boorse）认为健康就是不存在病理改变。[4]我们可以将"病理"（pathology）解释为某一物种典型成员自然机能结构的偏离。这里所指的典型成员是从统计学角度来讲，即这一物种绝大多数个体所拥有的机能。此外，布尔斯认为正常机能对种族中不同亚组而言是相对的，如女性和男性，以及不同年龄段来说正

---

① Callahan D. , "The WHO Definition of 'Health'", *Hastings Center Studies*, Vol. 1, No. 3, 1973.

② 刘勇：《人类健康层次性新观点的提出及亚健康的归属和 WHO 健康定义的缺陷》，《慢性病学杂志》2010 年第 1 期。

③ 俞国良：《现代心理健康教育》，人民教育出版社 2007 年版。

④ Boorse C. , "A Rebuttal on Health", in James M. Humber & Robert F. Almeder (eds.), *What is Disease?*, New York: Humana Press, 1997, pp. 1—134.

常机能会有部分的不同。病理被视为对部分机能的破坏，并可以发生在机体的任何层面上（遗传、细胞器、细胞、组织\器官、系统）并产生各种不同结果，从无害到致命。总之，病理就是正常机能的偏离。美国哲学家诺曼·丹尼尔斯（Norman Daniel）还在布尔斯的基础之上作出修改，将健康定义为：健康是物种的正常机能。[①]这两人的定义都显示出自然主义对健康的解读，虽然这些定义能够被大多数人所接受，但仍旧存在一些问题。如此类定义忽略了个人对其自己身体的感知，如个体处于疾病状态但并不知情的情况下，他能够感觉完全舒适（perfectly at ease）而不会认为自己处于疾病状态。[②]

　　尽管如此，丹尼尔斯和布尔斯对于健康的定义与我们通常所认为的定义更加贴近，并且与 WHO 的定义以及对自然主义的反驳来说，后者对健康的解释中包含了太多个体主观感觉成分，这使得健康概念泛化和复杂化。因此笔者将采用丹尼尔斯和布尔斯对健康所下的定义（有特殊说明的情况下除外）：健康是物种的正常机能。

残疾，伤害与非同一性问题

　　如今，当人们讨论如何避免历史上邪恶优生学复活时总会提到诸如生殖自由、个人自主性、自我决定等概念，因为在大多数人看来"强制"（coercion）是历史上优生学的错误之一。这里所指的强制，除类似于 20 世纪前半叶欧美等国的强制绝育政策以外，也包括通过经济激励引导个体生育决定的政策干预，如 20 世纪末期新加坡制定的生育政策，通过经济激励鼓励高学历者生育更多的孩子，同时也鼓励贫穷者接受绝育手术。因此，通过对个体生殖自由的维护似乎能够避免强制性生育政策对个体权利的破坏，从而避免邪恶优生学的死灰复燃。然而，这一结论并不完善，因为其忽视了优生学中的公正问题，笔者将在随后章节中进行阐述。此外，

① Daniels N., *Just Health: Meeting Health Needs Fairly*, Cambridge: Cambridge University Press, 2008.

② Murphy Dominic, "Concepts of Disease and Health", in Edward N. Zalta (ed.), *The Stanford Encyclopedia of Philosophy* (Spring 2015 Edition) (https://plato. stanford. edu/archives/spr2015/entries/health – disease/).

即使不考虑公正问题，此种对生殖自由的维护也并非毫无限度，我们不能为避免邪恶优生学的复活而将生殖自由绝对化。有人可能会反驳，现代医学对个体自主性的尊重不断深入，而遗传咨询中的非指令咨询更是将个体自主性推向一个新的高度。然而，对尊重自主性原则的重视也引发了咨询师的困惑。首先，将尊重个体的自主性置于所有伦理原则或价值之上，同时对这些价值的评估也可能十分困难，例如对痛苦的评估。其次，将个体的自主性置于首位，这似乎没能给咨询的终点即未来的孩子留有足够的道德关注。

在各种遗传检测、辅助生殖技术广泛应用，以及未来的生殖细胞系基因治疗和增强技术潜在应用的情况下，这些困难将被一类新的问题所加深：是否应当允许夫妇选择生育一个被认为具有典型残疾特征或症状的孩子？这一问题曾受到广泛关注，一部分是源于媒体在 2000 年至 2001 年对杜彻斯诺（Sharon Duchesneau）与麦克洛（Candy McCullough）的有关报道。两人希望通过选择一个伴有家族性耳聋的精子捐献者，来增加生育出一个耳聋孩子的概率。她们拜访的所有精子库都拒绝了她们的请求并声称没有携带有耳聋基因的精子，但她们最终还是从某位朋友那里获得了她们想要的精子，该位朋友的家族中五代人都伴有耳聋。随后她们获得了一个伴有听力障碍的儿子，他一侧听力完全丧失而另一侧只有微弱听力。杜谢恩尔经常说："一个有听力的孩子是某种祝福，而一个耳聋的孩子则是某种特别的祝福。"[1] 杜彻斯诺和麦克洛还强调，当这个孩子长大后，她们将让孩子自己决定是否希望配戴助听器。

在回应杜彻斯诺和麦克洛的决定中最关键的一个问题是，增加一个孩子出生后伴有残疾的概率是否触碰了生命伦理学中的伤害原则，也就是说，选择出生一个伴有残疾的孩子是否构成对该后代的伤害。[2]在政治哲学和伦理学中，人们使用源于密尔的伤害原则来对个体自由进行限制。简而言之，该原则表明个体应当有自由去做他（她）所选择的事物，除非这一行为对他人造成伤害。这一原则看起来简单易行，如公民有饮酒的自

---

[1]　Anon, "Couple 'choose' to have deaf baby", 8 April 2002, BBC（http://news.bbc.co.uk/2/hi/health/1916462.stm）.

[2]　Scully J. L., *Disability Bioethics*: *Moral Bodies*, *Moral Difference*, Lanham: Rowman & Littlefield, 2008.

由和驾驶汽车的自由，但当某人酒后驾车时，这种行为将可能对其他人造成伤害，该行为便不在对自由的保护范围之内。然而，这种表述仅仅从表面上看是简单的，因为从该原则来看，什么被算作伤害仍是不清晰的。日常生活中的经验告诉我们，伤害本身并不总包含道德错误。例如某人患有急性阑尾炎，医生认为如果此时不进行手术切除阑尾，该患者可能会由于阑尾炎穿孔引发腹腔感染，从而危及生命。如果从表面上去理解伤害原则，医生不应实施该手术，因为侵入性的阑尾炎切除术显然会造成疼痛，即对患者造成伤害，而伤害原则规定个体自由的限制就在于对他人造成伤害。由此可见，无论伤害本身还是伤害可能带来的道德错误并非能够简单地从经验进行判断：伤害可能在很大程度上是主观的。此外，当我们讨论优生学以及生殖遗传学技术中的伦理问题时，伤害概念的界限还会被延伸到未来的后代。

在密尔的经典著作《论自由》中，他指出个体对其自己的身体和思想有着绝对的统治，同时论证道："违背其意志而不失正当地施之于文明社会任何成员的权利，唯一的目的也仅仅是防止其伤害他人。"[1][2] 这并非仅存在于西方社会的经典著作中，中国古代也有相同之思想，借用儒家的理念来说，便是"己所不欲，勿施于人"[3]。该伤害原则否定他人出于个体的最佳利益而强迫该个体做某事或阻止其行事。这确保对个体自由的唯一限制便是出于对个体行为对他人后果的考量。直到某一个体的行动伤害到他人，该个体拥有按照自己的意愿而不受他人干涉的自由——即使可能在他人看来，该个体的行为不符合其自身的最佳利益。这或许也是非指令性遗传咨询原则中的重要理论来源之一。密尔提出该原则主要出于对限制政府和社会规范对个体生活的干涉。这一原则为确立广泛的消极自由打下基础，这些消极自由要求政府和社会规范不得对其进行干涉。它也是自由主义和效用伦理的基础。然而密尔所提出的这一伤害原则因概念的模糊性而受到攻击。伤害的界定便是其中重要的问题之一，并引起众多学者的关注以试图去澄清这一概念。

---

① ［英］约翰·密尔：《论自由》，许宝骙译，商务印书馆 2005 年版。

② S. Collini（ed.），*J. S. Mil：On Liberty and Other Writings*，Cambridge：Cambridge University Press，1989.

③ 程树德、程俊英、蒋见元：《论语集释》，中华书局 2013 年版。

伤害与侵权

在这些尝试中，美国法哲学家菲恩伯格（Joel Feinberg）是其中最具影响力的代表之一，他将伤害（harming）与侵权（wronging）进行区分。[①] 菲恩伯格认为，伤害原则是两种对伤害理解的结合——一种是作为对利益造成折损的非规范性的伤害概念，另一种是作为道德错误的规范性伤害概念。就前一概念而言，他认为重要的利益是一个人福祉中可被明确区分的一部分，这些利益的折损将影响个人的福祉，因此它们会对个体造成伤害。检验某事是否构成此类伤害，就是看干预的发生与其不发生时是否使"情况变得更糟"。第二种规范性伤害的概念与其有着密切的关系，但也有所不同：当某人采取的不能得到辩护的行为破坏了他人权利时，我们称该个体侵犯了他人。在大多数情况下，侵犯他人的行为也会涉及对他人利益的破坏，因此也能够从非规范性角度称其为伤害。然而，也会存在一些情境，尽管道德上是错误的但却没有造成伤害，这就好像在有些情况下造成了伤害但在道德上并没有错误一样。在菲恩伯格看来，伤害原则的核心是两种对伤害解释的重叠："只有对利益的折损才被视为是错的，而这些折损利益的错误在某些时候被算作伤害。"

从菲恩伯格的观点来看，如果与健康相比，残疾或疾病使孩子的"情况变得更糟"，则可以将残疾或疾病视为对孩子个人福祉的折损。此外，如果当时存在对父母来讲可及的、可负担的干预措施，能够避免孩子的残疾或治疗其疾病，而父母拒绝采取这些干预措施的话，则会被视为是对孩子健康权利的破坏。因此，按照菲恩伯格对伤害的解释，父母决定生育一个有残疾或疾病的孩子将是对该后代的伤害。而这种伤害要求我们对父母的生殖自由进行干预。

但仔细审视这一推论我们至少能够发现一个问题，即在某些情况下人们难以界定残疾或疾病是否使"情况变得更糟"。例如前文所提到的聋人父母希望生育遗传性耳聋后代的案例，尽管耳聋在大多数人看来属于残疾并对孩子未来的发展和与有声社会的交流构成障碍，但一些耳聋父母却认为耳聋并非是残疾或疾病，反而是融入耳聋文化的重要条件。这当然也涉

---

① Feinberg J. , *Harm to Others*, Oxford：Oxford University Press, 1984.

及价值多元主义问题。尽管耳聋或其他残疾、疾病可能对未来孩子的发展或利益造成一定的折损，我们应当注意的是——政府、社会整体，以及包括父母在内的个人是否给予出生后的孩子足够的支持，包括向残疾人提供适当的社会福利、医疗保健，以及其他社会支持和社会包容，以协助他们实现自己所认为的最好的生活，无论是融入各种文化之中，还是过与先天具备正常机能的人相同的生活。当然，笔者与大多数人一样，认为如耳聋、失明或其他残疾对未来孩子的发展存在着或多或少的阻碍，但这并不能成为政府、社会和个人减少对残疾人福利和权利维护的努力的借口。因此，仅仅是残疾或疾病并不一定会使孩子的"情况变得更糟"，如果在适当的社会支持下，残疾或疾病可能并不是问题，也不必然会对孩子造成伤害。

被伤害的状态

菲恩伯格对伤害和侵权的区分，即将前者归为法律而后者归为道德的做法存在根本性的错误。哈里斯提出"被伤害的状态"（harmed condition）这一概念来解释伤害。他认为其合理性在于"被伤害就是被置于某种具有伤害性的状态之中"，即"伤害的状态就是个体以某种方式受到伤害（harm）或痛苦（suffering）"。因此，伤害某人就是对导致该个体处于伤害状态而负责。但哈里斯所提出的伤害概念的宽度或许过大。他认为"我们不应当使任何一个在将来可能会受到痛苦的生命出生到这个世界之上"[1]。然而，如果要明确何为伤害的状态，我们就必须对正常、平均或健康等概念进行分析，但这些分析却是难以达成共识的。

但是，哈里斯为我们提供了一个较低的伤害阈值，结合前文所述的"wrongful life"的论证，即使残疾的程度相对很低但其仍可被视为是某种伤害的状态，如果使孩子出生在这样的状态中就会被视为受到伤害。并且这种状态应当被视为是无法接受的，孩子伴有这类残疾或疾病应当不被生育，因为他或她出生是一种错误的出生，即与出生相比应当选择不让这样的孩子出生。此外这一论证还能够避免非同一性问题。因此，从哈里斯对

---

[1]　Glover J., *Choosing Children: Genes, Disability, and Design*, Oxford: Clarendon Press, 2006.

伤害原则的解读出发，根据不伤害原则，父母的生育自由应当受到限制，并且他们应当确保至少是健康孩子的出生。

哈里斯对伤害的界定及其对生殖自由的强调上存在着不少歧义，但有一点我们能够明确的是哈里斯对于伤害的此种界定是对其生殖自由的强调和维护，该自由被视为父母表达自身所持价值的不受约束的生殖决策。这就是说，如果父母能够给出合理的理由表明他们的生殖决策是自身所持价值和生活方式的体现，则他们应当可以自由选择是否生育一个有残疾的后代。例如耳聋者，他们并不认为耳聋是残疾，反而将耳聋视为某种特殊的文化，因此他们可能会认为生育并抚养一个伴有耳聋的后代体现了耳聋父母的生活方式和他们所持的价值。

虽然根据哈里斯的观点，通过降低所谓错误生命（wrongful life）的阈值能够避免非同一性问题，同时应用伤害原则来限制父母的生殖自由，来确保出生一个健康的孩子，但是这一方法仍旧存在着问题。首先，对于什么是值得活的生命或错误的生命仍存在着巨大争议。在哈里斯看来，"我们不应当使任何一个在将来可能会受到痛苦的生命出生到这个世界之上"①，但这一对伤害的描述太过宽泛。如果按照哈里斯的标准，有遗传性耳聋、患有亨廷顿舞蹈症、高血压或糖尿病的人都不应当被生育，因为这些都可能使个体遭受痛苦。此外，此种将"wrongful life"中伤害阈值降低的方式还会引起对残疾人的歧视问题，即所有可能给个体带来痛苦的残疾都不应当出现，而对于那些已经被生活在这个社会的人来讲，他们会认为这一原则是对他们自身价值的贬低。

其次，哈里斯对残疾的限定也过于严格。哈里斯主张对生殖自由的限制仅基于"真实的、现有的，而不是未来的和预测性的"严重伤害。②但是，生殖决策本身不仅影响作出该决定的个体，同时还对未来后代产生影响，即生殖决策的后果会影响到将来，而对孩子的伤害的发生也发生在将来。父母或外界的干预必然会在孩子出生前确定而不是在伤害真正发生时。因此，对于伤害的界定仅仅局限于"真实和现在"的伤害是有问题

---

① Harris J., *Wonderwoman and Superman*：*The Ethics of Human Biotechnology*, Oxford：Oxford University Press, 1992.

② Harris J., *Enhancing Evolution*：*The Ethical Case for Making Better People*, Princeton：Princeton University Press, 2007.

的，因为当伤害真正发生时任何补救和干预与事前的干预都将显得徒劳。

生殖有益原则

在对有关父母是否能够选择生育一个残疾孩子的问题上，英国著名生命伦理学家萨夫列斯库（Julian Savulescu）认为这里并不涉及伦理问题，因为"夫妇有权利与任何他们所希望的任何人进行生育"①。当我们将问题转移到父母对后代遗传特性的选择时，例如使用植入前遗传学诊断技术对胚胎进行筛选，萨夫列斯库论证道，生殖自由意味着父母应当自由作出有关他们自己的决定，除非他们的决定伤害到他人。然而，考虑到非同一性问题，则生育一个耳聋的孩子并不会对其造成伤害（因为如果不被生育的话他们本就不会存在于这个世上），也就是说父母应当被允许选择生育伴有耳聋的孩子，如果他们愿意的话。正如他所言："因为决定生一个残疾儿童的生殖选择不一定会对其造成伤害，选择生育残疾孩子而不是非残疾孩子的父母应当被允许作出这一选择。"但他还认为潜在的父母有义务去选择具有最佳未来的孩子，即"父母从他们可能拥有的孩子之中，选择那个最有可能拥有最好未来的一个"。他将其视为生殖决策的目标，以及为什么向父母提供产前遗传检测或父母主动寻求检测的根本原因。然而，父母是最可能作出此类决定的人，他认为"去发掘什么是最佳的未来，我们必须给予个体夫妇自由以使他们根据自己的价值去判断"。

这些观点提出了一系列有关义务的问题，以及这些义务与生殖自由的关系。当父母自己决定什么才是最好未来时，对于选择具有最好未来孩子的义务并不必然会否定父母选择出生一个残疾的后代。"最好未来"通常是依环境而定的，同时这也与作出选择的父母的价值观有关。例如一对深信耳聋文化的父母可能会认为一个耳聋的孩子要比其他孩子更具有好的未来，但一对不伴有耳聋的父母或认为耳聋有碍孩子未来发展的耳聋父母，则可能选择生育一个听力正常的孩子。然而，萨夫列斯库并不认为父母应当自由选择伴有残疾的孩子。他认为父母有义务"努力去生育一个不伴

---

① Savulescu J. , "Deaf Lesbians, 'Designer Disability', and the Future of Medicine", *British Medical Journal*, Vol. 325, No. 7367, 2002.

有残疾的孩子"（disability – free children），即尽管父母选择出生一个残疾后代的决定被允许，但这一选择在道德上是错误的。①对于萨夫列斯库而言，他接受有关非同一性问题的观点，因此他不能以生育一个残疾后代是对该后代的伤害为论证依据。那么他是否能够避免得出父母应当自由选择生育残疾后代这一结论？

父母有伦理上的义务去选择出生拥有最佳未来的孩子被称为生殖有益原则（procreative beneficence）。萨夫列斯库对其的解释是"基于当前可能获得的信息，夫妇（或个体）应当在他们可能拥有的孩子中（如胚胎筛选，或经历数次妊娠以获得不同遗传组成的胎儿）选择出拥有最佳生命（best life）的孩子，或至少与其他孩子同样好"。这一原则认为父母有理由使用可得的技术获取他们可选的胚胎（或孩子）的信息，这些信息可能会为他们对孩子的选择提供合理性辩护。从这一原则推出的一个结论便是父母有理由选择未携带致病基因（或携带较少致病基因）的胚胎。萨夫列斯库指出如果在胚胎选择时，一个胚胎携带有易引发哮喘的基因而另一个则没有，且两个胚胎均无其他疾病易感性的差异。由于哮喘会降低生命质量，父母便有理由选择那个不含哮喘易感性基因的胚胎。对萨夫列斯库而言，这一原则同样适用于对非疾病相关基因的胚胎选择，因为诸如智力等一些特征也会影响到生命的质量。但这并不意味着智力越高就拥有更好的生活或生命质量，而仅表明拥有一定水平的智力是一种理性的表现。

在此，对生殖有益原则的解释有三点需要被指出。首先，该原则基于后果论，选择最佳后代（best child）的义务的道德权重与进行胚胎选择的理由有着密切联系。萨夫列斯库认为"应当选择"仅仅意味着"有好的理由选择"。这也就是说，选择生育最佳孩子是某种伦理要求的，因为其符合理性；而作出其他选择则意味着是错误的，是不符合理性的。②但是，该原则并不能用于证明强制干预的合理性；至多，其允许人们劝说夫妇或个体选择某种决策。这涉及非指令性咨询问题，笔者将在随后的章节

① Savulescu J. , "Procreative Beneficence：Why We Should Select the Best Children", *Bioethics*, Vol. 15, No. 5—6, 2001.

② Sparrow R. , "Procreative Beneficence, Obligation, and Eugenics", *Life Sciences Society and Policy*, Vol. 3, No. 3, 2007.

中进行论述和分析。笔者认为，尽管无论从价值多元主义或价值一元主义出发，人们对什么是最佳未来或最佳后代有着不同的理解，但至少该原则对胚胎选择过程中的义务提供了某种支撑和理性。

这种对义务的支撑与该原则中要强调的第二点密切相关。生殖善行中具有争议的一点是其会与生殖自由发生冲突。生殖自由原则允许父母自由选择任何胚胎或后代，只要被选择的后代不受到伤害。也就是说，如果我们将生殖自由置于优先地位，父母在选择后代中便不存在任何义务，即选择权完全属于父母。但如果将生殖有益置于首位，将对父母的选择给予一定伦理约束。对于这一冲突萨夫列斯库的回应是：在最初形成生殖有益原则时，他便承认在个人生殖决策时该原则会与生殖自由发生冲突，但公共政策应当倾向于自由权利（生殖自由），而非通过强制手段使个体履行特定生殖责任。[1]他反对将生殖自由视为某种"绝对的"伦理原则，因为它对父母的选择毫无限制。尽管如此，生殖自由与生殖有益在法律层面上仍旧相容，父母应当能够拥有这样的法律权利，即"有权作出生育可预见和可避免的低于最佳后代的生殖选择"[2]。然而，生殖善行也"与对生殖自主性的法律约束相容，例如法律应当限制父母选择生育被认为是不值得活的后代"。

虽然萨夫列斯库对这两种原则的冲突进行了回应，但它们之中仍旧存在着张力。萨夫列斯库明确支持密尔对自由的诠释，认为父母应当自由追寻他们自身的价值，即使他们的一些行为可能并不被其他人所接受。正如我们所看到的，这意味着父母应当自由选择他们的后代，基于他们自身对何为最好生活的理解。我们同时也发现选择最佳胚胎或后代的伦理义务仅仅表示某人有好的理由去进行选择。密尔的自由概念对价值多元主义的承诺表示，父母可能有压倒性的理由去选择一个伴有可能会降低生命质量的后代。也就是说，父母可能有好的理由去选择一个伴有疾病或残疾的胎儿或后代，如耳聋。

确实，似乎有理由认为至少有些父母选择生育带有某些特征（如耳

---

① Savulescu J. , "Procreative Beneficence: Why We Should Select the Best Children", *Bioethics*, Vol. 15, No. 5—6, 2001.

② Savulescu J. , Kahane G. , "The Moral Obligation to Create Children with the Best Chance of the Best Life", *Bioethics*, Vol. 23, No. 5, 2009.

聋）的后代并未减少该后代的福祉"。事实上，他们可能认为如果一个听力健全的孩子出生在父母均为耳聋的家庭中，且两人都是耳聋社群（Deaf Community）的成员的话，这个孩子的生活可能会更糟而非更好，因为这将使孩子夹在两种文化之间，他可能即难以完全融入耳聋社群也无法融入听力健全的人群之中。[①]因此，他们可能会认为耳聋这一特征实际上将会增强个人的福祉，至少在耳聋社群中该特点被认为是一个必要条件。如果这是对的，那么就不存在生殖自由与生殖有益之间的矛盾。如果从这点出发，父母仅仅被要求根据他们所认为好的或价值观来进行生殖决策。鉴于此，选择一个伴有遗传性耳聋的胚胎或后代在道德上没有错误，即使直觉告诉我们这可能是不理性的。

　　但在萨夫列斯库看来，选择一个伴有残疾的孩子是错误的。他通过构建一个对残疾给予客观主义式的解释来进行论证。在对父母有意选择出生一个残疾后代的问题上，萨夫列斯库认为生殖有益原则意味着"父母有理由选择听力正常的孩子而非耳聋的孩子"，除非能够表明耳聋不被视为某种降低个人福祉的残疾。这一表述点出了萨夫列斯库论证中的核心。萨夫列斯库将残疾（disability）定义为将会"降低某一生命价值（value 或 goodness，内在意义上的残疾）和/或降低个体实现某一可能好的生活的机会（工具性意义上的残疾）"[②]。在他看来耳聋（Deafness，耳聋社群）未能通过这两者的检验。它通过限制个体听到这世界上的声音，以及"使个体更难生存、更难实现自己的目标、更难与有声世界中的人进行沟通来降低一个生命的福祉"。就这点而言，耳聋被视作某种降低个人福祉的客观的残疾。任何接受这一观点的人都难以有好的理由去选择出生一个耳聋的孩子；他们应当反对生育耳聋的孩子，否则将被认为在伦理上是错误的。此种对残疾的客观解释意味着没有人能够合理地选择出生一个伴有残疾的孩子，如耳聋，无论他们持有怎样的价值或理由试图去这样做。因此，父母应当避免后代的福祉受到任何降低，这意味着父母在道德上有义

---

① Davis L. J., *Enforcing normalcy: Disability, Deafness, and the Body*, Brooklyn: Verso, 1995.

② Savulescu J., "Procreative Beneficence: Reasons to not Have Disabled Children", In: Skene, Loane; Thompson, Janna, eds., *The Sorting Society: The Ethics of Genetic Screening and Therapy*, Cambridg: Cambridge University Press, 2008, pp. 51—67.

务生育一个健康的孩子。当然，这一论断仍旧涉及生殖自由中积极权利对政府和他人对个体的协助等问题，即通过确保医疗保健和相关技术的可及性确保个体能够实现生殖自由。这意味着，如果政府和社会无法使技术对个体可得和可负担，也就无法实现个体的生育愿望，更无从谈起个体有通过这些技术生育健康后代的义务。

尽管，萨夫列斯库的论证极具说服力，但仍旧存在一些漏洞。首先，与菲恩伯格一样，萨夫列斯库的论证中缺乏对伤害性质的界定。他认为残疾是"降低某一生命价值（value 或 goodness，内在意义上的残疾）和/或降低个体实现某一可能好的生活的机会（工具性意义上的残疾）"，但这一标准仍旧是模糊的。如耳聋父母希望生育遗传性耳聋后代的案例中，尽管在大多数人看来耳聋属于残疾，但这对父母可能深信耳聋是一种文化，并且从他们的亲身经历中认为耳聋者也能够拥有一个有意义的生活，体现个体的内在价值。此外，萨夫列斯库的论证也会引起来自残疾人权利保护者的谴责，他们会认为此种论证是对残疾人价值的贬低，是对残疾人的歧视。而这两点都是他未能明确解答的问题。

生育健康孩子的义务

当人类没有掌握足够的知识以前，我们只能通过自然的生育过程获得后代，人们无法通过诸如超声波检查、生化检测、基因检测、基因编辑等手段选择胎儿的出生或改变胎儿的遗传组成。我们只能通过有限的知识和手段确保后代的"健康"，如营养的摄入，服用"保胎药"或其他在当时被认为有效的方法，而这些干预在当时社会文化情境下，很可能被认为是某种义务的道德行为。但是随着医学的进步，尤其是遗传学知识的发展，更多的干预供人们选择，使得生育这一过去只能由自然决定（较少人工干预）的事情也逐渐被人类掌控，同时引发诸多伦理问题的出现。当不存在这些干预时，一个患儿的出生被认为是命运的安排（概率、自然、上帝），但当干预能够使生育健康后代成为可能时，父母是否有义务使用这些干预，即生育健康后代是否是一项义务的道德行为？如果父母负有一定义务的话，当该义务与父母的利益发生冲突时应如何作出决定？生育健康后代如果被视为义务的道德行为，是否意味着我们应当立法要求社会中的个体在进行生育决策时必须确保其目的是生育健康后代？

　　我们相信大多数人从直觉出发，都会认为潜在的父母有生育一个健康后代的义务，毕竟几乎所有人都会认为健康相对于疾病或残障是好的。父母有义务保护已出生的未成年子女，避免其遭受伤害，例如孩子 S 生病后应当得到及时救治。但这一针对未成年子女的义务必须以信息和干预的可及性为前提，如果基本医疗保险没有覆盖针对未成年人的必要的医疗支出，或医疗机构没有能力提供这些医疗干预，则我们不能将这一义务强加于父母之上。与父母对未成年子女负有责任类似，在生育这一问题上同样涉及潜在父母之外的第三者的利益，即胎儿或者说未来的孩子。为了保护后代免遭遗传疾病的伤害或减少疾病对其造成的伤害，夫妇需要考虑通过基因修饰等技术对胎儿进行治疗，或者通过人工流产阻止缺陷胎儿的出生。但后者涉及同一性问题，即被流产的患儿 D 与随后健康出生的孩子 H 不是同一个个体。在看病的例子中，对于孩子而言，父母有义务让他接受治疗，权利主体是 S，义务客体是父母。在涉及同一性的生育问题中，我们可能会说对于孩子而言，父母有义务确保他健康地出生，但对哪个孩子而言父母有义务？义务客体是明确的，但权利主体是谁？我们不能说对于 D，潜在父母有义务生下健康的 H。

　　如果是前者，即并非通过流产避免患儿的出生，而是通过医疗干预，如生殖系基因修饰的方法，在受精卵形成之前或之后对胎儿 E 进行基因治疗，以避免未来伤害的发生，则权利主体为 E，义务客体为潜在的父母。但这里还可能存在同一性问题，即通过基因修饰技术进行干预后的胎儿已经不再是 E，而是 N，因为基因组已经发生了改变，并且是否患有某些遗传疾病是塑造个体的重要因素之一。因此，为了避免同一性在理论上带来的挑战，当讨论父母是否有义务生育健康后代时，其权利主体可以是模糊的，即那个被选择出生的后代。

　　义务的接受和理解必须以个人的感知和知识为基础。因此，义务及其表现形式因不同文化中的价值差异而不同。如果我们以当下社会为背景，不同地区能够获得的产前遗传服务存在差异，费用并非由国家承担，且社会福利并不能让患有单基因遗传疾病的个人过上一个相对较好的生活。假设有三对夫妇 A、B、C，夫妇 A 为了生育一个健康后代，首先了解到很多单基因遗传疾病对后代的健康影响巨大，因此自费到医院和检测公司进行产前基因检测，以判断胎儿是否患有单基因遗传疾病，如果胎儿患病则选择流产并自费通过辅助生殖技术选择生育健康后代，如果没有则选择继续妊娠并使胎儿出生；B夫妇也希望生育健康后代，产检时也从医院的宣传册上获悉单基因遗传疾病的对孩子健康的影响，但由于无力承担基因检测和/或辅助生殖技术的高昂费用，只得选择"听天由命"，在不清楚胎儿是否患有单基因遗传疾病的前提下生育后代；C夫妇也希望生育一个健康的孩子，但他们只是通过当地医院的常规产检确保实现这一愿望，并没有通过网络、亲朋或医生了解更多的信息，虽然他们有能力承担基因检测和辅助生殖技术的费用。

对于B夫妇而言，虽然他们获得了部分有助于他们作出生殖决策的信息，但由于基因检测费用过高，对于他们而言不具有可负担性。而对于无法获得干预的夫妇而言，从道德上将生育健康后代的义务强加于他们，显然是不合理的。B夫妇或许可以通过借款或变卖物品来获得这些干预，但这些行为可能极大地降低了他们的生活质量，甚至是未来孩子的生活质量。这至多能被归为理想的道德行为（在这一情境下父母牺牲自身的巨大利益来增加后代的福祉），而非义务的道德行为，更应立法强迫类似B夫妇这样的个体如此行动。

对于C夫妇，人们或许认为他们没有尽全力寻找信息和干预，如果他们最终生育了患有单基因遗传病的孩子，他们自己应承担其后果，政府不应给予其额外的福利，甚至应给予其惩罚。如果我们认为这些"惩罚"是合理的，则必须首先回答"父母尽一切努力确保生育健康后代"是否是义务的道德行为，如果是，如何界定和判断"尽一切努力"？对于第一个问题，一些人认为父母有义务。因为生育涉及第三方，即胎儿，父母的决策必须考虑胎儿的利益。而作出理性决策的前提是获得足够的信息，父母应当尽可能地获得相关信息，以支撑自己的生殖决策。但是，在政府和社会没有使这些信息很好地可得、可及时，能否获得这些信息与个体的受教育程度、人际网络、所处地区的社会、经济和文化环境等因素相关，故不是每一对父母都能够获得这些信息和干预。对于第二个问题，如何判断个体做某事时是否"尽了一切努力"是十分困难的。可能的判断标准是，所有人做同样事情努力的平均值，例如在初始条件下，父母应当按照围产期保健的规定安排生活并按时进行产检。但是，与作出理性生殖决策所需要获得的信息类似，诸多因素影响着父母能否获得足够的信息，如个体的受教育程度、社会阅历、人际网络等，每个个体都不尽相同，如果用同一标准衡量所有人，显然有失公正，每个人的起点、所需投入的努力都不尽相同。这意味着个人心中的义务的道德行为，对他人而言可能是理想的道德行为。正如在义务的道德与理想的道德之间并不存在一条鲜明的界限一样，对父母是否尽全力确保生育健康后代这一标准的界定上也不存在客观指标。对于立法而言，法律不能强迫一个人做到他的才智允许的最好程度，即法律不要求人们依照理想的道德行为去行动。

但这并不意味着父母对于生育健康后代没有任何道德义务。这一义务可以被视为两类义务的总和，即在社会上已形成共识的义务与个体加于自身之上的义务。前者包括被人们普遍理解和接受的义务的道德行为，在生育健康后代这一问题上，包括当下这一具体时间内，被公众普遍认可的行动，如妊娠期间应注意生活习惯、药物的使用、定期产检等。当然，必须明确的是这一义务的道德行为必须以干预和信息的可及性为基础，如果政府不提供或没有使其可及，则我们不能称之为义务的道德行为。对于个体加于自身的义务，类似于前文案例中提到的 A 夫妇，他们将尽自己一切努力确保生育健康后代视为某种义务，而这种义务只针对他们自身，而不能将其转换为他人的义务，因为对于他人而言是不现实的，所要消耗的成本和获得的收益与 A 夫妇存在巨大差异。

正如富勒所言："我们无法强迫一个人过理性的生活，我们只能做到将较为严重和明显的投机和非理性表现排除出他的生活。我们可以创造出一种理性的人类生存状态所必需的条件，这些只是达致那一目标的必要条件，而不是充分条件。"①

为了尽可能减少因非理性对个体造成的伤害，社会和政府应当为尽可能多的人创造使理性决策成为可能的条件。在涉及生育后代这一问题上，应当包括作出理性生育决策所应当具备的信息，这需要通过国家政策甚至法规进行规定和约束，以确保相应干预的可得性、可及性和可负担性，其目的是确保个体生殖自由和后代的福祉，这也是随后章节我们要讨论的内容。当然，社会资源总是有限的，如何在生育与其他健康问题、教育、国

---

① ［美］富勒：《法律的道德性》，郑戈译，商务印书馆 2005 年版，第 12 页。

家安全等之间进行权衡，涉及资源的宏观分配这一重要问题，但这不是本书论述的重点。

对父母而言，只有在相关干预可得，且获得足够信息并理解的前提下，才可将生育健康后代归为义务的道德行为。但仅此一点还不足以将其写入法律，因为在生育这一特殊的情境下，这一义务的道德行为可能与其他义务或权利发生冲突，如自主性及对女性可能造成的伤害；此外，遗传疾病有轻重之分，风险因素有大小之分，父母有多大的义务避免将这些基因遗传给后代？父母是否有义务出于健康目的或非健康目的增强后代？如果在没有仔细地审视和解决这些问题而贸然立法，会破坏个体的自主性和社会公正，使优生学的阴暗面再次笼罩遗传学和整个社会。

在父母是否有义务生育健康后代的争论中，从价值多元论视角出发我们会得到不同启示。让我们通过一件在《纽约时报》刊登的案例来呈现。一位患有低磷酸盐佝偻症（X - linked hypophosphatemic rickets，XLH）的女士生育了两个患有同样疾病的孩子。XLH 是一种性染色体显性遗传疾病，患者所生育的后代中有 50% 的几率患该病。当医生建议其于再次生育期前进行遗传检测和遗传咨询时，她拒绝了。虽然她意识到通过检测和辅助生殖技术能够大大增加生育健康后代的概率，并且有利于个体、家庭和社会，但是对她而言这仍旧是个复杂的问题。她认为有某种严重的残疾可能会促进个人培养出某些品德，正如尼采所言："那些没有击败你的，将使你变得更强大。"这类似于小儿麻痹之于美国总统富兰克林·罗斯福，可能疾病本身对于塑造罗斯福的性格起了重要的作用，但即使如此这是否能够作为某个反对开发脊髓灰质炎疫苗的理由？喜剧演员、作家、剧作家常常认为他们会从自己糟糕的童年生活中获得启发。对他们克服逆境的钦佩并不意味着与社会在终止欺凌和避免儿童受虐待上的努力相矛盾。另一个原因是一些残疾人已经建立起具有支撑性和身份同一性的社群，他们认为自己虽然被外人看作是"不健全""残疾"，但他们所在的社群有着独特的文化，他们认为生育一个与他们具有相同特征的后代并没有错，无论是否有干预能够预测并避免这些孩子的出生。

《纽约时报》的票例表明，开发或使用某种治愈遗传疾病的手段并不意味着是件坏事，而仅仅在对于患者自身或家庭成员中有患者的情况下，答案或许并不如人们通常认为的那般简单。当然，对于个体和社会的潜在受益是真实的：对于个体和家庭而言会面临更少的挣扎和痛苦，尤其对于那些缺乏经济和社会支持的家庭。如果在中国当下的情境中讨论，这些问题会更加突出。

但这不会改变某种事实，即人类通常必须寻找某些方式让那些劣势变成优势或某种自豪感。XLH 并不会缩短个体的寿命，但其会使患者行走困难，并且相比大多数人而言遭受更多的疼痛。XLH 患者的外表也与常人不同，这也是为什么报道中的那位女士在孩提时渴望被治愈的主要原因，即她希望和其他人看起来一样。但她现在并不这样认为，她常常会想："如果我没有患上 XLH 我会是谁？我的孩子会是怎样的？"

对于基因编辑这一更有望治愈遗传疾病的技术，作家石黑一雄在《卫报》上的评论中写道："我们即将进入某一境遇，在那里我们曾经为了更好构建社会所作出的很多努力将看起来有些多余。在当前的社会中，我们认为就某种根本的形式上而言所有人类个体是平等的。我们已经接近某点，在某种程度上来说是客观的，在此我们能够创造出远高于其他人的人类。"

但是，什么是卓越的人？我们是否在急于创造这类人的过程中迷失了？我们不可能抛弃这些新技术，但我们应该如何确保个人和社会的福祉不会降低？如何确保社会公正？

随着基因编辑技术的发展和成熟，类似 XLH 这样的疾病在不久的将来将会被治愈，或许那时生育健康后代已经成为了道德义务，甚至是法律义务。但之后呢？我们如何应对人类个体间遗传上的差异（非疾病）？随着人类对遗传学的深入了解，人们一定不会停留在满足于免除遗传疾病这一点上，越来越多的人势必希望将这些技术用于非医学用途，包括机体各方面能力的增强，甚至长生不老。彼时，人们定会在基因组中进行划分，如同 20 世纪痴迷于优生学的人类一样，哪些是好的基因？哪些是坏的基因？而这种区分必将会带来以基因差异为基础的"人种"划分，破坏社会公正。

在此，伦理学和实践经验必须起到重要的引导作用，避免我们认为"荒谬"的预言成为现实。

遗传咨询中的非指令性原则

遗传咨询专业对患者或咨询者自主性的尊重要远远大于其他医学领域，尤其在强调自由主义的西方国家。但此类对自主性的强调也受到了来自遗传咨询实践中的挑战，尤其当父母坚持生育遗传学缺陷胎儿时，我们必须在生殖自由与未来孩子的利益之间进行权衡。而一些父母希望确保出生一个在常人看来有残疾的孩子时，这一冲突将更加明显。

在欧美等发达国家，遗传咨询中的非指令性原则要求咨询师仅向咨询者说明各种可供选择的干预的风险和受益，而不得过多干预个体的生殖决策。这还要求当咨询师尊重咨询者所作出的不希望了解胎儿是否有遗传性残疾的决定，或尊重他们决定不对受累胎儿流产的决定，即使是严重的遗传疾病或我们前文所提到的"wrongful life"的情况。这种对非指令性原则的解读和对个体生殖自由的过度尊重有其特殊的社会经济背景，如政府向残疾人及其家庭提供的经济补助和社会支持等，这使得出于该环境下的个体能够接受生育一个残疾孩子的生殖决策。西方社会中的许多专业规定和法律并未强调对未来孩子利益的考量，如美国遗传咨询师伦理法典对规定[1]：尊重咨询者的信仰、文化、倾向、境遇和感觉；让咨询者作出独立的知情同意，通过提供或列举可能的事实以及澄清可能的选择和它们的结果。

此外，考虑到不同遗传咨询师之间也存在着经验和能力上的差距，这些都促进了医学遗传学家、咨询师等更看重患者或咨询者的自主性。可能的原因还包括：避免将自己与那些备受质疑的优生学运动联系到一起；[2]在欧美等国，咨询师不希望被贴上"替人非法堕胎"（abortionist）的标签；对于遗传疾病有效的治疗并不多；[3]意识到生殖决策带有强烈的隐私

---

[1]   "New Zealand Nurses Organisation", *Code of Ethics*, 2010.

[2]   Sorenson J. R. , *Genetic Counseling: Values that Have Mattered*, in Bartels. DM, Leroy BS, Caplan AL, *Prescribing our Future: Ethical Challenges in Genetic Counseling*, London: Routledge, 1993, p. 161.

[3]   Bosk C. , *Workplace Ideology*, in Bartels. DM, Leroy BS, Caplan AL, *Prescribing our future: Ethical Challenges in Genetic Counseling*, London: Routledge, 1993, pp. 27—28.

性；生殖决定将对整个家庭带来巨大影响。①正如有些咨询师所说的那样：
"他们会带孩子回家，而不是我，因为这是他们的孩子。"②这些无不体现
了遗传咨询中非指令原则为何被如此看重的原因。

　　然而，我国的情境与西方发达国家存在差异。首先我国目前在残疾人
福利和社会支持上的水平与发达国家相距甚远，这意味着一对父母生育残
疾后代难以确保孩子的健康和福利，尤其在贫困地区，残疾儿童的降生对
家庭整体福利的影响将更为深远。此外，父母选择出生残疾后代还破坏了
孩子"开放未来的权利"（a right to open future）。

　　"开放未来的权利"最早由菲恩伯格提出。③他首先将权利分为四类：
第一，成人和孩子都拥有的权利（如不被杀死的权利）；第二，只有孩子
才有的权利（或像孩子一样不具备完全行为能力者）。这些依赖性权利，
源于他人向孩子提供基本生活的依赖性，如食物、住所和保护；第三，只
有承认才能够形成的权利（或只是当孩子接近于成人的判断能力时），如
信仰自由权利；第四，菲恩伯格称为"被托管的权利"，"这些权利是为
孩子保存直到他们成人为止"④。这些权利能够被成人所破坏，通过切断
孩子到达成年后的可能性。美国生命伦理学家德纳·戴维斯（Dena
S. Davis）曾以生殖权进行说明，她认为一个年幼的孩子不可能在物理上
行使这一权利（指他们生殖器官未发育成熟前）。但是显然，当他们到达
成年时便拥有这一权利。因此，年幼的孩子有不被绝育的权利，只有这样
孩子才能够在未来行使其生殖权。菲恩伯格认为最后一类权利并不少，几
乎包含所有成人所拥有的权利，但是必须在孩子成年之前给予足够保护。
而最后这一类权利的集合便被称为"the child's right to an open future"。

　　当然，父母难免会有意无意地对孩子造成影响，这是父母养育孩子过
程中的自由，但这一自由也存在一定限度，不能伤害到孩子现有的权利以

①　Barrels D. M., *Preface*, in Bartels. DM, Leroy BS, Caplan AL, *Prescribing our Future：Ethical Challenges in Genetic Counseling*, London：Routledge, 1993, pp. ix–xiii.

②　Rothman B. K., *The Tentative Pregnancy：Prenatal Diagnosis and the Future of Motherhood*, New York：Viking, 1986.

③　Feinberg J., *Harm to Others*, Oxford：Oxford University Press, 1984.

④　Davis D. S., "Genetic Dilemmas and the Child's Right to an Open Future", *Hastings Center Report*, Vol. 27, No. 2, 1997.

及成年后可能拥有的权利。因此，对于未出生的孩子，即使我们不能说孩子不存在就不可能赋予其权利，但是如果孩子已经出生，我们再去谈论权利问题已经为时过晚。这类似于在世的孩子，如果我们认为在其能够行使生育权利之前对其进行绝育没有破坏他的权利，因为孩子还没有能力行使该权利，那当孩子到达一定年龄后理应具备该权利时，却于事无补。

对于遗传咨询而言，无论父母有意生育一个有残疾的后代，还是自然孕育一个有严重遗传疾病的孩子，遗传咨询师在向咨询者提供所有可供选项的风险和收益之外，应当表明大多数人的价值判断。其目的不是对个体生殖自由的质疑，而是出于对孩子开放未来权利，以及不伤害原则的考虑。尊重个体自主性并不是对于理性的尊重，如果个体仅仅作出与自己有关的决定且不会使他人受到伤害，且个体掌握并理解足以作出理性判断的信息时，我们有理由将自主性原则放到第一位，尊重个体的决定，即使这一决定可能在他人看来是不理性的或并非能够使个体利益最大化的。但是，当这一判断涉及他人——孩子，非指令性原则这一将个体生殖自由放在第一位的原则就面临巨大的挑战。因此从孩子开放未来的权利和不伤害原则出发，在产前遗传咨询中并非在所有情况下都要遵循非指令性咨询，我们更不能将西方发达国家遗传咨询中的非指令性原则直接移植到我国的遗传咨询中。我们应根据我国具体的社会经济现状去审视非指令性原则，这并不是对该原则的否定，而是表明原则的应用必须依境遇而定。

在遗传咨询中，我们关注的重点不是理想的道德，而是义务的道德。将个人眼中的"义务的道德"强加至他人之上，是对个体自主性的破坏。但并不意味着只要存在影响个体自主判断的因素，我们就应将其排除。实际上这也是不可能做到的，在日常生活中我们不能排除所有影响个体自主性的因素，更何况在遗传咨询这一专业领域，遗传咨询师和寻求咨询的夫妇之间存在巨大的信息不对称。当然，这并不意味着社会允许前者强迫后者作出违背自己意愿的决策，即使遗传咨询师认为他提出的是一个理性的决策。尽管我们不能强迫一个人作出理性决策，但我们应当将较为严重且明显的非理性活动排除出个体的生活。这要求我们以维护后代或/和夫妇的利益为基础，指出夫妇作出的明显的非理性决策，而这一决策会对他们自己或/和后代造成严重的福祉上的折损。这将打破非指令性咨询这一原则，但此类行动可以得到伦理学辩护，其前提是：遗传咨询师将作出理性判断所需要的信息告知夫妇，并使用后者能够理解的语言进行解释，尽力使后者能够理解这些信息；遗传咨询师确定如果夫妇选择某一生育选项 A 会对他们自身或/和后代的福祉造成巨大折损；夫妇在获得信息后坚持选择 A。只有在此种情况下，遗传咨询师方可打破非指令性咨询的原则，再次强调选项 A 的风险外，强烈建议夫妇选择其他生育选项。

非指令性遗传咨询或前文提到的生育健康后代的道德义务，必须建立在相关信息和生殖遗传学技术的可及性之上，且应确保这些干预的分配公正。因假设个体无法获得相关的遗传信息、遗传技术，我们便无从谈论这一道德义务和遗传咨询。这涉及社会公正问题，特别是遗传干预的分配公正问题。在随后的章节中我们将对优生学和生殖遗传学技术应用中的分配公正问题进行分析和讨论。

小结

虽然通过对有关伤害原则的分析我们能够推出父母在道德上有义务来选择出生一个健康的后代，但是与我们对生殖自由的讨论类似，这一限制是有限度的。我们必须在尊重个体的生殖自由与不伤害原则之间进行权衡，并且这一权衡并非是永恒不变的，而是随着情境的变化而改变。因此我们需要根据不同的情境进行具体分析。首先，并不是所有伤害的界定都是完全没有争议的。在一些残疾人的认识中，耳聋不是伤害，且耳聋也不应当被归为残疾。还有些人强调耳聋人群的特殊文化，如丰富的肢体语言（手语），提议将耳聋人群视为具有不同能力者。其次，大多数残疾或疾病会对个人的发展造成或多或少的阻碍。例如，通常人类的视觉是一种实现人生规划和一些目标的重要手段。几乎没有人认为失去视觉不是一种伤害，也几乎没有人认为视觉对于个体实现人生计划是有益的。当然，这并不是否定那些失去视觉的人无法实现自身认为有价值的人生计划，他们可以通过其他手段实现或改变人生规划。但是缺乏如视觉这样的功能，至少会显著减少可能的人生计划的范围，使个体的人生计划更难以被实现。

总之，至少在某些情况下对生殖自由进行限制是能够得到合理性辩护的。但这种限制仅仅局限于父母的道德义务之上，而不能用于论证国家对个体自由的强制干预。这里所指的强制，包含强制绝育、禁止生育或通过其他类似手段对生殖自由的破坏。虽然国家制定此类法规的初衷可能是好的，即确保未来孩子的健康，但这些干预同时会对个体（尤其是妇女）造成身体和/或心理上的伤害，或剥夺个体的婚姻自由。这些是我们不愿意看到的，也是难以获得伦理学辩护的，甚至在某些情况下是有违科学的。除此之外，虽然个体有确保未来孩子健康的道德义务，但是这一义务必须建立在受益和负担的公正分配之上。因为如果个体无法获得相关的遗传信息、遗传技术等履行义务的必备条件，我们无从谈论个体的这一道德义务。

如果说生育一个健康的孩子是一个合理的愿望，甚至如前文所论证的那样是父母的道德义务的话，那么实现这些愿望和义务存在着一些前提条件。首先是当下存在安全有效的干预手段以实现这些目的。如通过产前遗传检测和选择性流产，或使用辅助生殖技术对胚胎进行遗传检测并在可供选择的胚胎中选出相对健康者植入子宫。随着遗传学的进一步发展，人们或许可以在未来通过基因工程技术进行生殖细胞系的基因治疗甚至是增强，以确保健康后代的出生。当然对于这些技术我们也必须确保其安全性和有效性。其次，当存在这些安全有效的技术后，我们还必须考虑它们的可得性、可及性、可接受性等问题，即分配公正问题。这也就是说，当父母在道德上有义务生育一个健康后代时，社会应当确保父母能够获得这些干预以实现这一道德义务。

但是，一些人可能会认为政府、社会没有责任向个体提供这些干预，个人应当根据自己的价值取向来获取这些信息和干预，如主动向医疗机构询问有关产前遗传检测、胚胎选择技术和 PGD 等各类干预手段。政府不应当对人们是否使用这些技术存在任何干预，否则会再次走向邪恶的优生学。但笔者认为这些生殖遗传学技术的应用不仅影响到潜在父母的福祉，同时也会对未来孩子的健康产生巨大影响。各种原因导致的父母无法获知遗传干预的信息，或无法承担干预费用等，都将是对未来的孩子和父母的不公正的对待。因此我们不能将这些干预完全交由市场和个体的自主性去做决断，而必须考虑其中的公正问题。此外，不伤害原则能否为政府干预个体生育自由提供辩护，以确保未来后代的健康？下文将对这些问题进行论述。

健康权与遗传干预

在讨论有关公正问题前，笔者将对一些重要概念进行定义。如前文所述，本书仍将使用丹尼尔对健康的定义：健康是物种的正常生物机能。而疾病则是正常物种机能的偏倚。[①]当涉及生殖问题时，在丹尼尔斯看来不孕不育应被视为疾病，而非治疗性流产不包含在"疾病或功能失常所需要的医学治疗之中"。健康需要（health needs）是我们在整个生命周期中维持人类的正常生物机能所需要的事物。因此，如美容手术这样的"医疗干预"并不算作健康需求，因为其与人类正常机能无关，也没有人会认为某种状态被称为疾病仅仅在于该个体不需要或厌恶它。[②]

下面，笔者将首先论述健康的重要性，随后根据托平（James Tobin）的"特殊平等论"[③]、罗尔斯的"公平的机会平等"原则[④]及丹尼尔斯提出的"健康权"（right to health care）来论证医疗卫生公正的重要性，并以此讨论生殖遗传学技术的分配公正问题。

健康的重要性

健康是每一个体所希望拥有和追求的东西，健康是其他一切政治活动、经济活动、人生目标、人生计划、人类幸福的基础，而医疗卫生又是确保健康的重要因素之一。每一个有过患病经历的人或伴有残疾的人都能够感受健康对其生活的重要性，无论是接受教育、工作或参与政治活动等等。如患有遗传性耳聋的人失去听力，无法欣赏音乐，也难以成为音乐家。当然，笔者并不认为只有欣赏音乐或成为音乐家才使得人生具有价值，耳聋者同样能够通过其他途径实现自己的人们规划、人生目标或体现

---

① Daniels N., *Just Health: Meeting Health Needs Fairly*, Cambridge: Cambridge University Press, 2008.

② Sabin J. E., Daniels N., "Determining 'Medical Necessity' in Mental Health Practice", *Hastings Center Report*, Vol. 24, No. 6, 1994.

③ Tobin J., "On Limiting the Domain of Inequality", *Journal of Law and Economics*, Vol. 13, No. 2, 1970.

④ Rawls J., *A Theory of Justice*, Cambridge: Harvard University Press, 2009.

自身的价值。然而，健康也是人们总体福祉的基础（或更直接地说是对他们生活质量的影响）。换句话而言，对于使用社会中可及的机会而言健康是其核心。对于生殖遗传学技术而言，其不但涉及父母的健康，更重要的是它们还涉及未来孩子的健康。

与收入上的不平等相比，人们应当反对或较少地容忍健康上的不平等。[①]将健康视为某种特殊品（specific good）在于它既包含内在价值也包含工具价值。[②]另一方面，收入仅仅具有工具价值。健康之所以被绝大对数人认为如此重要，是因为它对个人的福祉及其作为行动者的机能十分重要。

在现实中，存在着一些经济学上的原因让我们愿意接受某些收入上的不平等。经济学家通常会主张我们需要通过收入刺激来激发个人努力、培养技能和进取心等。在他们看来，这些激励或回报上的不同对于增加社会整体的收入有着巨大作用。因此社会整体经济水平或生活水平的提升能够用来弥补或权衡收入上的不平等，也就是说我们必须容忍收入上的不平等以使其为提升"效率"提供恰当的刺激。此外，个体间在努力、技能、雄心等上的差异常被视为一些人收入要高于他人的合理和公平的理由。

但是这一论证似乎不应当应用到健康之上。存在于健康中的不平等不会直接地向人们提供类似的激励，并从社会整体上提升他们的健康。对于财富而言，人们可以不断累积且几乎没有上限，但对于一个健康的人来讲如何直接提升其健康？即使我们通过论证认为其可以通过财富来保证个体在未来较长时间内处于健康状态，但这总还是有限度的，即健康本身。因此，似乎不存在类似于经济激励的理由来让人们接受健康的不平等（这里的平等包含先天和后天），除了那些可能从可被容忍的收入不平等之中衍生而来的健康不平等。

我们可以通过诺贝尔经济学奖获得者托平提出的"特殊平等论"[③]来调和我们接受经济不平等的意愿。他认为某些特殊品，如健康和生存基本品的分配的不平等应当低于对人们支付能力的不平等。这可能也是为什么

---

① Sen A. , "Why Health Equity?", *Health Economics*, Vol. 11, No. 8, 2002.

② Anand S. , "The Concern for Equity in Health", *Journal of Epidemiology and Community Health*, Vol. 56, No. 7, 2002.

③ 邱仁宗：《实现医疗公平路径的伦理考量》，《健康报》2014 年 4 月 18 日。

不少学者会关注健康中社会经济的梯度问题。相比于在衣物、家具、车辆上的不平等，在健康、营养和医疗卫生中的不平等更容易让我们感到被冒犯。我们应当让健康和生存必需品远离那些经济激励政策，而对于那些非基本的奢侈品，我们应该鼓励或至少不去阻止人们去努力、去竞争。换言之，对于像健康这样重要的特殊品而言分配的不平等程度应当小于对一般收入的分配，或者更精确地讲小于市场分配所造成的不平等的收入分配。

为什么要消除健康的不平等

特殊平等论在健康领域的论证基于一个前提，即健康是特殊品。在公共经济学中有一个相关的概念——有益品，它们的分配应当不由人们的收入决定，它是公共品的一种，例如教育、疫苗。

有益品（Merit Goods）理论最初是由美国经济学家默斯格雷夫（Richard Abel Musgrave）在 1957 年的《预算决定的多重理论》（*A Multiple Theory of Budget Determination*）中提出来的。他将有益品定义为"通过制定干预个人偏好的政策而提高生产的物品"，这意味着有益品主要是由国家提供的。默斯格雷夫举例说，有时候，人们宁愿购买第二辆汽车和第三个冰箱，也不愿意让其孩子接受足够的教育。相对有益品而言，有害品（demerit goods）是那些政府为了降低消费而征税或禁止的物品，例如烟、酒和毒品。

从古至今都有人将健康视为特殊品。在公元前 5 世纪古希腊哲学家们便认为：没有健康一切皆无，无论金钱或任何其他事物。哲学家笛卡儿将健康视为人类最重要的幸福，并在其《谈谈方法》一书中说道："我们可以指望的，不仅是数不清的技术，使我们毫不费力地享受地球上的各种矿产、各种便利，最主要的是保护健康。健康当然是人生最重要的一种幸福，也是其他一切幸福的基础，因为人的精神在很大程度上是取决于身体器官的气质和状况。"[①]

从中我们不难看出，健康之所以重要的原因在于：（1）它是个体福祉的构成要素；（2）它是个体作为行动者来行动的前提，即追求那些在其生命中他有理由重视的各种目标和规划的前提。这一观点将健康的概念视为

① ［法］笛卡儿：《谈谈方法》，王太庆译，商务印书馆 2000 年版。

某种"正常机能"，而不是将其建立在以效用论为基础的福利概念之上，或其他后果论之上，如使个体增加他自身的"人力资本"以及"收入"。这就是说疾病会缩小人类能动性的范围。按照森的话来讲，健康有助于个体实践其所认为重要的生活方式的基本能力。①如果我们以此种方式审视健康，则健康的不平等构成了人们行动能力的不平等，和他们"积极自由"上的不平等。②这种不平等是对"机会平等"（equality of opportunity）的破坏，作为对健康的损害其限制了人们能够做什么或成为什么的范围。在丹尼尔斯所著的 *Just Health Care* 中，他将公平的机会平等原则扩展到对医疗卫生的公平获取上。然而，机会平等直接依赖某一个体所实际拥有的自由或个体实现可供选择的生活和行动的能力③，且这些自由或能力中大部分极度依赖个体的健康。丹尼尔斯提出人拥有医疗卫生的权利，认为疾病是阻碍个体获得机会平等的重要因素之一，即使在机会向所有能者开放的前提下，并消除家庭、阶级等在财富上的不平等，个体仍旧无法获得真正的公平。④医疗卫生的目的就是确保个体的健康，使其恢复人类的正常功能，在其他条件不变的情况下，让每一个体都能成为正常的竞争者。此外，对于实现任何人生目标、幸福、福祉，以及做任何事情的前提至少都基于一点，即我们活着。此外，美国经济学家、诺贝尔奖奖金获得者森（Amartya Sen）和美国女性主义伦理学家纳斯鲍姆（Martha Nussbaum）从能力进路而非机会进路进行论证，但其在语言上的不同要远大于概念上的差别。获得福利或优势的机会的原则也要求我们保护某一特定范围的机会，尽管他们与罗尔斯在有关什么应当包含在这一范围之内持有不同观点。但是，他们的论证同样支持某种对健康需求给予保护的责任。因此，如果我们将罗尔斯的"公平的机会平等"原则应用到基本能力范畴，则

---

① Sen A. , *Commodities and Capabilities*, Oxford：Oxford University Press, 1999.

② Berlin I. , Philosopher S. , et al. , *Four essays on liberty*, Oxford：Oxford University Press, 1969.

③ Sen A. , *The Standard of Living*, *The Tanner Lectures on human values.* Cambridge：Clare Hall, 1985.

④ Daniels N. , *Just Health：Meeting Health Needs Fairly*, Cambridge：Cambridge University Press, 2008.

公正要求我们消除或减少健康的不平等。①

谁与谁之间的不平等

有关健康不平等的大量实证研究关注于不同社会—经济群体，通常通过职业、教育或收入进行分组。对不同社会—经济群体之间进行平均寿命、死亡率和发病率的分析极具价值。通过群组的分类有助于解释它们是如何产生的。作为理解影响人群健康的重要因素的工具，分类范畴应当扩展到不仅仅包括社会—经济状态，而且也包含种族、性别和地理位置。对于不少发展中国家，除社会—经济状态以外的这些因素对于鉴别群体内不平等起到重要的作用。如在我国，地区差异便是一个极为重要的研究分类标准，如农村与城市地区的对比，东部与西部地区的对比，等等。这也是国家在制定有关生殖遗传学技术的分配政策时应当考虑的。

在有关组间健康不平等的研究中，其重要性至少有两点。第一，组间研究能够使我们甄别出那些疾病风险高或因疾病而遭受严重痛苦的组别。公共政策和公共卫生政策可能因此能够直接对其实施干预以有效提升他们的健康；第二，它让我们揭示那些我们认为极为不公正的健康不平等。也就是说我们对健康在特定组间的不平等更加关注或难以容忍，如种族或性别不平等；此外，与个体间健康的不平等相比我们更关注社会—经济中的健康不平等。

群体不平等引发我们对其来源于社会而非自然因素（如遗传）的关注，而至少对于前者我们能够通过公共干预进行避免。当然，在基因治疗成熟时自然的不平等也能够通过后天干预进行修正。然而，通过相关变量对健康不平等的分层通常会解释某种不利的组合，即确定低社会—经济状态和不健康之间存在关联。这些不平等通常比随机分组中的健康不平等更难以接受。在确定不公平或不公正时，我们必须考虑这些我们最为反对或厌恶的健康的不平等。

---

① Daniels N., Kennedy B., Kawachi I., "Health and Inequality, or, Why Justice is Good for Our Health", *in Anand Sudhir*, *Peter Fabienne*, *Sen Amartya*, *eds.*, *Public Health*, *Ethics*, *and Equity*, *New York*: *Oxford University Press*, 2004, pp. 63—91.

实现医疗卫生公正分配的重要原则

对于解决由社会—经济状态、地域上不平等所导致的健康不平等，最为重要的原则就是罗尔斯所提出的差等公正原则。罗尔斯在其《正义论》（*A Theory of Justice*）中提出：

社会的与经济的不平等应该这样安排，使它们（a）依系于在机会公平平等的条件下，职务和地位向所有人开放，（b）在与正义的储存原则一致的情况下，适合最少受惠者的最大利益。①

由于每一个体先天存在着不平等，如家庭的财富、社会环境、出生时的健康状况等，并且这些因素与出生个体的努力无关，对其自身而言属不可控因素，也称为自然彩票（nature lottery）。然而，这些因素或多或少都会对个体未来获取机会平等造成影响。首先，罗尔斯区分了两种不同的机会平等：形式的机会平等（formal equality of opportunity）和公平的机会平等（fair equality of opportunity）。形式的机会平等是指：当职位对所有人开放而不只是对根据不合理标准所划定的特定人群开放时，所有人不受限制，也不论条件，都有机会发挥自己的天赋和能力，追求自己认为具有价值目标和职位。这也是市场竞争中经常使用的机会平等概念。

可是罗尔斯认为形式上的机会平等（即机会向所有能者开放）并未能确保任何拥有同等天赋才能的人都能够获得公平的机会来取得这些职位。原因在于个体才能的发挥不仅仅取决于天赋和个人努力，其还与教育相关。如果个体出生在贫困家庭，父母难以提供其受到良好教育的财力，且政府也没有相应政策来弥补这一问题，即使个体拥有过人的天赋也难以发挥出其应有的才能。因此，要想使有天赋才能的人拥有真正公平的平等的竞争机会，社会就必须向所有公民（特别是那些弱势群体）免费或以较低的价格提供良好的教育，以此来消除家庭、阶级等对个人发展的影响。虽然罗尔斯并未将健康包含在内，但是如前文所述，健康对于实现公平的机会平等与教育同样重要，因此需要通过社会向那些处于疾病状态的人提供有效干预，即充足的医疗卫生，以使其恢复健康。此外，与教育类似的是，政府和社会对健康的关注和投入将有利于社会整体的生产力提

---

① Rawls J. , *A Theory of Justice*，Cambridge：Harvard University Press，2009.

升，有助于公信力的提升，而这些又可以反作用于医疗行业的发展和公正健康福祉的提升。

然而，社会资源总是有限的，确保所有人获得机会的平等是难以实现的。但罗尔斯提出的差等公正原则为我们指明了方向。根据这一原则，我们应当首先关注那些处境最差的个体或人群，如健康状况最差者，因为这一状态使其处于获取机会平等最不利的地位或对个人发展的限制最大。当我们谈论疾病时总会提到不同疾病之间的严重程度，以及同一疾病的良恶，这些病种间或病种内的差异虽然难以用数字量化，但也是真实存在的，能够被我们所感受的。如果按照之前对健康和疾病的定义来讲，就是个体偏离正常人类机能的程度大小。然而这些差异并不仅仅存在于疾病本身，而且还会根据疾病的严重程度影响个体的生活和发展。在其他条件相同的情况下，一个患呼吸道感染的人与一个患有晚期肺癌的人，疾病对其身体机能的影响，以及对其生活的影响显然是不同的，后者显然要大于前者。例如，在其他条件相同的情况下，一个聋人与一个患呼吸道感染的人相比，前者比后者偏离的程度要大，因为前者彻底失去了一个与世界互动的维度，对于获取机会平等（如成为音乐家或成为调音师）的阻碍也更大，或者称其更大地损害了个体实践其所认为的重要生活方式的基本能力。因此，在医疗资源有限的情况下，对于那些人群中健康状况更差的个体，社会应当考虑给予他们更多的考量。

生殖健康中的分配公正

从上文的论证中我们了解到健康对于每一个体的重要性，它是个体获得公平的机会平等的必要条件之一，也是个体自由发展的重要基础，因此健康中的不平等被视为不公正。因此，作为确保健康和促进健康的医疗卫生而言，每一个体都应当有权利获得基本的医疗保健服务，以确保个体在社会中的机会平等和自由发展。

在医学遗传学中，通过婚前遗传检测、PGD、线粒体转移和基因编辑等多种手段来确保一个健康孩子的出生。作为医疗卫生的一部分，这些生殖遗传学技术同样会对夫妇个体以及未来孩子获得公平的机会平等产生巨大影响，如何公正分配这些干预将是本节所要重点讨论的内容。

生殖遗传学技术对个体健康的重要性

如前所述，健康是确保个体获得"公平的机会平等"或有助于个体实践其所认为的重要生活方式的基本能力。社会在提高机会平等上不断努力，如提供义务教育和社会保险等。由于医疗卫生是确保健康的重要因素，国家和社会应当尽力确保个人获得足够的基本医疗卫生服务，以促进个体获得公正的机会平等。生殖遗传学干预是否应当包含在内？我认为至少可以从两点对其进行论证。

避免孩子处于不利的状态

一个孩子出生时所携带的遗传物质在很大程度上影响着其现在和未来的健康。无论是仅有遗传因素决定的单基因遗传病，还是由环境和遗传共同作用的多基因遗传病，它们都或多或少地影响着孩子的健康。如患遗传性耳聋的孩子，出生后便失去与世界交流的某一维度，而与其他人深入地沟通也需要克服巨大的障碍。患血友病的孩子，不但需要终身治疗，且无时无刻都要避免各种剧烈运动和碰撞等任何可能导致出血的行为，这在很大程度上限制了他可能选择的生活方式的范围。而这些遗传性疾病也都是某种偏离人类正常机能的状态。因此，为了确保孩子出生后机会的平等，确保他们出生时的健康是必要的。

但就目前生殖遗传学技术而言，还做不到对特定胎儿进行干预以避免或治疗其所患疾病，并且在使用时还会面临非同一性问题。即如果胎儿 A 患有遗传疾病并被流产，随后夫妇生育出健康的 B，我们不能说通过产前遗传检测和选择性流产避免了伤害的发生，因为孩子本就没有出生，更不能称对 A 或 B 进行了治疗。但是，体细胞基因治疗已经在临床上有所应用，生殖细胞系的基因治疗或许只是时间问题，当后者成为现实时，我们便能够做到对特定胎儿的治疗和预防，同时在一定程度上规避同一性问题。

这些生殖遗传学技术对个体的健康有着巨大的影响，这些遗传干预分配上的不平等将导致健康的不平等，而这种不平等是不公正的。生殖的结果不仅对潜在父母双方的健康产生影响，同时更重要的是对未来孩子健康的影响。如潜在父母的胎儿患有地中海贫血（以下简称"地贫"），如果传统产前诊断技术或新兴的 NIPT 技术对这对父母不可得，他们难以在孩子出生前获知孩子是否患有此疾病，他们也难以在是否生育一个患有地贫的孩子的问题上作出判断。对于患有地贫的孩子，相对于健康孩子而言，他将难以获得罗尔斯所言的"机会平等"，而其自由发展的范围也会被缩小，这些都将构成了对孩子的伤害。当然，这并不是否定患有地贫的孩子的价值或认为他们未来不会有好的生活或无法实现他的人生目标。此处还涉及非同一性问题：即使潜在父母 F 和 M 在患有地贫的孩子 A 出生前将其流产，并随后生育出健康的孩子 B，对于从出生的 A 来讲不存在其健康受到伤害这一说法。尽管非同一性问题并不能成为人们放弃进行遗传筛查和流产的充分理由，但我们仍旧可以论证解决非同一性问题：如果将 A、B 两者视作一个整体来讲，生殖遗传学技术对于确保这一整体的健康是极为重要的。A 没有出生，因此 A 无所谓健康与否，但健康孩子 B 的出生是通过 PGD 及辅助生殖技术获得的，如果将两者叠加视为一个整体，我们能够推出这些技术确保了孩子的健康。与此相反，如果夫妇没有通过干预而受孕产生患有地贫的 C（有关地贫的信息对他们不可得，或他们负担不起产前遗传检测的费用），会有两种结局：将 C 流产或将 C 生育下来。对于前者，A 和 C 相加仍旧是无，而后一种选择的结果其整体利益可能为负值。

对父母利益的影响

对于父母而言，出生一个患有严重遗传疾病的孩子会对他们的生活产生巨大影响。在不考虑疾病本身对孩子造成伤害的前提下，如果个体生活在社会福利较高的国家，优质的医疗卫生保障和社会支持系统足以使患严重遗传疾病的患者过上较好的生活。但即使在此类社会，相比于生育一个健康的孩子而言，生育患有严重遗传疾病的孩子会对父母的利益造成极大影响：父母需要花费更多的精力去照料自己的孩子，虽然这是父母的义务也是父母们心甘情愿去做的，但不可否认的是这可以构成对父母利益的折损。

如果个体所在的社会难以提供好的医疗卫生服务和社会支持，如我国的一些贫困地区或发达地区的贫困人群。整体而言，这些地区与发达地区相比缺乏对严重出生缺陷儿童的医疗卫生服务和社会支持，使得孩子出生后的一切照料和开销几乎全部由父母来承担。与生育健康的孩子相比，他们不但要花费更多的时间在照料孩子上，并且需要花费更多的资金用于孩子的治疗、护理，或其他日常生活之上。此外，如果父母本身并不富裕甚至处于贫困状态，则情况会更糟，不但孩子的生活质量难以保障，而且父母的生活质量也会受到不小的折损。

　　成本受益分析

　　成本受益分析是公共卫生领域最常使用的工具之一，它在医疗资源的分配中起着至关重要的作用。但是，历史上的优生学对这一方法的滥用，不得不使当下的我们倍加注意。假设一个患有21—三体综合征的孩子 A，在其他条件相同的情况下，与健康的孩子相比，显然要使用更多的包括医疗卫生在内的社会资源，并且也会对父母的生活产生更大的影响，如他们需要更多的时间照顾孩子，或雇用专业的护理人员对孩子予以照料。当社会福利能够支持足够质量的医疗卫生和相关社会福利时，至少对于孩子和父母的福祉而言似乎不会有太大折损。但是，对患有严重遗传疾病的孩子的大量支持显然会影响社会中其他成员或社会整体的福利。如果将其流产，生育一个健康的孩子 B，与 A 相比，在其他条件不变的情况下，B 的出生所创造出的工具价值（财富，社会服务等）显然会高于 A。并且，B 的出生更可能有利于社会整体福利的提高，且有助于那些已经被生育下的患有严重遗传疾病的人提供更好的服务，促进他们的健康水平，并有助于他们获得公平的机会平等。此外，社会整体福利的提高也有助于医疗资源在量上的提升，以及个体健康水平的提升，这些都有助于个体实践其所认为的重要生活方式的基本能力。因此，基于成本效益分析，生殖遗传学技术的应用能够促进群体的健康。

　　不可否认的是，此类论述确实会引起人们对历史上的优生学复活，及对残疾人歧视问题的担忧。但是，对于公共政策而言，尤其在有关医疗卫生资源的分配时，成本受益分析绝对是必要的。首先，在当下的社会中存在着人们合理的健康需求与有效的医疗资源之间的张力，我们不能因为对优生学的担忧而放弃促进个体或群体健康的重要目标。其次，在促进群体健康时，我们应在公平与效率之间，以及个体的生殖自由与不伤害之间进行权衡。虽然促进群体健康这一目标并没有错，但我们必须仔细考量程序公正问题，并尊重个体的生殖自由。

　　如何分配生殖遗传学干预

　　在分配公正方面，存在着多种不同的理论。下面笔者将考量四种常用的分配方案，从伦理学视角对其进行逐一剖析：依购买力分配、平均分配、按偏好分配、差等分配。

　　依购买力分配

　　在自由市场经济理论中，市场是调控资源分配的唯一的最佳手段，每一项商品都应当按照市场规律进行分配，即根据供需关系来决定。对于现有生殖遗传学技术而言，如产前基因检测、NIPT、PGD 等，由于大多集中在少数优质的医疗机构之中，且成本相对较高、市场需求量较大，如果按照市场经济原则，只有具备购买力的个体才能够获得这些干预，以此确保出生一个健康的后代。但这一分配原则本身存在两个问题。

　　第一，完美的市场经济模式只存在于经济学理论之中，市场中的商品提供者通常以追求利益最大化为目标，忽略资源的分配公正问题。理想化的自由市场经济中的人是有规律的动物，但现实中并非每一个体的经济活动都符合这一经济规律，因此在缺乏政府干预的情况下，必将会导致这些遗传干预在分配上的不平等。

　　第二，现实社会中存在着各种不平等，而这种不平等将直接导致不公正的健康不平等。最为典型的当属我国地域之间的不平等问题，如东西部地区，农村与城市之间收入及医疗卫生水平上的不平等。根据国家统计局的数据显示，2014 年我国东部上海、北京、浙江、深圳等省市的城镇居民人均可支配收入皆超过 4 万元人民币，其中，上海 47710 元，北京 43910 元，深圳 40948 元，浙江 40393 元。与东部城市相比，西部地区城镇居民人均可支配收入要少得多。2014 年青海省城镇居民人均可支配收入仅为 22307 元，甘肃为 20804 元。[①]除东西部间存在差距外，城镇与农村地区的差距在有些地区也十分突出，如甘肃省城镇居民人均可支配收入为 20804 元，但农村居民人均纯收入却仅为 5736 元（如果是可支配收入只能会更低）。这种东西部之间和城乡之间的收入不平等体现出购买力上的差异，且加之我国目前并未将产前遗传检测、PGD、辅助生殖技术等纳入国家医保之中，对于动辄上千甚至过万的遗传干预而言，对于西部地区尤其是农村地区的个体几乎是不可得的。此外，由于地区间医疗卫生水平上

_____

　　① 杨舒文：《2014 年 31 省份人均收入排行公布》，2015 年 2 月 28 日，《光明日报》（http://cnews.chinadaily.com.cn/2015—02/28/content_ 19675779. htm）。

的差距，获得这些干预将更加困难。

　　当然，也存在着对此类不平等的辩护，即认为这些不平等能够刺激当地的经济发展和医疗卫生水平的提升，因此不应被视为不公正。但是此类论断存在着漏洞。第一，收入和医疗卫生的不平等部分原因是政府政策所引发的，而这些因素本身是个体不可控的，即社会彩票（social lottery），此种不可控因素所导致的个体健康的受损应当考虑其合理性问题，尤其当个体本就处于脆弱状态时且考虑到健康对个体发展的重要性时。第二，在市场主导的资源分配中，资源会流向那些具备购买力的地方，即如 PGD、无创产前检测（Noninvasive Prenatal Testing，NIPT）等费用较高的生殖遗传学技术将首先流向发达地区，而对于不具备购买力的地区，如西部一些省市和农村地区，这些干预不仅难以负担，更是不可得和不可及的。当然，除了地区间差异外，即使在发达地区也存在着个体间的不平等，一些个体无法承担高昂的干预费用。因此，从健康对于个体发展和获得公平的机会平等视角出发，综合生殖遗传学技术对母婴健康的重要性，以及地区间的收入和医疗水平的不平等，可以得出仅仅依照购买力分配生殖遗传学技术的干预是不公正的。

　　平均分配

　　在对按照购买力分配反驳的前提下，有些人提出了平均分配原则。该原则要求每一个体应当享有同样水平的物质和服务。提出这一原则的论证通常基于所有人都拥有同等的道德地位，而给予所有人相同水平的物质和服务是实现这一道德理念的最好方式。对于生殖遗传学技术而言，即每个人都应当能够获取这些干预，因为每个人在道德上都是平等的。[①]

　　这一原则在表面上看似乎很完美，但这种分配制度同样存在着问题。首先，该原则忽略了个体间在健康需求上的差异。从现实生活中我们也能发现个体间价值取向的差异，如从价值多元主义审视，即不同个体对什么是他或她所期望获得的或什么是好的生活持有不同的观点。以 NIPT 为例，目前人们可以通过该技术结合生物信息分析，能够快速安全地诊断出

　　① Lamont Julian and Favor Christi, "Distributive Justice", *The Stanford Encyclopedia of Philosophy* (*Winter* 2017 *Edition*), Edward N. Zalta (ed.) (http：//plato. stanford. edu/entries/justice – distributive/#Strict).

胎儿患染色体非整倍体（21—三体，18—三体，13—三体）疾病的风险。在现实中，并非所有父母都希望通过该技术获知胎儿是否患有这些疾病。可能是出于宗教信仰或其他原因，一些父母认为无论孩子生育后健康状况如何，他们都愿意抚养他或她，因为在他们看来孩子是无价的，孩子的健康与否不会影响他们对孩子的感情和爱。对于这些父母来讲，提供 NIPT 或其他用于诊断胎儿健康状况的遗传干预并非是必要的。此外，对于父母一方患病或双方都是某遗传疾病的基因携带者时，如果父母希望生育一个健康孩子，NIPT 或 PGD 等辅助生殖技术显然对他们而言是重要的。但是，如果父母皆非遗传疾病的基因携带者，他们可能也无须进行相关的遗传检测。总之，个体对医疗卫生的需求是存在差异的。

其次，平均分配忽略了现实生活中医疗资源的有限性。假设使用 NIPT 对胎儿进行筛查的费用是 1000 元，如果按照 2014 年我国全国出生人口 1687 万计算，[①] 对全国新生儿进行筛查总共需花费 1687 亿元人民币，但我国 2014 年全国医疗卫生总支出为 1 万亿元，而中央财政支出为 3 千亿元，[②] 如果全部由政府来负担的话仅这一项费用就已经占政府医疗支出的一半以上，对于其他疾病负担而言，显然是不合理的。因此，平均分配不但没能有效解决分配公正问题，反而会造成医疗资源分配的不平等，使有限的医疗资源难以满足其他对重要的健康需求，从而造成医疗资源分配的不公正。

按偏好分配

偏好理论来源于效用论，通过满足不同个体的偏好使所有人的福祉或幸福最大化。如果按照这一原则分配生殖遗传学技术，所有希望获得干预的人都应当使其可得，以满足其个体和后代的健康需求，以此来确保未来孩子的健康并实现所有人福祉的最大化。

这一分配原则表面上看似乎很好，但其同样受到有限的医疗资源的限制。依照偏好分配原则的要求，政府或社会应当向个体提供他们所希望拥有的干预，如通过 PGD、NIPT，或辅助生殖技术来生育一个健康的孩子。

---

① 龚春辉：《2014 年末中国大陆人口超 13.6 亿　全年出生 1687 万》，2015 年 1 月 20 日，南方网（http://news.southcn.com/china/content/2015—01/20/content_116719924.htm）。

② 《2014 年全国医疗卫生支出突破一万亿》，2015 年 1 月 12 日，环球网（http://news.fh21.com.cn/jksd/468970.html）。

这意味着政府或社会应当为这些人提供资金或免费向其提供这些干预。纵观全球，目前没有一个国家的医疗卫生支出能够满足所有公民的健康需求。医疗资源总是有限的，对于有限的医疗资源实施分配，从现实而言难以按照个人的健康需求进行分配。国家可能会考虑将更多的医疗资源用在成本效益比更好的健康干预上，如通过疫苗来实现疾病的预防。而对于目前成本仍相对较高的产前遗传检测，如 NIPT，面对有限的医疗资源，政府或许更倾向于使用成本相对较低的生化学或影像学干预来代替生殖遗传学技术干预，尽管前者在诊断遗传性疾病时的敏感度和特异度远没有后者好。总之，与人们的健康需求相比，偏好分配原则并不适用于生殖遗传学技术的分配。

差等分配

根据丹尼尔斯对医疗制度必要性的分析，医疗体系不仅仅是建立私人医疗机构，还要求通过公共政策以制定一套全面的医疗制度，使每一个体都能从该医疗体系中受益，使每一个体都能通过医疗卫生来排除阻碍个人获得机会平等的自然因素。每一个体都有权利去获得医疗服务以确保其自身的健康，根据罗尔斯的正义论，一个公正的社会不仅应当保护所有个体的基本自由，并且还应确保个体享有"公平的机会平等"，而医疗制度是使每一个体获得机会平等的重要条件，因此他们也应当拥有使用医疗资源的权利。①

通过对以上三种分配原则的剖析，并结合罗尔斯的差等公正原则进行考量，笔者认为生殖遗传学技术的分配不应当按照偏好或收入分配。为了尽可能确保这些干预的公正分配，我们至少应当考虑以下四点。

第一，疾病的严重程度。至少在生殖细胞基因治疗能够普遍应用到医疗领域之前，父母大多只能通过产前遗传检测和选择性流产避免伴有遗传缺陷孩子的降生，或通过 PGD 等辅助生殖技术来选择生育一个健康的孩子。严重遗传疾病对于孩子本身的健康和福祉都将造成巨大的伤害。这里所指的严重遗传性疾病是指：危及生命、严重致残且不存在有效治疗或治疗效果不佳的遗传性疾病。相较于严重程度较轻的遗传疾病，前者更会对

---

① Daniels N., *Just Health: Meeting Health Needs Fairly*, Cambridge: Cambridge University Press, 2008.

孩子出生后获得公平的机会平等造成更大的影响，此外更为重要的是前者会对孩子造成更大的伤害。如前所述，避免伤害是父母生育健康后代的道德义务的必要条件，且这种义务会随着疾病严重程度的增加而加深，但这种义务必须在相应干预可得的情况下才能够成立。因此，在医疗卫生资源有限的前提下，我们应优先考虑那些检测或筛选出严重遗传疾病的干预。当然，对于这一原则也面临一些挑战，如疾病严重程度本身难以被明确界定，随着所处社会（国家）的不同，治疗的可及性也可能不同，假设中国在全球首先开展了针对严重遗传疾病的生殖细胞系基因治疗，但对于全球其他国家而言这一治疗却不可得。

　　第二，个体的健康需求。健康需要（health needs）是我们在整个生命周期中维持人类的正常生物机能所需要的事物。个体健康需求的缺失意味着从生物学角度而言该个体偏离了人类正常的机能范围。而这些健康需求并不应是个体的偏好（preference），前者是建立在人类正常生理机能之上，由科学家通过科学研究而确定的，但后者大多存在主观成分。因此，如美容手术这样的"医疗干预"并不算作健康需求，因为其与人类正常机能无关，也没有人会认为某种状态被称为疾病仅仅因为该个体不希望、不需要或讨厌它。从这点而言，一个人健康需求得到满足就会对他的健康有所提升，从而使其更能够获得机会平等或提升个体实践其所认为的重要生活方式的基本能力。当然，每一个体都有各自不同的健康需求，这意味着每一个体对生育相关的遗传干预也存在着差异。人们或许出于宗教或其他社会因素不选择通过遗传检测和流产来避免生育一个有严重遗传缺陷的孩子。但在公共卫生领域，为了促进群体的健康，干预不一定会满足人群中每一个体的健康需求。如果干预不符合个体的健康需求，但是因为更重要的判断而符合他人的健康需求，在不对其他人的利益受到过多的折损时，个体的健康和医疗卫生权利并没有被破坏。这一情况同时也是对个体自主性的尊重，即在产前筛查过程中，虽然并非所有个体的健康都会从这一公共卫生项目中受益，个体可以选择退出筛查，但从整体而言会使更多人的健康受益，且不会使那些选择退出的个体的境遇更糟。

　　第三，个体所处的脆弱状态。这里所指的脆弱状态可能包括疾病、经济、地域、种族、性别等因素。利用罗尔斯的差等公正原则，对于那些社会上境遇最糟的人，我们应当给予他们最大的利益。对于脆弱人群，如贫困地区的农民，他们的收入、医疗卫生水平、社会保障水平等与发达地区存在不小的差距，这些不平等并不是个人是否努力或个人天赋所导致的，而是存在着一定社会因素，且是不受他们控制的因素。这些因素也毫无疑问地影响到个人的健康以及于个体实践其所认为的重要生活方式的基本能力，使其在获得机会平等的面前处于更为不利的地位。因此，在对有限的医疗资源进行分配时，社会应当首先考虑那些处于最不利境遇的人，更加关注他们的个人健康需求，促进他们的健康。对于生殖遗传学技术而言，同样更多地涉及产前检测和选择性流产，以及 PGD 等辅助生殖技术。以我国地域上的不平等为例，我们应当首先考虑将这些干预应用到贫困地区。首先这些干预能够避免一个严重遗传缺陷孩子的出生，避免使孩子处于一个更加不利的地位。相对于发达地区等医疗保健和社会福利较好的地区而言，一个出生在贫困地区的患有严重遗传疾病的个体的境遇要更糟。而这种地域上的不平等不能建立在父母努力之上（至少不能全部建立在其之上），其中包含诸多他们难以控制的因素。而这种不平等引发的健康不平等是一种不公正。其次，除对未来后代的影响以外，这些干预还能够使父母拥有更多的选择机会，他们可以通过这些干预获得有关自身或胎儿的遗传信息，并根据自身的价值取向等其他因素决定是否生育或流产。相对于贫困地区，发达地区的人有更多的机会和购买力获得这些信息和干预，从而更易实现个体的生殖自由并避免将孩子置于不利的境遇。但对于贫困地区的个体而言，此类干预难以获得，他们甚至不清楚这些干预的任何信息。不首先考虑贫困地区的个体，将会加深地区间的不平等，而这种不平等将导致更大的不公正。

第四，成本效益分析。医疗卫生是面向社会整体的，如丹尼尔斯所言的每个人都有医疗卫生的权利。但是，不可否认的是相对于人们的健康需求而言医疗卫生资源总是有限的，其总量要根据该社会的经济能力、政策导向以及其他相关条件来决定，不能从医疗卫生的权利这一论证过的事实，推论出每一个体都应该获得哪些特定的医疗卫生服务，即使某些服务符合个人健康需求。获得生殖遗传学技术的费用仍旧很高，我们难以满足所有人的需求。在进行资源分配时我们必须考虑成本效益因素，否则同样如前文所述的那样，追求某一方面的平等反而会可能引发更大的不公正。

总之，在生殖遗传学技术分配时我们必须在公平与效率之间进行权衡。我们应当根据疾病的严重程度、个体的健康需求、个体的脆弱状态，并结合成本效益分析来制订分配方案。当然，在此过程中需要科学家、伦理学家、法学家、社会学家、公众，以及其他利益相关者代表的共同参与，以促进生殖遗传学技术干预的公正分配。

公共卫生中的生殖遗传学干预

生殖决策不仅涉及夫妇个体利益，同时还涉及未来孩子的健康。因此，夫妇进行生殖决策前必定需要获取足够的信息并加以理解，才能够作出合理的生殖决策。这些干预对于后代的健康至关重要，有必要将其纳入公共卫生之中，并尽可能地提供给所有需要的个体。

然而，在医疗资源地相对匮乏的情况下我们应当优先考虑使贫困地区和脆弱人群获得这些干预，原因有二：相对于发达地区的人群，贫困地区的个体收入、生活水平和质量都较低，且残疾人和遗传性疾病的患者更难获得医疗和经济上的支持，因此一个有严重遗传性疾病的孩子的出生对于贫困地区的父母来讲更难以承受；其次，对于相对技术含量较高且费用相对昂贵的生殖遗传学干预而言，发达地区的个体相对于贫困地区的个体更易获取次来干预。此外，首先将资源转移到贫困地区能够促进政府将其他医疗配套资源投入到贫困地区，使该地区整体的医疗水平和基本医疗服务的可及性提升，从而有助于促进当地人群的健康。

以21—三体综合征为例，主要通过对产前筛查和产前诊断进行防治。湖南某地的产前筛查的费用为140元，且纳入国家医保报销范围之内；对于筛查出有10%高风险的病例，则需通过产前遗传学诊断，这一费用为1400元，且没有纳入国家医保，需要患者或家属自费。[1]然而，由于政府相关投入不足和相关宣传教育的薄弱或缺失，使得个体对产前遗传检测缺乏认知；另一方面，产前遗传检测中大部分高危孕妇来自农村，1400元的费用相当于当地农民近三个月的生活费，很难使他们一次性拿出如此多

---

① 华晔迪、傅勇涛、于文静：《代表委员问诊缺陷婴儿出生率过高问题：苦果谁来咽?》，2015年3月13日，新华网（http://www.hq.xinhuanet.com/news/2015—03/13/c_1114635641.htm）。

的费用。综合这些因素，使得一些本希望生育健康后代的夫妇不得不"听天由命"，不但影响到他们自身今后的生活，更重要的是影响未来孩子的生活质量，尤其在贫困地区，在给予残疾人的福利和医疗水平远低于城市的情况下。

国家卫计委科学技术研究所所长马旭表示，目前我国每年约有 10 万弃婴，其中 99% 为病残儿童。[①]对父母遗弃婴儿的行为进行谴责固然是必要的，但分析这些行为的原因，很大程度上是由于政府对产前筛查和诊断上缺乏投入、缺少对相关医疗健康知识的宣教，以至于不少夫妇由于经济原因和认识上的缺乏，最终导致数目众多的弃婴出现。父母希望生育一个健康的孩子，这一愿望本身并没有错，而后代开放未来的权利和不伤害原则要求父母在道德上拥有一定的义务，但这些义务必须建立在医疗卫生资源的公正分配，以及健全的社会保障制度之下。

为确保个体的生殖自由与未来孩子的健康，依照 WHO 对健康权利的定义，我们应做到四个方面[②]：

可得性（Availablility）：足够量的活动的公共卫生和医疗机构、物品、服务以及计划。

可及性（Accessibility）：医疗设备、物品和父母对所有人可及。可及性包括四个重叠的维度：不歧视、物理可及性、经济可及性（可负担性）和信息可及性。

可接受性（Acceptability）：所有医疗设备、物品和服务必须尊重医学伦理学和文化契合性，以及对性别和生命周期的要求。

可靠的质量（Quality）：医疗设备，物品和服务必须在科学上和医学上是可靠的并具备好的质量。

当生殖遗传干预应用到公共卫生领域时，除确保资源分配的公正性以外，我们必须避免对现有的残疾人给予不公正的对待。如前文所论证的，以确保父母生育一个健康后代为目的遗传干预并不是邪恶的优生

① 华晔迪、傅勇涛、于文静：《代表委员问诊缺陷婴儿出生率过高问题：苦果谁来咽?》，2015 年 3 月 13 日，新华网（http://www.hq.xinhuanet.com/news/2015—03/13/c_1114635641.htm）。

② *The Right to Health*，December 2015，WHO（http://www.who.int/mediacentre/factsheets/fs323/en/）。

学，也并未向人们传递一种所谓"残疾人不值得被生育"的信息。尽管如此，我们不能仅仅以消耗更多的社会资源这一极端功利主义的理由来否定残疾人所应享有的权利，它们也是我国《残疾人保障法》所赋予的权利。①这要求我们努力使残疾人融入社会之中，并与其他人一样尽可能地享有机会平等，而不会受到不公正的对待。此外，社会需要对残疾人权利保护者所提出的言论进行思考和回应，但这并不意味着由于生殖遗传干预的使用可能会传递某种歧视信息，而否定其他人使用这些干预来达到促进个体和群体健康的目的。如果我们能够确保尊重个体一定限度的生殖自由，并做到受益和负担的公正分配，则遗传学在生殖领域的应用不会走向 20 世纪前半叶的邪恶优生学，反而会在促进个体和群体健康中发挥重要作用。

对于一些政策制定者发出的言论我们必须仔细审视。在 2015 年的全国两会上，多位全国人大代表建议，通过财政支持普及产前筛查和遗传诊断技术，阻断"缺陷胎儿"出生。如果仅仅是促进这些生殖遗传干预的可及性，笔者认为是好的，因为这能促进个体的生殖自由，使夫妇在进行生殖决策时拥有更多有用的信息，已作出符合自己意愿的决定。但一些人认为，重度缺陷的孩子对于社会和家庭不会产生任何贡献，只是一个纯粹的"消费者"，对家庭、对社会、对国家，都是沉重的负担，应该通过技术手段，降低缺陷婴儿出生的可能性。这一言论是极端功利主义的论断，也是纳粹德国最初以优生学名义对德国本土残疾人和所谓携带"劣质"基因者实施强制绝育的理由。这一论证存在诸多问题。首先很难对重度缺陷进行划分，在医学上并不存在一个明确的界限能够区分重度、中度、轻度缺陷。其次，这会引发道德滑坡。即使我们能够明确界定重度缺陷，但根据以上的逻辑推论，我们也能够推出对其他人实施绝育甚至是"安乐死"同样是合理的。如一些已经被生育下来的残疾人或极度贫困的个体，他们同样难以对社会和家庭产生贡献，反而还需要社会给予大量支持，对家庭、社会、国家同样也是"负担"；对于老年人而言，他们很难再为社会创造外在价值，按照极端功利主义的观点论证，他们只是一个"消费

---

① 全国人民代表大会：《中华人民共和国残疾人保障法》2008 年 7 月 1 日起施行（http://www.npc.gov.cn/huiyi/cwh/1102/2008—04/25/content_ 1426030. htm）。

者"，我们应当对其实施"安乐死"，减轻社会负担。从以上两点我们不难看出，如果仅从个体的外在价值或对家庭、社会作出的贡献来评价个体的价值，将是非常危险的，而这与历史上备受批判的优生学别无二致。因此，我们必须明确的是，公共卫生中遗传干预的应用其目的不是阻断"缺陷婴儿"的出生，而是确保个体的生殖自由以及未来后代的健康。

　　总之，优生学本身并不一定是错的。遗传学在生殖领域的应用必须确保其实质公正和程序公正。作为群体干预的遗传学技术应用，在制定政策时使政策制定者、专家、社群代表，以及其他利益相关者共同参与制定，并考虑制定政策的其目的和实施手段是否符合基本的伦理学原则，能否做到对个体生殖自由的尊重以及受益和负担的公正分配。如果做到这些，笔者相信历史上邪恶的优生学会离我们远去，遗传学在生殖领域的应用会给人类带来福祉。

公共卫生中的生殖遗传学干预是优生学吗？

　　当政府或社会通过公共卫生将遗传干预提供给群体，并可能影响群体的生殖决策时，总会有人质疑这些干预并将其视为历史上优生学的复活。历史上的优生学给现代遗传学所留下的最大阴影集中在前者对生殖自由的破坏，及对受益和负担的不公正分配之上。对于当下的生殖遗传学技术的应用而言，最重要的并不是个体医疗或公共卫生层面上的这些干预是否被称为优生学，重要的是这些干预的目的及其实现手段。

　　前文我们已经对优生学的定义进行了分析，优生学其核心仅仅是希望通过遗传学知识来提升人类的遗传质量。如果我们根据此定义，标题的答案肯定为"是"。但正如我们之前所论证的，如果此处的遗传质量仅为健康，则人类希望通过使用遗传学知识来生育健康后代的目的本身并没有错。几乎所有人都希望自己的孩子健康，而实现这一愿望则需要政府或社会尽可能地向社会中每一个拥有这一合理愿望的人提供必要的帮助，如完善的母婴卫生保健、充足的营养、清洁的水源，以及如产前基因检测、PGD、NIPT 等生殖遗传学干预。因此，无论是个体或群体，使用生殖遗传学技术来实现健康这一目的本身符合实质公正，能够得到伦理学辩护。

　　与实质公正相比，程序公正同样重要，即如何使用这些生殖遗传学技术确保生育健康的后代。笔者认为对个体生殖自由的尊重，以及受益和负担的公正分配是确保这些干预得到伦理学辩护的必要条件。虽然前文笔者已论证了父母有生育健康孩子的义务，但对个体生殖自由的尊重仍旧是必要的。生殖自由是个体在生殖上的所想所求，是个体价值取向的体现，而不一定是个体理性的表达。对生殖自由的尊重，或对个体自主性的尊重并等同于对理性的尊重。因此，我们不能将个人的价值或通过理性推导出的结论强加于个体之上。而在公共卫生中使用生殖遗传学干预以促进群体健康或利益的同时，也不应将群体的价值或理性强加于个体之上。当然，在尊重个体价值的同时，理性本身在生殖选择中仍旧是重要的，因为生殖的结局不仅会影响父母个人，同时还将直接影响他们的后代，这要求政府确保生殖遗传学干预的公正分配。在这些干预的分配上，我们也应当通过对疾病的严重程度、个体的健康需求，以及对脆弱人群的更多关注在使大多数人受益的同时，不至于使少部分人的情况更糟。

　　总之，公共卫生干预中是否涉及生殖遗传学干预本身，并不能作为评判政策是否为历史上优生学的依据。我们应当关注的是，使用这些干预所要达到的目的以及所采取的方式。在尊重个体的生殖自由及确保受益和负担公正分配的前提下，将生殖遗传学技术用于促进群体的健康是能够得到伦理学辩护的。

小结

　　本小节论述了生殖遗传干预中的公正问题。我们首先明确了健康的概念——物种的正常生物机能，以及疾病的概念——正常物种机能的偏倚。基于此，笔者对健康对于人类的重要性进行了论述。健康是个体实现人生目标、人生规划、获得幸福的基础，而医疗卫生是确保健康的重要因素。作为特殊品的健康不仅仅包含工具价值，同时也包含内在价值。健康的不平等与收入上不平等相比不同的是，后者能够通过不平等产生经济刺激从而提升社会整体的福利，但前者则不然。这也是我们更难以容忍健康不平等的原因之一。健康之所以重要至少源于两点：它是个人福祉的构成要素；健康有助于个体实践其所认为重要的生活方式的基本能力。[1]

---

[1]　Sen A. , *Commodities and Capabilities*, Oxford: Oxford University Press, 1999.

基于此，健康的不平等构成了人们行动能力的不平等。健康的不平等是罗尔斯所言的对"机会平等"的破坏，其限制了个体认为能够做什么或成为什么的范畴。[①]如果将罗尔斯的"公平的机会平等"原则应用到健康之上，则公正要求我们消除或减少健康上的不平等。

在以上的基础之上，笔者从避免孩子出生后处于不利的状态和确保父母的利益两方面论证了生殖遗传干预对健康的重要作用。这些干预对个体获得机会平等和实践其所认为重要的生活方式的基本能力至关重要。这要求我们对生殖遗传干预进行公正分配。随后，分析得出按照个体购买力、平均原则，或个体偏好进行分配皆有失公正。结合丹尼尔斯所提出的医疗卫生的权利概念及罗尔斯的差等公正原则，笔者认为通过疾病严重程度、个体健康需求、个体所处脆弱状态以及成本效益分析四点能够确保生殖遗传学技术的公正分配。

最后，无论是针对个体的临床医疗或针对群体的公共卫生，为了避免生殖遗传学干预在这些领域的应用不会走向历史上邪恶的优生学，我们必须确保技术使用时的实质公正和程序公正。对于实质公正而言，生殖遗传学技术的应用，无论是产前遗传检测、PGD 还是新兴的 NIPT 等，都应以确保后代的健康为其目的。对于程序公正而言，我们必须确保在使用这些干预时至少遵循两点原则：尊重个体生殖自由，以及受益和负担的公正分配。

当今遗传学知识的应用为人类带来了前所未有的福祉的同时，我们不能因为对优生学的恐惧而放弃使用这些能够保护和促进人类健康的重要干预手段。对于生殖遗传干预在个体，尤其是公共卫生领域的应用，还引发了对残疾人歧视和污名化的担忧，笔者将在下一章节中对这些问题进行梳理和分析。

基因歧视和污名化

歧视和污名化

历史上以优生学为名而制定的政策中或多或少地都包含着各种歧视。这些歧视加剧了当时社会上本就存在着的对不同人群和个体间的不平等，

---

① Daniels N., *Just Health*：*Meeting Health Needs Fairly*，Cambridge：Cambridge University Press，2008.

并加深了社会的不公正。人类遗传上的差别并不是这些歧视的根源，而只是被一些人用作了歧视的工具。20 世纪前半叶的优生学家在缺乏科学证据的前提下，认为富有、高贵、品德高尚以及贫穷、酗酒、犯罪等特征或行为大部分或全部由遗传所决定，并通过生殖这一过程世代延续。当人们回顾优生学历史时，对那一时期所出现的种族主义、等级主义、对残疾人歧视等受到了人们的严厉批判。①②③

随着纳粹暴行的被揭发，以及遗传学知识的迅猛发展，有些人一度认为遗传学知识的应用已不再包含任何种族歧视。但不幸的是，这只是人们一个难以实现的美好愿望。20 世纪 70 年代美国伯克利大学（Berkeley University）的教育心理学家阿瑟·詹森（Arthur Jensen）发表的一篇论文，称美国黑人与白人在 IQ 得分上的差异是由遗传造成的。④因为是基于统计学分析，詹森的论文立即吸引了许多认识到其政治寓意的人的高度关注，并被一些种族主义者用以支持种族歧视言论。然而，哈佛大学的理查德·路翁亭（Richard Lewontin）和普林斯顿的心理学家里昂·卡明（Leon Kamin）等遗传学家迅速展开对该研究的分析，随后揭示了詹森对统计数据的粗糙滥用以及过度依赖陈旧的有问题的双生子试验数据。⑤

遗传学知识并不必然会引发歧视，但不可否认的是人们使用遗传学知识的目的包含价值判断。遗传学知识本身可以是价值中立的，但对于如何运用这些知识，尤其是在根据遗传学知识来决定是否出生或改造未来后代的遗传组成时，人们几乎不可能不作出价值判断。一些人可能希望利用这些知识生育一个健康的孩子，而另一些人可能希望通过 PGD 等辅助生殖技术来选择并生育一个患有遗传性耳聋的孩子，个体使用遗传学知识的目

①　Link B. G.，"Phelan J C. Conceptualizing Stigma"，*Annual Review of Sociology*，Vol. 27，No. 1，2001.

②　Paul D. B.，*Controlling Human Heredity*，1865 *to the Present*，Atlantic Highlands：Humanities Press，1995.

③　Kevles D. J.，*In the Name of Eugenics：Genetics and the Uses of Human Heredity*，Cambridge：Harvard University Press，1985.

④　Jensen A. R.，*"How Much Can We Boost IQ and Scholastic Achievement"*，Harvard Educational Review，Vol. 39，No. 1，1969.

⑤　Allen G. E.，"Eugenics and Modern Biology：Critiques of Eugenics，1910—1945"，*Annals of Human Genetics*，Vol. 75，No. 3，2011.

的不尽相同。而遗产干预的使用不仅体现着个体的价值取向，同样也会体现群体或社会整体的价值。如在塞浦路斯，政府规定个体在婚前必须向神父出示地中海贫血的检测证明后方可宣誓结婚，并受到法律保护。当然这一行为的目的是确保夫妇对自己身体健康状况的了解，更重要的是未来后代的健康利益，这些目的本身并没有错。

当下，随着遗传检测的广泛应用，特别是其在疾病诊断和疾病的风险预测上所起的作用等，再次掀起了人们对使用遗传干预可能引发歧视和邪恶优生学的担忧。人们可以通过遗传学检测获知自己可能患某些疾病的风险（如通过检测 BRAC1 和 BRAC2 来获知未来患乳腺癌的风险），并根据这些信息来作出重要的生活决策，如改变某些生活方式（吸烟、饮酒、熬夜、饮食等）。此外还可通过产前遗传检测和选择性流产，来避免未来孩子受到伤害或确保健康孩子的出生。但这些遗传学干预也引起了人们对可能出现和已经出现的歧视和污名化问题的担忧，如对个体就业、医疗保险和其他社会活动中的不公正问题。此外，产前遗传筛查和个体对残疾胎儿的流产更是引发了一些残疾人权利保护者的极力反对，并认为这些干预和行为是对残疾人价值的贬低和否定，因为这些干预或行为传递出这样的信息——残疾人是不值得活（not worth living）的。笔者将在本章就生殖遗传学技术应用中的歧视和污名化问题进行分析，并对残疾人权利保护者的言论进行反驳。这些分析将有助于我国今后在制定或修改有关就业、医疗、保险等方面的法律时，维护个体不因其遗传组成而遭到不公正的对待。

污名化概念

此部分我将首先对一些基本概念进行解释和分析，为随后讨论有关生殖遗传学技术可能引发的歧视问题进行铺垫，避免产生不必要的歧义。

对污名化（stigmatization）的解释影响最为深远的莫过于戈夫曼（Erving Goffman）。他认为"污名"一词的起源最早可追溯到古希腊时期，是指不寻常的东西或道德品质败坏的人。[①]基于在社会学、社会心理学和临床医学上的研究，戈夫曼对多种污名化产生的情境进行调研，并认为在这些情境中个人无法得到全面的社会认可，而污名的这一特征使其具有普遍的令人耻辱的感

---

① 杨彩云、张昱：《泛污名化：风险社会信任危机的一种表征》，《河北学刊》2013 年第 33 期。

受。戈夫曼还将污名化的人群分为三类：第一类为身体有缺陷者，如残疾人；第二类是性格上有瑕疵或患有心理疾病的人；第三类是某些宗教或种族中的成员。他将污名化作为社会建构的中心，植根于一种语言关系，并且污名体现了事实的社会身份与真实的社会身份之间的异质性。①

在戈夫曼之后，许多学者从不同学科视角关注了污名化这一问题。林克（Bruce Link）和费兰（Jo Phelan）将污名化的过程分解为相互关联的五个组成部分：贴标签、观念固化、地位丧失、社会隔离和社会歧视。②前四个部分是发生在使该个体受影响的社会文化环境中的社会过程，歧视则是指使被污名化的群体处于不利地位的制度性安排。这一对污名化形成的解构，指出了污名化过程需要依靠于社会力量、经济力量和政治力量的运用，正是这些力量使污名化过程中的前四个部分最终引发社会歧视这一后果。③

在对污名化的定义上，笔者将使用戈夫曼的解释：污名可能源自许多因素将人从"完整的，平常的人"（a whole and usual person）降级到"沾上污点的，被贬低的人"（a tainted and discounted one）。④⑤

基因歧视概念

美国遗传学家纳托维兹（Marvin R. Natowicz）等将基因歧视（genetic discrimination）定义为"仅基于个体基因组成与'正常'基因组的差异，而歧视该个体或其家族成员。"⑥根据这一定义，只要个体带有与正常人不同的变异基因，无论其是否会导致疾病，便可能遭受歧视。这意味着，基因歧视不仅会针对那些携带有疾病相关基因的个体，如患有遗传疾病的个

---

① ［加］欧文·戈夫曼：《污名》，宋立宏译，商务印书馆2009年版。

② Link B. G., Phelan J. C., "Conceptualizing Stigma", *Annual Review of Sociology*, Vol. 27, No. 1, 2001.

③ 童星、张乐：《污名化：对突发事件后果的一种深度解析》，《社会科学研究》2010年第6期。

④ 杨彩云、张昱：《泛污名化：风险社会信任危机的一种表征》，《河北学刊》2013年第33期。

⑤ Link B. G., Phelan J. C., "Conceptualizing Stigma", *Annual Review of Sociology*, Vol. 27, No. 1, 2001.

⑥ Natowicz M. R., Alper J. K., Alper J. S., "Genetic Discrimination and the Law", *American Journal of Human Genetics*, Vol. 50, No. 3, 1992.

体、基因携带者（包括疾病风险基因的携带者），还会对那些携带有在社会上被视作不良性状相关基因的个体，无论这些基因在科学上是否真的与此相关。此外，如果家族中有一人携带有该基因，则其他成员也可能遭受基因歧视。

对于基因歧视，我们有必要对英文 "discrimination" 进行说明。在英语语境中，discriminate 与 discrimination 具有多种含义。常见的一种含义为 "区分"，如《牛津英语词典》（*Oxford English Dictionary*）将 discriminate 定义为 "To make or constitute a difference in or between; to distinguish, differentiate." 或 "To distinguish with the mind or intellect; to perceive, observe or note the difference in or between."① 《美国遗传词典》（*The American Heritage Dictionary*）则将其定义为 "To make a clear distinction; distinguish." 可见该词包含有 "区分" 的含义。而常用的第二种含义为对他人产生不利的区分，如《牛津英语词典》的定义 "to make an adverse distinction with regard to; to distinguish unfavorably from others." 以及《美国遗传学词典》的定义 "To make distinction on the basis of class or category without regard to individual merit; show preference or prejudice."②在伦理学与法学的讨论中，discrimination 通常表示某种不公正的区分。

Genetic discrimination 一词在有关基因歧视的英文文献中也有理解上的歧义，这类似于优生学（eugenics）在中英文语境下的歧义。人们对于 genetic discrimination 的定义已经深受纳托维兹等人著作的影响，认为只要出于基因而不是实际遗传疾病而给予差别对待，皆被称为 genetic discrimination。这一定义包含了 discrimination 的双重含义。而在法学上，人们通常引用的是美国法学家劳伦斯·戈斯丁（Lawrence Gostin）的定义 "基于基因诊断和预测性基因检测获得的信息对权利、特权或机会的否定"（the denial of rights, privileges, or opportunities on the basis of information ob-

---

① Discriminate, "Oxford English Dictionary", http://www.oed.com/view/Entry/54058? rskey = rjzmNo&result = 2&isAdvanced = false#eid.

② Discriminate, "American Heritage Dictionary", https://ahdictionary.com/word/search.html? q = discriminate&submit.x = 0&submit.y = 0.

tained from genetically – based diagnostic and prognostic tests ）。[1]显然戈斯丁的定义已经包含了价值判断，并将其视为对个体权利的侵犯，因此是对 discrimination 一词第二种含义的使用。

　　其实对于这些词语的使用和翻译上的复杂性来自两点：如何命名根据基因而差别对待的现象？以及根据基因而产生的差别对待是否正当？如果我们认为根据基因上的差异而给予差别对待并非必然是不正当的，则应当使用更为中性的 genetic differentiation 而非 genetic discrimination 加以命名，而在中文语境下使用"基因区别""基因区分"，或"根据基因而实施的差别对待"与其对应。因此，至少在对英文文献进行阅读和分析时，有必要仔细分析使用该词语所处的语境，避免产生不必要的歧义。

　　但至少在中文语境下，基因歧视的定义要明确得多，即"根据基因的差别而给予个体、家庭、群体不公正的对待"。本书在使用"基因歧视"一词时也使用该定义，这意味着所有对个体、群体（包括种族、社群）的基因歧视均被视为是不公正的。而对于那些基于基因的不同给予差别对待，但又不一定存在不公正对待的情况称为"根据基因而实施的差别对待"。这也类似于我们在讨论优生学问题时对优生学的界定，优生学的目的和实现手段并不一定是有违生殖自由和不公正的，我们必须在使用时明确使用语境，当然鉴于优生学历史的复杂性，对于该词的使用必须慎之又慎，关于该词语使用的建议笔者将在本书的最后一章中呈现。

就业中的基因歧视

　　在我国，就业中的歧视早已有之且并非少见，如社会整体对乙型肝炎患者和 HIV 感染者的污名化和歧视。[2][3][4][5]就业中的基因歧视在我国也已出现，其中最为著名的便是 2009 年广东佛山发生的基因歧视案。小周、小谢、小唐

---

　　[1]　Gostin L. , "Genetic Discrimination: The Use of Genetically Based Diagnostic and Prognostic Tests by Employers and Insurers", *Am. JL & Med.* , Vol. 17, No. 1—2, 1991.

　　[2]　沈岿：《反歧视：有知和无知之间的信念选择——从乙肝病毒携带者受教育歧视切入》，《清华法学》2008 年第 5 期。

　　[3]　任海英：《我国艾滋病歧视问题的社会心理学分析》，《现代生物医学进展》2009 年第 1 期。

　　[4]　鲍晓玲：《乙肝歧视，大学校园该亮起的红灯》，《亚太传统医药》2007 年第 10 期。

　　[5]　石超明、赵丽明、廖婷：《困难、困境及对策：任重道远的中国反艾滋病歧视》，《医学与社会》2012 年第 1 期。

三人（均为化名）通过了佛山市的公务员考试，在之后的体检中，他们三人均被认定为"地中海贫血"基因携带者。而根据当地公务员录用制度规定他们三人体检均不合格，因此当地政府机关拒绝录用他们。

对于这一案例，至少存在以下两点问题。第一，从科学角度而言地贫基因的携带者并不等于该个体患有地贫，也不会如同患有地贫的患者那样具有严重的临床表征，并因此严重影响个人的生活和工作。对该案例中的政府规定，极有可能是在没有厘清科学事实的基础之上制定的，将携带有地贫基因视为患有贫血或其他血液疾病，因此其在科学上而言便存着严重问题；第二，在不考虑前一点的情况下，将地贫携带者排除在获取公务员职位的名单之外是对个体的不公正对待，是基因歧视的表现。对于拥有同等能力者，如同样通过公务员考试并具备完成该职位相应工作的健康状况，我们应当将这一机会平等地向他们提供，而不能以个体所在家庭财富的多少、父母或亲人的权利大小，以及其他与该职位无关的因素作为阻碍个人获取机会平等的原因。地贫携带者的健康状况并不会影响个体在该职位上的工作，因此不应将其视为获取该职位的限制条件。而这种根据个体基因的差别而对其进行的不平等对待是不公正的，是对该个体的基因歧视。

虽然在我国有关就业上的基因歧视还并不多见，但不可否认的是，这类案例对于我们的影响将是深远的。首先，一些雇主可能会效仿此类做法，雇用员工时要求对其进行基因检测，以明确其是否患有某些遗传性疾病或患某些疾病的风险是否过高，尤其是那些需要花费大量医疗费且在医保报销范围内的疾病。当然，除了明示获取员工的遗传信息外，雇主还可能通过各种手段私自获取员工的遗传信息，并依此来决定是否雇用、续约或解雇员工。这一担忧并非天方夜谭，早在20世纪60年代美国的劳伦斯伯克利国家实验室便一直以"胆固醇常规检查"为由，暗中通过基因检测检查员工是否携带易患镰状细胞贫血病等遗传疾病。[①]而在2002年，得克萨斯州一家铁路公司的36名员工因患"腕管综合征"提出工伤补偿，但公司却在员工不知情的情况下检测他们的基因，试图寻找有关致病基因的证据以避免进行补偿。①

其次，这些就业上的基因歧视将加重对某些个体的污名化。在污名化的过程中，"在任何人身上，都不存在一种内在特征使他们被污名化"。②也就是说，与其说是因为个体或群体自身的特征导致了污名化，不如说是社会、文化因素促成了污名化的形成。就业中的基因歧视，从一个侧面反映了人群中对具有特定基因的人的污名化。在具备所应聘职位的能力和健康状态时，个体由于基因的差异而被拒绝录用将会影响整个社会对这一基因或其背后疾病的理解，并加深对该基因的污名化，并可能会影响个体的生育决策，如社会对携带有肥胖相关基因的个体的歧视，可能会促使未来的父母出于避免孩子出生后会受到歧视和污名化，而选择流产掉携带有这些基因的胎儿。总之，基因歧视不仅会加深对某些基因的污名化，且污名化的加深还会反作用于基因歧视，使两者不断恶化，加深社会的不公正。

因此，为了避免这一情况的发生，有必要对基因歧视进行相关立法，使每一个具备能力并付出努力的人能够在就业上获得公正的对待。此外，政府也应当加强开展对相关遗传学和医学知识的宣传，使人们从根本上认识基因和遗传疾病，消除或避免对某些群体的污名化，同时也有助于对基因歧视的消除。

保险业中的基因歧视

自 1990 年 HGP 正式启动后，遗传信息的管理与使用便被视为 ELSI（Ethical Legal Social Issues）研究的重点。而遗传信息对保险、就业等的影响则是在非医疗领域中人们最关注的议题。早在 20 世纪 70 年代的美国就已经出现了保险业中的基因歧视。当时，多家保险公司曾拒绝为携带有镰状细胞贫血基因的黑人提供医疗保险。在保险业中越来越多的基因歧视也促使美国政府在 2008 年颁布了《反基因歧视法》（*Genetic Information*

---

① 宋琴：《论人的基因隐私权的法律保护》，硕士学位论文，重庆大学，2010 年。

② Ainlay S. C., Coleman L. M., Becker G., *The Dilemma of Difference*, Berlin: Springer, 1986, pp. 1—13.

Nondiscrimination Act)。①② 根据该法规定，禁止人寿保险公司以某人具有某种疾病的易感基因为由，取消、拒绝对其进行保险或提高保险费用。此外，该法还禁止雇主以遗传信息为依据进行雇用、解聘、升职、加薪，或作出任何与雇用行为有关的决定。在我国，当前没有针对基因歧视的立法，但除在就业中的基因歧视外，就笔者的经历而言基因歧视也存在于我国的商业保险业中。

在分析商业保险业中的基因歧视前，有必要对商业保险的运作基础进行简要阐述，这有利于我们对随后问题的分析。就商业性保险而言，保险制度之所以能够聚集足够的资金分散风险，在于其对关键风险信息的掌握，以避免因信息不对等导致风险与保费之间失去平衡。在商业性医疗保险中，保险人必须掌握某些与被保险人健康状况有关的信息，如年龄、性别、职业或病史等，才能够确定进行保险签约，或以此来确定保险费率。当遗传学的进步能够预测个人及后代的疾病风险时，基因信息将成为保险业中的关键风险信息。如果个体通过遗传检测获知自身或未来孩子患某一疾病的风险很高，则存在诱因促使个体为其自身或未来的孩子购买更多的医疗保险；反之，如果检测结果显示风险极低，则该个体可能选择购买较少的保险甚至放弃投保。而如果此时保险公司对于这些遗传信息一无所知时，则会造成双方之间的信息不对称将会被拉大，从而可能危及保险公司的经营。

例如我国强制征收机动车交通事故责任强制保险，如果驾驶员在一个保险年度内没有发生交通事故，则保险公司会根据风险的降低而适当降低保费；反之，如果个体在一个保险年度内发生多起交通事故，保险公司会由于风险的上升而提高保费。简而言之在商业性保险中遵从风险越大保费越大的原则。而在医疗保险中，在不存在遗传检测的情况下，风险相对于社会整体而言是均等的。但是当遗传检测成为可能时，由于投保人可能会利用信息不对称而大量投保，在造成保险公司利益降低的同时，更重要的

---

① Hudson K. L., Holohan M. K., Collins F. S., "Keeping Pace With the Times—the Genetic Information Nondiscrimination Act of 2008", *New England Journal of Medicine*, Vol. 358, No. 25, 2008.

② US Congress, *Genetic Information Non - Discrimination Act*, took effect on November 21, 2009.

是破坏了其他投保人的利益。因此，这就需要在投保额度与是否需要投保人遗传信息之间进行权衡。如果个体为自身或后代投保与遗传相关的医疗保险，且保额巨大时，为了避免由于信息不对称而造成的骗保，保险公司可以要求个体提供其或后代的相关遗传信息。当然，必须明确这些遗传信息的使用范围，并做好严格的信息保密工作，避免个体隐私的泄露或引发对个体的基因歧视。如果投保额度在较低的范围之内，通常与各国基本医疗保险持平，则保险公司通常不得要求个体获得个体的遗传信息。

因此，对于商业性医疗保险而言，出于个体遗传上的差异而区别对待并不一定就是不公正和歧视。对于这些差别我们必须依据具体情况作出分析，区别哪些仅仅是差异哪些是对个体的不公正对待。

残障人权利

历史上的优生学之所以会出现针对残疾人非自愿绝育、性别隔离等政策，除部分源于当时某些科学研究上的错误外，很大程度上源于对残疾人的污名化和歧视。如前文所述，彼时的欧洲弥漫着对种族"退化"的担忧，人们认为造成"退化"的重要原因之一就是残疾人。在政治、科学研究、社会研究等方面都或多或少地受到对残疾人污名化和歧视的影响，成为推动政府实施非自愿绝育、生殖隔离等政策的重要诱因。这一想法加深了本就存在于当时社会的各种歧视。当时的一些主流优生学家和他们的支持者（包括政治家以及大量民众）通过不严谨的研究获得所谓的"科学证据"并进行公共宣传，将人性的低劣强加在残疾人群体之上，并逐渐使此种观念固化，随后导致或促进了残疾人在社会中地位的丧失以及社会整体对他们的隔离，最终构成对某一残疾人群体或残疾人整体的歧视，即对残疾人的不公正对待。如当时一些优生学家曾建议英国政府不向残疾儿童提供义务教育，并降低对残疾人的社会福利等。①这种污名化是将残疾人的肢体或智力残疾等负面特征的刻板固化，由此来掩盖残疾人个体或群体的其他特征，如他们与其他非残疾人一样也可以是父母、孩子、朋

---

① Bashford A., Levine P., *The Oxford Handbook of the History of Eugenics*, Oxford: Oxford University Press, 2010.

友、厨师、教师，等等。①最终，这些残疾人身上的"负面"特征成为在本质意义上与该群体特征对应的指标物。

当下，遗传学的发展及人们对健康的需求，包括生殖遗传学干预在内的遗传学技术获得了广泛的应用。毋庸置疑，这些技术在促进个体和群体的健康中起到了重要的作用。如通过产期遗传检测和选择性流产，PGD 等辅助生殖技术，父母能够选择出生一个健康的孩子，避免个体因某些疾病而遭受伤害或阻碍其实践个体追求其所期望的生活的基本能力。②③

但是，一些残疾人权利保护者认为这些技术的应用是对残疾人的歧视。他们认为这些技术（特别是通过产前遗传检测的结果进行选择性流产）是以将残疾或疾病视为一个问题。因为从后果论角度去审视，在其他条件相同的情况下，健康个体与残疾个体相比必定更值得被生育，即父母应选择生育健康的后代而不应生育有残疾的后代。如前所述，作为疾病的残疾是某种偏离正常人类生理机能的状态，我们可以称其构成了某种伤害状态或对个体实践其所希望拥有的生活的基本能力的限制。而一些残疾人权利保护者却认为这一论证试图将一个健康的生命与有残疾的生命在价值上进行对比，这是对残疾人价值的贬低和否定。

支持此类观点的人通常被称为"表达派批判者"（expressivist critique），其中最为知名的是阿希（Adrienne Asch）。阿希认为这些检测筛选掉了那些被认为是有残疾的个体，这"表达了某种伤害性的态度并传递给那些拥有同样特征的人某种伤害性信息，也就是我们不希望生育任何与你一样的人"④。对于这些残疾人权利保护者而言，他们对生殖遗传学技术的批判大多基于一个前提"有残疾的生命也能够被认为是有价值的和能够被评价的"⑤。虽然残疾人权利保护者对于产前检测的批判言论众

---

① Sen A., Identity and Violence: The Illusion of Destiny, New York: W. W. Norton & Co., 2006.

② Sen A., "Why Health Equity?", *Health Economics*, Vol. 11, No. 8, 2002.

③ Sen A., *Commodities and capabilities*, Oxford: Oxford University Press, 1999.

④ Nelson J. L., "The Meaning of the Act: Reflections on the Expressive Force of Reproductive Decision Making and Policies", *Kennedy Institute of Ethics Journal*, Vol. 8, No. 2, 1998.

⑤ Wendell S., *The Rejected Body: Feminist Philosophical Reflections on Disability*, London: Routledge, 1996.

多，且并未达成共识，但人们最常听到的批判可能是：产前遗传检测的广泛应用及随后的选择性流产，对残疾人传达了某种负面的信息，这样做是对那些活着的残疾人的持续的不尊重或蔑视。[1]

然而笔者并不认同这一论断。我将从以下四点就残疾人权利保护者对生殖遗传干预的批判进行反驳：行动者的动因；论证中的隐喻；流产原因；防止与治疗。

第一，从行动者的动因来审视，其并不一定包含有对残疾人价值的贬低或歧视。当然，笔者并不否认有些人可能出于对残疾人的歧视而选择流产残疾胎儿。但对于大多数潜在的父母而言，避免生育一个残疾孩子，其动因是为了避免未来的孩子处于被伤害的状态或希望他或她在未来更易获得机会的平等，这不但有利于孩子自身且有利于家庭，而非出于对残疾的厌恶或对残疾人的歧视。如果我们承认潜在父母生育健康孩子的愿望是正确的，则对于这些父母而言，生殖遗传学技术可以为他们提供充足的信息以支撑这一生殖决策。而为了维护个体的生殖自由，确保他们能够获得这些作出重要生殖决定的信息（同时也是影响他们人生中和未来孩子人生中的重要的决策），同时避免因潜在父母所处境遇上的差别（如地域、收入所造成的可及性上的差别）而在获取这些信息上不公正，政府或社会有必要向所有具备这一合理健康需求的个人提供相关干预，如产前遗传检测、PGD、线粒体移植或基因编辑等。因此，政府向个体提供生殖遗传干预本身符合公正原则，且政府的动因也并非出于对残疾人的歧视，而是为了确保那些希望生育健康后代的父母能够获得这些干预，是对他们生殖自由的尊重。

第二，他们对产前遗传检测和选择性流产的批判隐含了一个前提，即我们所处社会仍旧存在着对于残疾人的污名化和歧视问题。以我国为例，尽管我国早在 1990 年便制定了《中华人民共和国残疾人保障法》以保护残疾人的合法权益，但在现实生活中我们仍能感受到在就业、教育、婚姻，以及日常生活中存在着对残疾人的不公正对待。如对耳聋、眼盲，或智力低下的残疾人，需要进入特殊学校进行学习，而这些学校的教学质量

---

[1] Parens E. , Asch A. , "Special Supplement: The Disability Rights Critique of Prenatal Genetic Testing Reflections and Recommendations", *Hastings Center Report*, Vol. 29, No. 5, 1999.

对比普通学校的教育质量而言仍有不小差距。①此外，就业和保险上还存在着基因歧视问题，笔者将在随后进行讨论。因此，残疾人权利保护者以社会上现有的对残疾人的歧视为基础，认定父母通过由国家提供的产期基因筛查及其他生殖遗传干预而流产掉残疾胎儿或选择出生健康的孩子，是对残疾人的不公正对待。但是，他们显然是将现有的对残疾人的歧视移植到这些遗传干预之上，没能区分当下对残疾人的歧视与父母自由选择之间的差别。此外，我们必须注意的是由于个体所具有的特征而对其给予差别对待并不一定构成歧视。例如，航空学校飞行专业不录取裸眼视力低的学生做飞行员，原因不在于社会对裸眼视力低者存在污名化和歧视，而是专业本身对相应能力的要求如此，即一名飞行员必须拥有好的视力，这些规定是依职业的属性和特点而确定的，并不构成歧视。当然，在社会中确实存在着对裸眼视力低者的歧视，但歧视存在本身并不能构成对所有将视力作为判断是否能够获取特定工作或专业教育的依据。因此，现有社会对残疾人的歧视，并不能直接用来批判所有选择生育健康孩子的个体父母，也不可作为批判政府为满足个体一定限度的生殖自由和未来孩子的健康而提供的生殖遗传干预。

第三，难以对残疾人的流产或胚胎选择与出于其他原因的流产或胚胎筛选进行明确区分。即使残疾人权利保护者不认可前两点论证，他们对产期遗传检测和胚胎选择的批判必须基于对残疾与其他任何特征的流产或选择进行区分。他们认为通过检测而流产掉那些被认为有残疾的胎儿，就是表达了某种对残疾人歧视的信息，而这一模糊的关联同样可以用于其他原因的流产之上。如某人意外怀孕并确定胎儿没有残疾，但由于他们已有一个孩子，且不想在短时间内再次生育，因此最终选择流产。如果按照残疾人权利保护者的逻辑，选择流产就是对这个胎儿所代表的特征的歧视，在这一情境下，意外怀孕后夫妇的决定意味着对所有父母所生育的第二个孩子的歧视（即对二胎的歧视）。然而，无论从父母的流产决策还是从社会情境来审视，都不存在对二胎的歧视。因此，如果无法区分残疾与其他原因的流产，他们对生殖遗传干预的批判显然也是站不住脚的。

----

① 杨运强：《梦想的陨落：特殊学校聋生教育需求研究》，博士学位论文，华东师范大学，2013年。

　　第四，为了防止残疾发生而采取治疗手段会传递类似信息。首先，我们普遍认为对患者或残疾人进行治疗以使其恢复健康是好的，而不是对患有某特定疾病或残疾者的歧视。但如果按照残疾人权利保护者对生殖遗传学技术进行批判的逻辑，以高血压为例，我们对该类患者的治疗便是向高血压群体传递了某种信息，即人们不希望让患有高血压的人维持这一状态。但这并非意味着对高血压患者的歧视，而是从有利/不伤害原则出发，希望个体恢复健康并确保他们能够获得公正的机会平等，或获得更多的福祉。

　　总之，人们对生殖遗传学技术可能引发的对残疾人的歧视存在其合理性，但这些行为实践在"语义上并不足以充分的"被解释为向残疾人传递了某种确定的信息。[①] 为了避免残疾人歧视问题的严重化，及可能对残疾人污名化的固化和加深，我们必须尽力减少和消除社会现已存在的对残疾人的不公正对待。这种努力不仅需要政府为处于先天或/和后天不利地位的残疾人提供更多的社会福利如教育、医疗等，并且还需要通过各种社会支持使他们尽可能拥有同健康人一样能够获得公平的机会平等。这要求社会协助残疾人获得实践其自身所认为好的生活的基本能力，只有如此才能够在面对相同机会时（包括教育、就业等），不会因残疾而失去竞争，或因残疾或疾病而使个体的福祉降低。

小结

　　人们对历史上优生学的恐惧迫使我们不断思考当下遗传学干预对人类社会的改造，而这其中与优生学最为相关的便是生殖遗传学技术的应用。生殖遗传学干预在促进个体健康、避免伤害，以及确保个体生殖自由上所起的作用毋庸置疑。但在其促进个体和群体利益的同时，还存在着对这些干预的猜疑和反对，其中最难以应对的便是来自残疾人权利保护者的批判。他们认为产前遗传检测的广泛应用，及随后的选择性流产是向残疾人传递了某种负面的信息，这样做是对活着的残疾人持久的不尊重或蔑视。[②]对于这一言论，笔者从四个方面进行了针对性的反驳，并最终指出

---

① Nelson J. L. , "Prenatal Diagnosis, Personal Identity, and Disability", *Kennedy Institute of Ethics Journal*, Vol. 10, No. 3, 2000.

② Parens E. , Asch A. , "Special Supplement: The Disability Rights Critique of Prenatal Genetic Testing Reflections and Recommendations", *Hastings Center Report*, Vol. 29, No. 5, 1999.

通过生殖遗传学技术选择出生一个健康的孩子并不构成对残疾人的歧视。政府向社会提供这些干预是确保个体生殖自由的必要条件，也是避免使未来后代自身处于伤害状态的重要手段。尽管残疾人保护者的言论难以成立，但他们的言论仍旧对当下的社会具有启示意义。至少在当下，社会中仍存在对残疾人的歧视。为避免对残疾人污名化和歧视的加深，我们必须尽力减少和消除社会现已存在的对残疾人的不公正对待。这种努力不仅需要政府为处于先天或/和后天不利地位的残疾人提供更多的社会福利如教育、医疗等，并且也需要通过各种来自政府和社会的支持尽可能使残疾人能同健康人一样获得公平的机会平等。

与产前遗传学检测的应用类似，基因编辑技术在生殖中的应用同样会引发类似的担忧。一些学者担忧这会降低人们对残障的包容度和对相关群体的社会支持，甚至担心历史上优生学的再现，强迫个体通过基因编辑和其他干预生育健康后代或增强后代。但技术的使用并不一定与歧视、包容和社会支持之间呈现必然的正相关性。一些证据显示产前诊断和 PGD 的使用与公众对残疾的接受度同时上升，"鼓励试图减少遗传疾病的发生与持续尊重那些生而患病者及向他们提供支持以满足其需求之间是相容的"①。

公共政策在持续的努力以消除就业和公共服务中的歧视，例如就业倾向，公共设施和建筑物中的标识和残障设施等。尽管这些举措还很有限，但我们并不知道是否这种趋势会更加明显，如果我们不将遗传筛查和流产如此可得的话。尽管如此，这一努力确在一定程度上减少了人们的担忧，即残障人群比例的降低必然会使人们对这些人群的怜悯和接受的降低。

本章还对就业和商业性健康保险中的基因歧视和污名化问题进行了分析论述。就业中的基因歧视，从一个侧面反映了人群中对具有特定基因个体的污名化。在具备所应聘职位的能力和健康状态时，个体由于基因上的差异而被拒绝录用将会影响整个社会对这一基因或其背后疾病的理解，并加深对该基因的污名化。因此，为了避免就业上的基因歧视，除确保个人

① Steinbach R. J. , M. Allyse, M. Michie, E. Y. Liu and M. K. Cho, " 'This Lifetime Commitment': Public Conceptions of Disability and Noninvasive Prenatal Genetic Screening", *American Journal of Medical Genetics*, Vol. 170, No. 2, 2016.

遗传信息的隐私保密外，更重要的是消除社会对某些基因的污名化问题，并消除就业中对个体的不公正对待。对于商业健康保险中的基因歧视问题，我们必须警惕保险公司出于经济利益对拥有某些基因（尤其是疾病相关的基因）的个体或群体给予不公正的对待。但是，这并非意味着完全否定商业性医疗保险在获取个体遗传信息上的权利。当个体投保数额超过一定限度时，为了避免个体利用信息不对称而骗取巨额保金，保险公司有权在双方签订保险协议时要求个体出示遗传检测报告。因此，就商业保险中对基因的差别对待，我们必须根据具体情况进行具体分析，而不是将所有保险中的差别对待一概视为基因歧视。

　　此外，我们还应注意避免基因决定论的再次兴起。基因决定论是遗传决定论的延伸，是以还原论、机械唯物主义和决定论的视角，肯定基因在生命体的核心地位，认为外界环境只是偶然因素，而只有基因才能起到决定性作用。"基因决定论的背后是一种线性的因果模型或台球式因果模型"①，基因决定的只是"可能的人"。一个人有某种基因，只能说这个人有基因所导致的那种性状的倾向。根据遗传学原理，基因的表现与外界环境的作用密切相关，基因是否能最终表达还要受到周围诸多因素的影响。现代医学模式已由过去不科学不全面的"生物模式"转变为现在的"生物—心理—社会"模式，后者认为，人不单受基因遗传的影响，也受后天的心理、思想和社会环境的影响，后天的影响同样重要。② 20世纪90年代WHO的调查报告指出，对于人的健康和寿命而言，生活方式和行为起主导作用，占60%，环境因素次之，占17%，遗传因素占15%，医疗服务条件占8%。③如今已有无数遗传研究表明无论从个体还是人群角度而言，遗传因素并非是影响人类健康的唯一因素。当然，我们必须承认遗传因素对人类健康和其他形状的影响，甚至有时起到了决定性的作用，如单基因遗传疾病以及遗传对个体生物形状的决定等。

　　对基因决定论的批判和反对并不意味着对遗传学，或对遗传在影响健康和决定人类生物形状上所起重要作用的否定。反驳基因决定论的最有力

① 邱仁宗：《人类基因组研究和伦理学》，《自然辩证法通讯》1999年第1期。
② 同上。
③ 周光召主编：《2020年中国科学和技术发展研究》，中国科学技术出版社2004年版。

的两个武器之一便是科学本身。遗传学的发展促进了人们对历史上优生学的反思和批判，也一次又一次地反驳了种族主义者罗列的"证据"。我相信遗传学在消除基因歧视、基因决定论上必将发挥重要作用。而第二个武器就是社会公正。基因决定论与各种歧视有着或多或少的联系，如20世纪前半叶优生学运动中基因决定论与对残疾人、穷人、种族、阶层的歧视。我认为未来人们必将发现与智力、记忆力有关的基因，对于个体间这些特征的差异难免会引发对一些个体或人群的污名化并导致对他们的不公正对待和歧视。因此，避免这一未来可能发生的情境的重要工具便是公正，国家和社会必须确保携带不同基因的个体能够受到公正的对待，获得公正的机会平等，并且努力使社会中的每一个体了解遗传和环境在影响这些特征中所发挥的作用，避免造成对科学的不必要的误读。

第五章　政策和治理建议

20世纪前半叶的优生学家希望通过他们所掌握的知识来"拯救"国家和种族，提升人类的遗传质量。然而在追求这些目标的过程中，对个人或群体的污名化、歧视、权利的剥夺，以及纳粹的种种暴行，使那一时代的整个优生学事业被摧毁。在这些过后的数十年中，任何讨论有关使用遗传学知识来管理和提升社会的应用都被视为某种禁忌。遗传学家和临床医生更加关注于个体医疗，他们的任务在于向个体提供各种信息和干预，尊重个体的自主意愿，而不去关注干预本身对社会整体的影响。

如果说优生学是人类有目的性地利用遗传学知识对人类社会进行大规模改造的第一次尝试，则当下遗传学的飞速发展将是人类的第二次尝试。尽管现在的我们更加强调个人的自主性，并反对政府制定群体性生育目标，但遗传学已经渗透到我们的日常生活之中，越来越多的人接触或使用遗传筛查、检测以及其他遗传干预，我们不能否认这些个人对干预的理解、使用及其选择不会对其他人产生影响。这意味着社会中的个体并非孤立，而是相互作用相互影响。政府和机构在制定相关政策和针对个体的干预时或多或少都会考虑这些因素。因为个体的决策有时可能会对他人产生不利或相反的作用，这其中还包括一些不可预见的后果，公共卫生机构或其他政府部门可能因此希望通过某些干预来对个体的选择进行限制。

这些使我们逐渐认识到仅仅考虑个体层面的遗传伦理问题是远远不够的。重要的问题不仅涉及个体科学家、医生（包括遗传咨询师），还包括公正问题、个体自由、避免伤害，以及我们对未来后代的责任。

本章所提出的政策建议将集中在现有问题之上。对于这些建议，如资源分配等，还需要多领域的专家学者的参与和讨论，同时也包括公众的讨论，以促进一个合理的有关遗传干预在生殖领域应用的政策。

此外，笔者认识到预测遗传学发展的范围和速度是极为困难的，尤其在当下遗传学的进步和知识应用的速度之快令人难以想象的情况下。并且尽管生命伦理学以应用为导向，但其中的理论和原则合理的应用是定域的，这意味着必须依靠丰富可靠的实证研究及数据才能够实现，然而这是笔者目前难以做到的。但是，这并不妨碍我们根据历史和现有的研究、经验的总结并结合这些伦理学理论对当下已出现的和未来可能出现的问题提出宏观甚至是微观的解决方案。本章笔者将首先对"优生学"一词的使用提出建议，并对中国现有法律法规的存在的伦理问题提出政策建议，其次指出我国生命伦理学和遗传学教材中优生学部分的问题并提出修改建议。

"优生学"术语的使用

"优生学"一词的核心是使用遗传学知识提升人类的质量。但是，由于 19 世纪末及 20 世纪前半叶世界各国以优生学为名实施的非自愿绝育、种族隔离、限制性移民政策、歧视，以及纳粹在优生学之下所犯下的罪行，最终使得"优生学"具有了复杂的含义。虽然国内不少学者认为英文的"eugenics"与中文的"优生学"有着质的区别[1][2][3][4][5][6]，但是从我国著名优生学家潘光旦最早将"eugenics"翻译为"优生学"起，"优生学"便已经与 eugenics 一词产生不可分割的关联。国内学者对于优生学历史及其伦理反思的不甚了解，促使"优生学"一词不断被滥用。为了促进优生学在中英文语境下的规范使用，笔者对优生学一词的使用提出以下建议。

第一，我们应遵守 1998 年第十八届国际遗传学大会上中外遗传学家达成的共识："'优生学'（eugenics）这个术语以如此繁多的不同方式被

---

① 吴素香：《生命伦理学概论》，中山大学出版社 2011 年版。

② 焦雨梅：《医学伦理学》，华中科技大学出版社 2010 年版。

③ 孙福川、丘祥兴：《医学伦理学》，人民卫生出版社 2013 年版。

④ 王丽宇、戴万津：《医学伦理学》，人民卫生出版社 2013 年版。

⑤ 陈爱葵：《遗传与优生》，清华大学出版社 2014 年版。

⑥ 李戈：《遗传与优生学基础》，中国中医药出版社 2013 年版。

使用，使其已不再适于在科学文献中使用。"①②

第二，由于优生学在历史上蕴含着不同的含义，从高贵的血统、到出生一个健康的孩子，再到纳粹实施的大屠杀。为了避免不必要的误解，我们必须谨慎使用"优生学"一词，无论是在中文语境或是在英文语境下。尤其是在英文语境下，应避免使用"eugenics"一词，而改用"生殖遗传学"，如果必须使用则应当明确其定义及所指。同时，建议使用 healthy birth、"well‐bear，well‐rear"③等来描述中文语境下的优生，以便与"eugenics"一词进行明确的区分，避免在讨论优生学和遗传学时引发不必要的误解。

我国现有法律法规中的优生学问题主要集中在对生殖自由的不合理干预，以及受益和负担的不公正分配上，大致可以分为三类：婚姻与生育的捆绑、非自愿绝育，以及对遗传疾病基因携带者或患者的不公正对待。笔者将针对这三类问题，根据自主性原则和公正原则对这些法律法规提出相应修改建议。

婚姻与生育的捆绑

我国现行《婚姻法》第 7 条规定："有下列情形之一的，禁止结婚：（一）直系血亲和三代以内的旁系血亲；（二）患有医学上认为不应当结婚的疾病。"第 10 条也有类似规定："有下列情形之一的，婚姻无效：有禁止结婚的亲属关系的；婚前患有医学上认为不应当结婚的疾病，婚后尚未治愈的。"

其中"医学上认为不应当结婚的疾病"至少包含两类。第一，指定传染病，即《中华人民共和国传染病防治法》中规定的艾滋病、淋病、梅毒、麻风病等以及医学上认为影响结婚和生育的其他传染病；第二，《中华人民共和国母婴保健法》第 7 条规定：经婚前医学检查，对患指

---

① Dickson D., "Congress Grabs Eugenics Common Ground", *Nature*, Vol. 394, No. 6695, 1998.

② 邱仁宗：《人类基因组研究与遗传学的历史教训》，《医学与哲学》2000 年第 9 期。

③ Knoppers B. M., "Well‐Bear and Well‐rear in China?" *The American Journal of Human Genetics*, Vol. 63, No. 3, 1998.

定传染病在传染期内或者有关精神病在发病期内的，医师应当提出医学意见；准备结婚的男女双方应当暂缓结婚。严重遗传性疾病，是指由于遗传因素先天形成，患者全部或者部分丧失自主生活能力，后代再现风险高，医学上认为不宜生育的遗传性疾病。

该法将某些亲缘关系和某些疾病视为禁止婚姻或婚姻无效的条件，可能的原因有两个：传统的社会道德观念，以及对未来后代健康的考虑。对于前者而言，并非本书所关注因此不再赘述。但对于后者，如果我们从家长主义考虑此类法条，我们不难理解国家通过《婚姻法》对个体婚育自由的干预。政策制定者或许认为大部分夫妇一旦结婚就必定生育且不会考虑后代的健康与否，因此通过立法禁止近亲结婚和可能将疾病遗传或传染给后代的个体的婚育。

实际上此法是将个人的结婚与生育捆绑在一起，没能分清两者的差别。首先，男女双方结婚并不意味着他们必定会生育后代，一些夫妇会出于各种原因选择成为丁克家庭，而不生育。即使他们患有以上所说的传染病或遗传性疾病，在不影响他们作出是否结婚这一自主性判断时，我们没有理由拒绝他们结婚的合理诉求。此外，夫妇可以通过婚检或孕前检测获知自己是否患有影响后代健康的疾病是否必定导致后代的遗传缺陷或患上传染性疾病，并以此来作出生殖决策。这同样也不需要政府以禁止结婚为条件对个体的生育进行限制。

当然，2003 年颁布的《婚姻登记条例》中已经不再要求夫妇双方在登记结婚时出示婚检证明，但对于近亲结婚的限制仍旧没有解除。值得注意的是，由于相较于《婚姻登记条例》而言《婚姻法》属上位法，因此如果一对未经婚检的夫妇登记结婚，只要一方患有《婚姻法》中禁止结婚或应暂缓结婚的疾病，则从法律角度来讲他们的婚姻是无效的。

《婚姻法》中这些内容的制定初衷或许是好的，即希望个体能够生育一个健康的后代，从未来后代的健康利益出发。但这仅仅符合实质公正，但却破坏了程序公正，因为其以剥夺个体的婚姻自由为代价，并且未必能够实现法律制定的初衷。因此，我们有必要对该法进行适当的修正，让临床医学、遗传学、社会学、伦理学、法学、社群代表，以及其他利益相关者共同参与到政策的制定中，确定哪些疾病会影响个体在婚姻上的自主性判断，而对于那些不会影响的疾病则应当将其排除在《婚姻法》所规定的"不应当结婚的疾病"之外，以维护个体的婚姻自由。

非自愿绝育与流产

我国现行《母婴保健法》第 10 条规定："经婚前医学检查，对诊断患医学上认为不宜生育的严重遗传性疾病的，医师应当向男女双方说明情况，提出医学意见；经男女双方同意，采取长效避孕措施或者施行结扎手术后不生育的，可以结婚。但《中华人民共和国婚姻法》规定禁止结婚的除外。"

《福建省人口与计划生育条例》第 17 条规定："患有会造成下一代严重遗传性疾病的夫妻不宜生育。有生育能力的夫妻一方应当施行绝育手术或者采取长效避孕措施；已怀孕的，应当终止妊娠。"

《贵州省人口与计划生育条例》第 49 条明确规定："夫妻一方患有严重遗传性疾病等医学上认为不宜生育的，应当采取节育措施；已怀孕的必须及时终止妊娠。"

《海南省人口与计划生育条例》第 26 条规定："凡患有医学上认为不宜生育的严重遗传性疾病的，不得生育；已怀孕的，应当终止妊娠。"

《湖北省人口与计划生育条例》中的部分内容与《甘肃省人民代表大会常务委员会关于禁止痴呆傻人生育的规定》和《辽宁省防止劣生条例》十分相近。《湖北省人口与计划生育条例》第 24 条规定："经具有法定鉴定资格的组织按照规定程序鉴定确认，育龄夫妻患有严重的遗传性精神病、先天智能残疾和医学上认为不应当生育疾病的，由其父母或者其他监护人负责落实其节育或者绝育措施。"虽然我们并未在同一条例中找到如果监护人"不负责"可能遭受的惩罚，但如果患有被认为不应当生育疾病的女性妊娠，且拒绝终止妊娠的话，则根据该条例的第四十条当事人双方必须缴纳一定数额的罚款。此处的"负责落实"毫无疑问带有强制的含义，法律中的要求无论是节育或是绝育都不一定代表当事人或其监护人的意愿。

制定这些法律法规的初衷——促进后代健康本身是好的，但必须谨慎考虑实现这一目的的方式。根据本书在生殖自由部分的讨论，这些规定毫无疑问是对个体自主性和生殖自由的破坏。此外,在科学上这些政策也非毫无问题。夫妻一方患有严重遗传性疾病并非意味着后代必定患有同样遗传疾病,如果夫妻利用胚胎移植前遗传诊断技术筛选出相对健康的后代。在伦理上,要求夫妻"应当"终止妊娠"不得生育""必须及时终止妊娠"与20世纪前半叶欧美等国颁布的优生学法在达到目的所采用的方式上几乎无异。不幸的是,这些法规不仅仅停留在纸面上,一些地方政府部门还对个体实施过强制引产,如2012年陕西安康镇坪县计生部门强制引产事件,2007年河北一名农妇怀胎九个月被当地计生办强制引产。① 这些行为不仅有违不伤害和生殖自由等重要的伦理原则,更是对我国立法精神的践踏。而本书所呈现的一些地方法规则是为这些行为提供了"合法"辩护。

因此,笔者建议将这些法规中使用的强制性词语"应当""不得""必须"更改为"建议"。"建议"意味着在遗传咨询或围产期保健时,咨询师或医生向咨询者提供足够信息以使其能够作出合理的生殖决策,确保个体的生殖自由,同时要求咨询师或医生对有生育严重遗传性疾病孩子风险的夫妇提出是否生育或采用辅助生殖技术的建议。这类"建议"虽然破坏了遗传咨询中的非指令性原则,但生殖决策不但影响夫妇利益同时也将影响未来后代,且夫妇有权选择是否生育,不存在对个体生殖自由的不合理干预,因此也与20世纪前半叶欧美等国的优生学法不同,更与纳粹有着本质的区别。

遗传病基因携带者及患者的权利

通过对全国各省市的计划生育条例的梳理笔者发现,诸多省市都有着类似的规定:如果夫妻双方只育有一个子女,且该子女经指定医疗机构诊断证明为非遗传性残疾,不能成长为正常劳动力的情况下,夫妻双方可申请生育第二个子女。这里最为突出的问题是为什么要突出"非遗传性残疾"? 一个可能的回答是:如果现有子女为遗传性残疾,这意味着父母再

---

① 新浪新闻中心:《强制引产是政绩杀人》,《新观察》第63期(http://news.sina.com.cn/z/qzyc/)。

次生育一个孩子患有同样遗传性疾病的概率会很高。

但从遗传学角度来看，很容易便会对这一回答产生质疑。假设父母都是同一常染色体隐性遗传疾病的携带者，则他们生育一个患有该遗传病的孩子的概率是 25%，并且如果他们通过试管婴儿技术进行移植前遗传诊断并挑选不患此遗传病的胚胎植入母体子宫的话，同样可以出生一个健康的孩子，除非孩子自身的遗传物质发生突变。因此，之前的反驳显然是站不住脚的。对于该问题的回答还可能包括：遗传性残疾无法预防，遗传性残疾相比先天性非遗传性残疾要严重，以及伴有遗传性残疾的孩子如果以后结婚并生育的话还有可能生育出患同样疾病的后代。对于这一反驳，我们仍能从医学遗传学角度进行回应。遗传性残疾并不一定会比先天性残疾或后天残疾严重，而即使是很严重的遗传性疾病，此后代也未必会生育后代，反而通过教育与宣传可能了解自身疾病的严重性，放弃生育后代，或者使用辅助生殖技术生育后代。

无论怎样的反驳，我们都难以掩饰这些法律中旧的优生学思想。这些法律法规不但是对个人生殖自由的剥夺，同时也是一种不公正和歧视的表现。我们应当在遗传学家、法学家、伦理学家、社群代表等多方参与下对相应条文进行修改，纠正法规中在科学上的问题外，避免对残疾人和遗传性疾病的个体造成污名化和歧视，并在一定程度上尊重他们的生殖自由。

教科书的审查与修改

遗传学知识在人类生殖上的运用，应当促进个体和未来后代的福祉，而不应伤害他们，或给予个体不公正的对待，无论在遗传学界抑或是在生命伦理学界这是不争的事实。[1][2]在得不到合理性辩护的情况下，破坏个体的利益或违反个体的意愿而强制个体进行绝育或流产，便会对个体造成伤害，并侵犯他们所应有的权利。这些观点和想法不仅仅存在于法律法规之中，同时也体现在我国的一些生命伦理学和遗传学教科书之中，甚至带有不良的优生学倾向。如果说上文提到的法律法规并不一定会被执行的话，

---

① 邱仁宗：《人类基因组研究与遗传学的历史教训》，《医学与哲学》2000 年第 9 期。

② 《中国人类基因组 ESLI 委员会声明》，《自然辩证法通讯》2001 年第 3 期。

而这些教科书中的观点却可能会对学生产生不良影响，并在未来产生负面效用，加深社会对残疾人的歧视，甚至降低对遗传差异的容忍度。

首先，在教科书中最为突出的是对残疾人的歧视。不少教科书称出生有缺陷的人为"劣生"，并建议制定限制、防止"劣生"的法律法规，甚至还列出"没有生育价值"的人。如《医学伦理学》（第四版）中提道："所谓无生育价值的父母，主要包括四种人：有严重遗传疾病的人；有严重精神分裂症的病人；重度智力低下者；近亲婚配者。从现代医学和优生学的观点来看，对上述人群采取消极优生学的措施是必要的……要剥夺影响生命质量的'无生育价值的父母'的生育权利。"清华大学出版社的《遗传与优生》中提及："目前，有不少的家庭为孩子的低能、痴呆和先天性、遗传性疾病而苦恼。要知道，一个严重出生缺陷儿或先天痴呆儿，留之无用，弃之不能，实在是家庭的累赘，又加重了社会的负担。所以防止出生缺陷儿是优生工作的当务之急。由此可见，提倡优生，减少劣生已是刻不容缓的大事。"①

这些教科书中所使用的"劣生""没有生育价值"都属歧视性术语，是对残疾人的歧视，同时也是基因歧视。这些言语是对残疾人价值的贬低，并且是经不起论证的。有出生缺陷或残疾的个体同样能够作出比没有缺陷或残疾者更大的贡献或外在价值。如画家凡·高、物理学家霍金等，他们在各自领域都创造出了超凡的外在价值，几乎没有人会认为他们"没有生育价值"。无论是伦理学家还是科学家都没有权利否定一个人的价值或生育价值。作为高等教育的教材或专业人员参考书，这些歧视性言论显然会对个体造成或多或少的影响，尤其是对缺乏自主判断能力的个体而言。

其次是对优生学历史和优生学的概念缺乏较为全面的理解。正如前文所阐述的，优生学的历史错综复杂，人们对于优生学的理解也千差万别，作为传播知识和高等教育中起到关键作用的教科书，在谈论优生学时应当较为全面地对优生学的历史和学者们对优生学的解读进行阐述，而不应仅仅给出一个片面的甚至是错误的结论。如《遗传与优生》的英文译名中不但使用"eugenics"这一含义复杂的单词作为优生的译文，并且高度赞

---

① 陈爱葵：《遗传与优生》，清华大学出版社2014年版。

赏高尔顿提出的优生学，认为 20 世纪初期的优生学运动对于提升欧美等国人种的质量有着关键的作用。但稍微了解优生学历史和遗传学基本知识的人都知道，当时的遗传学水平与当下人类对遗传学的了解有着质的差别，当时的优生学家所拥有的知识几乎不可能用来提升个体或群体的遗传水平。此外，众多教科书对优生学概念的界定上也存着较大差异，人民卫生出版社的《医学伦理学》将优生学界定为"通过医学手段改良人的遗传素质、提高人们的体力和智力水平的生育控制"①。而华中科技大学出版社的《医学伦理学》将优生学视为一门"以人类遗传学和医学遗传学为基础，研究改善人类遗传素质的综合性学科"②。笔者认为在高等教育的教材中，重要概念和问题的解释不应出现如此大的差异。如果说教科书应传递给学生较为明确的结论，则在诸如优生学的历史和优生学的概念上，在这些问题中众多教科书应当给出同样或类似的解答。但是，如笔者所展示的，实际情况并非如此，不但存在差异，更有甚者在书中提出错误观点。对于这些以传播知识为目的的高等教育教材而言，这些问题对学生今后的学习和工作可能造成深远的不良影响，如对残疾人的歧视，或基因歧视等。

综上所述，笔者建议针对以上教材中呈现的问题，教材的作者和相关领域的学者应尽快组织有针对性的研究和讨论，如优生学的定义，优生学是否应当被视为一门学科等。其次，对于教材中较为明显的错误应及时修正，如禁止出现对残疾人和存在遗传差异者构成歧视的言语，修改对优生学这一概念和历史的错误解读。此外，更重要的是加强学者们对于优生学相关问题的学术交流，促进学者们对该领域问题的了解，从而提升对生命伦理学和遗传学教科书中相关问题的解读。同时，我们还应加强对专业教科书的评审制度，建议设立类似于学术论文的专家盲评制，尽可能地确保此类书籍的质量。

---

① 孙福川、丘祥兴：《医学伦理学》，人民卫生出版社 2013 年版。
② 焦雨梅：《医学伦理学》，华中科技大学出版社 2010 年版。

附录一 中国优生法律法规

一 新中国成立初期至 1995 年优生学法律法规

序号	名称	相关条目	颁布/废止日期
1	《中华人民共和国婚姻法》	第 5 条	1950 - 4 - 13/1981 - 1 - 1
2	《婚姻登记办法》	前言、第 4 条	1955 - 6 - 1/1980 - 11 - 11
3	《婚姻登记办法》	第 4 条	1980 - 11 - 11/1986 - 3 - 15
4	《婚姻登记办法》	第 5、6 条	1986 - 3 - 15/1994 - 2 - 1
5	《甘肃省人民代表大会常务委员会关于禁止痴呆傻人生育的规定》	第 2、3、5 条	1988 - 11 - 23/2002 - 2 - 7
6	《辽宁省防止劣生条例》	第 7、8 条	1990 - 1 - 13/1995 - 11 - 25
7	《呼和浩特市人民政府关于禁止痴呆傻人生育的规定》		1990/2008

1. 《中华人民共和国婚姻法》（1950）

第五条 男女有下列情形之一者，禁止结婚：

一、为直系血亲，或为同胞的兄弟姊妹和同父异母或同母异父的兄弟姊妹者；

其他五代内的旁系血亲间禁止结婚的问题，从习惯。

二、有生理缺陷不能发生性行为者。

三、患花柳病或精神失常未经治愈，患麻风或其他在医学上认为不应结婚之疾病者。

第六条 结婚男女双方应亲自到所在地（区、乡）人民政府登记。

凡合于本法规定的结婚，所在地人民政府应即发给结婚证。

凡不合于本法规定的结婚，不予登记。

2.《婚姻登记办法》（1995）

《中华人民共和国婚姻法》规定，结婚、离婚和恢复结婚都要到当地人民政府去登记，目的是通过登记来保障婚姻自由，防止强制包办；保障一夫一妻制，防止重婚纳妾；保障男女双方和下一代的健康，防止早婚和亲属间不应该结婚的婚姻，防止患有不应该结婚的疾病传染和其他违反婚姻法的行为。

3. 婚姻登记办法（1980）

《中华人民共和国婚姻法》规定，结婚、离婚、恢复结婚都要到当地人民政府婚姻登记机关进行登记。婚姻登记机关必须严格遵照婚姻法办事，要保障婚姻自由、一夫一妻制，防止包办买卖婚姻和重婚，保障男女双方和下一代的健康，防止亲属间不应结婚的婚姻，防止患有不应结婚的疾病的婚姻及其他违反婚姻法的行为。

4. 婚姻登记办法（1986）

第六条　申请结婚的男女双方或一方有下列情形之一的禁止结婚，不予登记：（一）未到法定结婚年龄的；（二）非自愿的；（三）已有配偶的；（四）属于直系血亲和三代以内旁系血亲的；（五）患麻风病或性病未治愈的。

5. 甘肃省人民代表大会人大常委会关于禁止痴呆傻人生育的规定（1988）

第一条　为了提高人口素质，减轻社会及痴呆傻人家庭负担，根据国家人口政策的有关规定，结合本省实际，制定本规定。

第二条　本规定所称的痴呆傻人同时具有下列特征：

（一）由于家族遗传、近亲结婚或父母受外界因素影响等原因先天形成；

（二）智商在四十九以下的中度和重度智力低下；

（三）语言、记忆、定向、思维等存在行为障碍。

第三条　禁止痴呆傻人生育。

痴呆傻人必须施行绝育手术后方准结婚。结婚双方均为痴呆傻人的，可以只对一方施行绝育手术；一方为痴呆傻人的，只对痴呆傻人一方施行绝育手术。

第四条　对本规定公布前已结婚的有生育能力的痴呆傻人，依照第三条规定施行绝育手术。

第五条　对已经怀孕的痴呆傻妇女，必须施行中止妊娠和绝育手术。

第六条　对难以确认为本规定所称痴呆傻人的，由县级以上人民政府的卫生行政部门指定医院检查诊断。

第七条　按本规定对痴呆傻人进行的检查诊断和手术一律免费。

第八条　各级人民政府的计划生育、卫生行政和民政部门以及医疗保健单位要做好社会调查、婚前检查、遗传咨询和地方病防治等工作，预防痴呆傻人的出生。

第九条　对违反本规定造成痴呆傻人生育的单位和直接责任人，区别不同情况，给予行政处分、经济处罚；对负有直接责任的监护人进行批评教育并给予适当的经济处罚。

第十条　本规定执行中的问题由甘肃省计划生育委员会负责解释。

第十一条　本规定自 1989 年 1 月 1 日起施行。

6. 辽宁省防止劣生条例

第一条　为促进民族兴旺，提高人口素质，根据《中华人民共和国婚姻法》的有关规定，结合我省实际情况，制定本条例。

第二条　本条例所称防止劣生是指采取具体卫生保健措施，防止先天缺陷儿出生，生育健康的后代。

第三条　本条例适用于我省境内一切单位和我国公民。

已开展婚前健康检查的地区先行实施。尚未开展婚前健康检查的地区，应创造条件开展婚前健康检查工作。实施婚前健康检查的步骤，由市卫生局、民政局根据当地情况提出方案，报同级人民政府批准。

本条第一款规定以外地区的我国公民、我国公民同外国人、华侨同国内公民、港澳同胞同内地公民，凡在我省开展婚前健康检查地区结婚登记的，均应遵守本条例。

第四条　省、市、县（含县级市、区，下同）卫生行政部门是防止劣生工作的主管部门，在同级人民政府领导下，负责本条例的实施和监督检查工作。同级民政、计划生育等部门和公安机关应协助做好防止劣生工作。

各级人民政府聘任优生保健监督员，执行防止劣生监督检查任务。城市居民委员会、农村村民委员会可聘计划生育工作人员兼任。

第五条 各机关、团体、企业、事业单位应做好优生优育和防止劣生的宣传教育工作。

第六条 男女双方在结婚登记前，应到市卫生行政部门审核批准和民政部门备案的妇幼保健单位或医院（以下简称"保健医疗单位"），接受婚前健康检查。

保健医疗单位应负责优生保健指导。

婚前健康检查管理办法由省人民政府制定。

第七条 除国务院批准的《婚姻登记办法》第六条第（四）项、第（五）项规定禁止结婚的外，患有精神分裂症、躁狂抑郁症、偏执性精神病、癫痫性精神障碍（以下简称"重性精神病"）的，必须经临床治愈二年以上，方可结婚登记。

第八条 经保健医疗单位检查确认，有下列情形之一，有生育能力的，婚后禁止生育；其中患病一方必须在婚前到市卫生行政部门指定的开展节育手术单位，施行绝育手术：

（一）双方有重性精神病史的；

（二）双方为中度痴呆傻或一方为重度痴呆傻的；

（三）一方患有软骨发育不全、成骨不全、马凡氏综合征、视网膜色素变性、进行性肌营养不良（面肩肱型）常染色体显性遗传病的；

（四）双方患有地方性克汀病的。

对有前款规定情形之一，有生育能力的已婚者，计划生育部门不予核准生育指标，患病一方也必须施行绝育手术。

第九条 女方患有地方性克汀病，未经指定的保健医疗单位应用药物进行防治的，计划生育部门不予核准生育指标。

第十条 保健医疗单位应做好妇女孕产期保健工作；孕妇应接受医生的检查和优生指导。经检查发现有下列情形之一的，必须到市卫生行政部门审核批准的遗传咨询门诊接受产前诊断：

（一）有血友病家族史或男方患血友病的；

（二）生育过严重缺陷儿的；

（三）妊娠羊水过多或过少的。

经检查确认不宜生育的，应中止妊娠。

　　第十一条　经保健医疗单位确认必须施行中止妊娠或绝育手术而拒绝手术的，报经县以上卫生行政部门审核决定，告知所在地乡、镇人民政府或街道办事处，由优生保健监督员会同有关人员督促执行。

　　当事人或其监护人对决定有异议的，可在接到通知之日起十五日内，向作出决定的上一级部门申请复议，上一级部门在接到复议申请之日起十五日内作出裁决。

　　第十二条　省、市卫生行政部门应成立防止劣生技术鉴定组织，负责本条例所列疾病的会诊与技术鉴定。防止劣生技术鉴定组织章程由省卫生厅制定。

　　第十三条　凡从事婚前健康检查和在指定的遗传咨询门诊进行产前诊断的专业技术人员，必须接受市以上卫生行政部门的专业培训，经考核后，由市以上卫生行政部门发给专业培训合格证书。

　　第十四条　开展婚前健康检查地区的婚姻登记部门，办理结婚登记时，必须查验当事人提供的本人婚前健康检查证明。其中属于第七条、第八条规定情形的，还应分别提供市级以上精神病院出具的临床治愈二年以上的证明和节育手术单位出具的绝育证明。

　　第十五条　对执行本条例作出显著成绩的单位和个人，由人民政府或卫生行政部门给予表扬或奖励。

　　第十六条　按照本条例第八条、第十条规定，需施行绝育或中止妊娠手术的，其费用按下列规定执行：

　　（一）享受供养直系亲属半费医疗的，由其供养职工所在单位全额报销；

　　（二）不享受公费、劳保医疗的，由各级财政从有关经费中列支。

　　第十七条　对违反本条例规定的单位或个人，按照下列规定给予处罚：

　　（一）违反禁止生育规定而生育的，由区或乡、镇人民政府对夫妻双方或其监护人处以罚款，罚款额不得低于夫妻双方或其监护人当年收入的10%，罚款十四年，在处罚当时一次收取；

　　（二）未经市卫生行政部门审核批准的保健医疗单位，擅自出具《婚前健康检查证明》《产前诊断证明》的，其证明无效，由市卫生行政部门责令停止婚前健康检查、产前诊断活动，没收非法所得，并处以非法所得额一倍以下的罚款，对责任人由其所在单位或主管部门给予行政处分。

阻碍工作人员执行职务，构成治安管理处罚的，由公安机关给予处罚；情节严重构成犯罪的，由司法机关依法追究刑事责任。

第十八条　当事人对处罚决定不服的，可在接到处罚决定之日起十五日内向作出处罚决定的上一级部门申请复议。复议部门应在接到申请书之日起三十日内作出复议决定。当事人对复议决定不服的，可在接到复议决定之日起十五日内向人民法院起诉。逾期不起诉，又不履行复议决定的，由作出处罚决定的部门申请人民法院强制执行。

第十九条　卫生、民政、计划生育部门的工作人员在婚前健康检查、产前诊断、节育手术、婚姻登记、生育指标核准工作中，有营私舞弊、玩忽职守、滥用职权等违法乱纪行为的，由其主管部门给予行政处分，情节严重构成犯罪的，由司法机关依法追究刑事责任。

第二十条　本条例应用中的具体问题由省卫生厅负责解释。

市人民政府可根据本条例，结合当地实际情况制定实施细则。

第二十一条　本条例自 1990 年 7 月 1 日起施行。

7. 呼和浩特市人民政府关于禁止痴呆傻人生育的规定

第一条　为了提高人口素质，减轻社会及痴呆傻人家庭负担，根据国家人口政策的有关规定，结合本市实际，制定本规定。

第二条　本规定所称的痴呆傻人同时具有下列特征：

（一）由于家庭遗传、近亲结婚或父母受外界因素影响等原因先天形成；

（二）智商在四十九以下的中度和重度智力低下；

（三）语言、记忆、定向、思维等存在行为障碍。

第三条　禁止痴呆傻人生育。

痴呆傻人必须施行绝育手术后方准结婚。结婚双方均为痴呆傻人的，对女方施行绝育手术，一方为痴呆傻人的，只对痴呆傻人施行绝育手术。

第四条　对本规定公布前已结婚的有生育能力的痴呆傻人，依照第三条规定施行绝育手术。

第五条　对已怀孕的痴呆傻妇女，必须施行终止妊娠和绝育手术。

第六条　对难以确认为本规定所称痴呆傻人的，由县级以上人民政府的卫生行政部门指定医院检查诊断。

第七条　按本规定对痴呆傻人进行的检查诊断和手术一律免费。

第八条　各级人民政府的计划生育、卫生行政和民政部门以及医疗保健单位要做好社会调查、婚前检查、遗传咨询和地方病防治等工作，预防痴呆傻人的出生。

第九条　对已施行绝育手术的已婚无子女的痴呆傻夫妇，经批准，可以抱养一个小孩。

第十条　对违反规定造成痴呆傻人生育的直接责任人，区别不同情况，给予行政处分、经济处罚；对负有直接责任的监护人进行批评教育并给予适当的经济处罚。

第十一条　本规定由呼和浩特市计划生育委员会负责解释。

第十二条　本规定自发布之日起施行。

二　我国现行优生学法律法规

序号	名称	相关条目	颁布/修订日期
1	《中华人民共和国婚姻法》	第 7、10 条	1981 年颁布
2	《中华人民共和国母婴保健法》	第 7、8、9、10、12、16 条	1994 年颁布
3	《中华人民共和国母婴保健法实施办法》	第 14、16 条	2001 年颁布
4	《婚姻登记条例》	第 6 条	2003 年颁布
5	《北京市人口与计划生育条例》	第 17 条	2003 年颁布 2014 年修订
6	《上海市人口与计划生育条例》	第 25 条	2003 年颁布 2014 年修订
7	《陕西省人口与计划生育条例》	第 25 条	2002 年颁布
8	《广东省人口与计划生育条例》	第 19 条	1980 年颁布 2008 年修订
9	《福建省人口与计划生育条例》	第 17 条	1988 年颁布 2002 年修订
10	《贵州省人口与计划生育条例》	第 34、36、48 条	1998 年颁布 2009 年修正
11	《海南省人口与计划生育条例》	第 26 条	2003 年颁布 2014 年修正
12	《河北省人口与计划生育条例》	第 43 条	2003 年颁布 2014 年修订
13	《河南省人口与计划生育条例》	第 17 条	2002 年颁布 2011 年修正
14	《湖北省人口与计划生育条例》	第 24 条	2002 年颁布 2014 年修订

序号	名称	相关条目	颁布/修订日期
15	《湖南省人口与计划生育条例》	第 34 条	2002 年颁布 2007 年修订
16	《江苏省人口与计划生育条例》	第 22、23 条	2002 年颁布 2004 年修订
17	《江西省人口与计划生育条例》	第 9、11 条	1990 年颁布 2009 年修订
18	《青海省人口与计划生育条例》	第 13 条	2002 年颁布
19	《山西省人口与计划生育条例》	第 11、23 条	1999 年颁布 2008 年修订
20	《四川省人口与计划生育条例》	第 22 条	1987 年颁布 2004 年修正
21	《新疆维吾尔自治区人口与计划生育条例》	第 38 条	2002 年颁布 2006 年修正
22	《浙江省人口与计划生育条例》	第 19 条	2002 年颁布 2007 年修正
23	《重庆市人口与计划生育条例》	第 20 条	1997 年颁布 2014 年修正

1. 《中华人民共和国婚姻法》

第七条　有下列情形之一的，禁止结婚：（一）直系血亲和三代以内的旁系血亲；（二）患有医学上认为不应当结婚的疾病。

第十条　有下列情形之一的，婚姻无效：（一）重婚的；（二）有禁止结婚的亲属关系的；（三）婚前患有医学上认为不应当结婚的疾病，婚后尚未治愈的；（四）未到法定婚龄的。

2. 《中华人民共和国母婴保健法》

第七条　医疗保健机构应当为公民提供婚前保健服务。

婚前保健服务包括下列内容：

（一）婚前卫生指导：关于性卫生知识、生育知识和遗传病知识的教育；

（二）婚前卫生咨询：对有关婚配、生育保健等问题提供医学意见；

（三）婚前医学检查：对准备结婚的男女双方可能患影响结婚和生育的疾病进行医学检查。

第八条　婚前医学检查包括对下列疾病的检查：

（一）严重遗传性疾病；

（二）指定传染病；

（三）有关精神病。

经婚前医学检查，医疗保健机构应当出具婚前医学检查证明。

第九条 经婚前医学检查，对患指定传染病在传染期内或者有关精神病在发病期内的，医师应当提出医学意见；准备结婚的男女双方应当暂缓结婚。

第十条 经婚前医学检查，对诊断患医学上认为不宜生育的严重遗传性疾病的，医师应当向男女双方说明情况，提出医学意见；经男女双方同意，采取长效避孕措施或者施行结扎手术后不生育的，可以结婚。但《中华人民共和国婚姻法》规定禁止结婚的除外。

第十二条 男女双方在结婚登记时，应当持有婚前医学检查证明或者医学鉴定证明。

第十四条 医疗保健机构应当为育龄妇女和孕产妇提供孕产期保健服务。

第十六条 医师发现或者怀疑患严重遗传性疾病的育龄夫妻，应当提出医学意见。育龄夫妻应当根据医师的医学意见采取相应的措施。

第十九条 依照本法规定施行终止妊娠或者结扎手术，应当经本人同意，并签署意见。本人无行为能力的，应当经其监护人同意，并签署意见。

依照本法规定施行终止妊娠或者结扎手术的，接受免费服务。

3. 《中华人民共和国母婴保健法实施办法》

第十四条 经婚前医学检查，医疗、保健机构应当向接受婚前医学检查的当事人出具婚前医学检查证明。婚前医学检查证明应当列明是否发现下列疾病：（一）在传染期内的指定传染病；（二）在发病期内的有关精神病；（三）不宜生育的严重遗传性疾病；（四）医学上认为不宜结婚的其他疾病。

发现前款第（一）项、第（二）项、第（三）项疾病的，医师应当向当事人说明情况，提出预防、治疗以及采取相应医学措施的建议。当事人依据医生的医学意见，可以暂缓结婚，也可以自愿采用长效避孕措施或者结扎手术；医疗、保健机构应当为其治疗提供医学咨询和医疗服务。

第十六条 在实行婚前医学检查的地区，婚姻登记机关在办理结婚登记时，应当查验婚前医学检查证明或者《中华人民共和国母婴保健法》第十一条规定的医学鉴定证明。

4.《婚姻登记条例》

第五条　办理结婚登记的内地居民应当出具下列证件和证明材料：（一）本人的户口簿、身份证；（二）本人无配偶以及与对方当事人没有直系血亲和三代以内旁系血亲关系的签字声明。

办理结婚登记的香港居民、澳门居民、台湾居民应当出具下列证件和证明材料：（一）本人的有效通行证、身份证；（二）经居住地公证机构公证的本人无配偶以及与对方当事人没有直系血亲和三代以内旁系血亲关系的声明。

办理结婚登记的华侨应当出具下列证件和证明材料：（一）本人的有效护照；（二）居住国公证机构或者有权机关出具的、经中华人民共和国驻该国使（领）馆认证的本人无配偶以及与对方当事人没有直系血亲和三代以内旁系血亲关系的证明，或者中华人民共和国驻该国使（领）馆出具的本人无配偶以及与对方当事人没有直系血亲和三代以内旁系血亲关系的证明。

办理结婚登记的外国人应当出具下列证件和证明材料：（一）本人的有效护照或者其他有效的国际旅行证件；（二）所在国公证机构或者有权机关出具的、经中华人民共和国驻该国使（领）馆认证或者该国驻华使（领）馆认证的本人无配偶的证明，或者所在国驻华使（领）馆出具的本人无配偶的证明。

第六条　办理结婚登记的当事人有下列情形之一的，婚姻登记机关不予登记：（一）未到法定结婚年龄的；（二）非双方自愿的；（三）一方或者双方已有配偶的；（四）属于直系血亲或者三代以内旁系血亲的；（五）患有医学上认为不应当结婚的疾病的。

5.《北京市人口与计划生育条例》

第十七条　一对夫妻生育一个子女。

有下列情形之一的，由夫妻双方申请，经区、县级以上计划生育行政部门批准，可以生育第二个子女：

（一）只有一个子女，经指定医疗机构诊断证明为非遗传性病残，不能成长为正常劳动力的；

（二）夫妻双方均为独生子女，并且只有一个子女的；

（三）婚后五年以上不育，经指定医疗机构诊断证明为不孕症，依法收养一个子女后又怀孕的；

（四）再婚夫妻双方只有一个子女的；

（五）从边疆调入本市工作的少数民族职工，调入前经当地县级以上计划生育行政部门批准允许生育第二个子女的；

（六）兄弟二人或者二人以上均系农村居民，只有一对夫妻有生育能力，又只生育一个子女，其他兄弟不收养他人子女的；

（七）男性农村居民到有女无儿家结婚落户并书面表示自愿赡养老人的（女方家姐妹数人只照顾一人）；

（八）远郊区、县农村居民，夫妻一方为二等乙级以上伤残军人，或者一方残疾基本丧失劳动能力的；

（九）在深山区长期居住并以农业生产为主要生活来源的农村居民，只有一个女孩，生活有实际困难的。

6. 《上海市人口与计划生育条例》

第二十五条 婚前双方均未生育过子女的夫妻，生育第一个子女后符合下列条件之一的，可以要求安排再生育一个子女：（一）双方均为独生子女的；（二）生育的第一个子女经区、县或者市病残儿医学鉴定机构鉴定为非遗传性残疾，不能成长为正常劳动力的；（三）一方经有关部门鉴定为非遗传性残疾，影响劳动，生活不能自理的；（四）一方符合二等乙级以上伤残军人条件的；（五）一方为从事出海捕捞连续五年以上的渔民，现仍从事出海捕捞的；（六）一方为本市农业户口且有一方为独生子女的；（七）女方为本市农业户口，无兄弟，其姐妹均只生育一个子女，男方到女方家庭落户赡养老人的。

婚前一方或者双方生育过子女的夫妻，符合下列条件之一的，可以要求安排再生育一个子女：（一）一方婚前未生育过子女，另一方婚前生育过一个或者两个子女的；（二）双方婚前各生育过一个子女，且双方均为独生子女的；（三）双方婚前各生育过一个子女，一方为本市农业户口且有一方为独生子女的；（四）双方婚前各生育过一个子女，其中一方生育的子女经区、县或者市病残儿医学鉴定机构鉴定为非遗传性残疾，不能成长为正常劳动力的。

除本条第一款、第二款规定的条件外，因特殊情况可以再生育的条件，由市人民政府另行规定。

本人的兄弟姐妹均已死亡，或者本人十四周岁前被收养，养父母无其他子女的，可以视为本条所称的独生子女。

7.《陕西省人口与计划生育条例》

第二十五条　夫妻双方是农村户口，有下列情形之一的，可以生育第二胎子女：（一）只有一个女孩的；（二）男到独女户或者双女户家结婚落户的；（三）夫妻一方属非遗传性残疾，失去正常劳动能力的；（四）居住在人口稀少高寒山区的。人口稀少高寒山区的标准和范围，由省人口和计划生育行政部门会同有关部门确定。

8.《广东省人口与计划生育条例》

第十九条　已生育一个子女的夫妻，有下列情形之一的，由夫妻双方共同申请，经乡、民族乡、镇、街道计划生育工作机构或者县级以上直属农林场审批，可按间隔期规定安排再生育一个子女：（一）经地级以上市病残儿医学鉴定组织鉴定，第一个子女为残疾儿，不能成长为正常劳动力，但医学上认为可以再生育的；（二）再婚夫妻，一方生育一个子女，另一方未生育过的；（三）再婚夫妻，再婚前双方各生育一个子女，离婚时依法判决或者离婚协议确定未成年子女随前配偶，新组合家庭无子女的；（四）经县级以上医疗、保健机构鉴定患不孕症，依法收养一个子女后又怀孕的；（五）独生子与独生女结婚的；（六）夫妻一方在矿山井下、海洋深水下的工作岗位作业连续五年以上，现仍从事该项工作的；（七）夫妻双方的户籍均登记为村民委员会居民（以下简称"农村居民"），只生育一个子女是女孩的。

按照前款规定对再生育一个子女的申请作出的批准，应当报上一级计划生育行政部门备案。

9.《福建省人口与计划生育条例》

第十七条　计划生育技术服务机构和从事计划生育技术服务的医疗、保健机构及其技术人员，应当指导公民在了解各种避孕节育知识的前提下，选择安全、有效、适宜的避孕节育措施，预防和减少非意愿妊娠。对于已生育子女的夫妻，应当指导其选择长效避孕措施。

患有会造成下一代严重遗传性疾病的夫妻不宜生育。有生育能力的夫妻一方应当施行绝育手术或者采取长效避孕措施；已怀孕的，应当终止妊娠。

10.《贵州省人口与计划生育条例》

第三十四条　夫妻双方或者一方是国家机关工作人员、企业事业单位职工、城镇居民，符合下列条件之一的，可以申请生育第二个子女：（一）第一个子女为非遗传性残疾，不能成长为正常劳动力的；（二）夫妻双方均为独生子女的；（三）夫妻结婚5年以上，因患不孕症，依法收养一个子女后，经治愈要求生育的；（四）一方或者双方是再婚的夫妻，一方生育过一个子女，另一方未生育过子女的。

第三十五条　夫妻双方是农民，除适用第三十四条规定外，符合下列条件之一的，可以申请生育第二个子女：（一）第一个孩子是女孩的；（二）夫妻双方或者一方是少数民族的；（三）男到独生女无儿户家结婚落户的。

第三十六条　夫妻双方都是少数民族的农民，两个子女中有一个为非遗传性残疾，不能成长为正常劳动力的，可以申请再生育一个子女。

第四十八条　夫妻一方患有严重遗传性疾病等医学上认为不宜生育的，应当采取节育措施；已怀孕的必须及时终止妊娠。

11.《海南省人口与计划生育条例》

第二十六条　凡患有医学上认为不宜生育的严重遗传性疾病的，不得生育；已怀孕的，应当终止妊娠。

12.《河北省人口与计划生育条例》

第四十三条　公民生育应当接受孕产期保健指导，防止或者减少出生缺陷。经指定的县级以上医疗机构确诊，育龄夫妻一方患有医学上认为不应当生育的严重遗传性疾病的，应当及时采取绝育措施或者长效避孕措施，禁止生育。

13.《河南省人口与计划生育条例》

第十七条　符合下列条件之一要求生育的，经批准可以按计划生育第二个子女：（一）经县级计划生育医学鉴定组织鉴定，报省辖市计划生育医学鉴定组织确诊第一个子女为非遗传性残疾，不能成长为正常劳动力的；（二）经鉴定患不育症，合法收养一个子女后怀孕的；（三）夫妻双方系归国华侨或回本省定居的港、澳、台同胞，身边只有一个子女的；（四）夫妻一方为六级以上伤残军人或者烈士的独生子女的；（五）夫妻一方连续从事矿区井下采掘作业五年以上，只有一个女孩，且继续从事井下采掘作业的；（六）再婚夫妻，再婚前一方只生育一个子女，另一方未生育的；（七）夫妻双方均为独生子女的。

14.《湖北省人口与计划生育条例》

第二十四条　经具有法定鉴定资格的组织按照规定程序鉴定确认，育龄夫妻患有严重的遗传性精神病、先天智能残疾和医学上认为不应当生育疾病的，由其父母或者其他监护人负责落实其节育或者绝育措施。

15.《湖南省人口与计划生育条例》

第三十四条　夫妻双方或一方患有医学上认为不宜生育的严重遗传性疾病的，应当采用长效避孕措施或者施行结扎手术；怀孕后经产前诊断发现胎儿有严重缺陷的，应当及时终止妊娠。

16.《江苏省人口与计划生育条例》

第二十二条　符合下列条件之一的夫妻，可以申请再生育一个孩子：（一）只有一个孩子，经病残儿医学鉴定机构鉴定为非严重遗传性残疾，目前无法治疗或者经系统治疗仍不能成长为正常劳动力或者将严重影响婚配的；（二）一方为二等乙级以上因公致残的军人、武装警察、公安民警、见义勇为人员，或者一方为烈士的独生子女，只有一个孩子的；（三）一方系丧偶者，另一方未生育的；（四）一方系离婚者且只有一个孩子或者依法生育过两个孩子，另一方未生育的；（五）双方均未生育，依法收养后又怀孕的；（六）一方为两代独生子女或者夫妻均为独生子女，只有一个孩子的；（七）一方从事井下作业连续五年以上，现仍从事井下作业，只有一个女孩的。

17.《江西省人口与计划生育条例》

第九条　符合下列情形之一的夫妻，在领取《再生一胎生育证》后，可以再生育一胎：（一）双方均为独生子女，只生育1个子女的。（二）独生子女死亡的。（三）只有1个子女，该子女经设区的市人民政府人口和计划生育行政部门设立的技术鉴定组织确诊患有非遗传性残疾，不能成长为正常劳动力的。（四）一方为革命烈士亲生独生子女或者六级以上残疾军人，只生育1个子女的。（五）一方在煤矿井下连续从事采矿作业5年以上，并仍在从事煤矿井下采矿作业，只生育1个女孩的。（六）双方均为少数民族，且居住在县级以上人民政府确定的少数民族聚居地，只生育1个子女的。（七）归侨、侨眷或者在本省定居的香港特别行政区居民、澳门特别行政区居民、台湾同胞，其子女均在国外或者香港特别行政区、澳门特别行政区、台湾定居的。（八）双方均系华侨，一方回国时间在6年以内，只生育1个子女的。（九）再婚夫妻一方再婚前只生育1个子女，另一方未生育的。（十）双方均为农民并具有下列情形之一的：1.只生育1个女孩的；2.男方到无兄弟的女方家结婚落户只生育1个子女的，但女方姐妹有2人以上的，只能准许1人；3.一方为独生子女，且其父亲或者母亲亦无兄弟姐妹，只生育1个子女的；4.男方的兄弟均无子女并已丧失生育能力，只生育1个子女的。（十一）省人民政府人口和计划生育行政部门根据法律、法规和国家有关规定批准的其他特殊情况。双方原均为农民，后转为城镇户籍，属本人要求转的，自转为城镇户籍之日起1年内可按农民对待，依法办理《再生一胎生育证》；属政府统一安排转的，自转为城镇户籍之日起3年内可按农民对待，依法办理《再生一胎生育证》。夫妻一方为城镇居民，另一方为农民的，适用本条例关于城镇居民的生育规定。

第十一条　县级以上人民政府卫生行政部门许可的医疗、保健机构应当开展产前筛查和产前诊断工作，预防或者减少出生缺陷发生，提高出生婴儿健康水平；对产前诊断胎儿患有严重遗传性疾病或者严重缺陷的孕妇，应当提出终止妊娠的医学建议。

县级以上人民政府卫生行政部门许可的医疗、保健机构对夫妻一方检查后确诊其患有医学上认为不宜生育疾病的，应当提出落实避孕节育措施的医学建议；对已怀孕的，应当提出终止妊娠的医学建议。

生育过经医学鉴定属非遗传性残疾婴儿的，再次妊娠前，夫妻双方应当按照国家有关规定到医疗、保健机构接受优生指导和优生检测。

18.《青海省人口与计划生育条例》

第十三条　城镇居民符合下列条件之一的，由夫妻双方共同申请，经双方所在单位或者街道办事处审核后，报县级人民政府计划生育行政部门批准，可以安排生育第二个子女：（一）第一个子女死亡或者经指定医疗机构鉴定患非遗传性残疾不能成长为正常劳动力的；（二）再婚夫妻一方生育或者收养过一个子女，另一方未生育过的；（三）婚后经县级以上医疗机构鉴定为不孕症，依法收养一个子女后又怀孕的；（四）夫妻双方为独生子女的；（五）夫妻双方或者一方为少数民族的；（六）夫妻双方或者一方为华侨或者归侨的；（七）夫妻一方为二等甲级以上伤残军人或者因公（工）致残完全丧失劳动能力的。

19.《山西省人口与计划生育条例》

第十一条　符合下列情形之一的，经批准可以生育第二个子女：（一）第一个子女经设区的市以上独生子女病残儿童医学鉴定机构鉴定，患有非遗传性残疾不能成长为正常劳动力的；（二）夫妻双方均为独生子女的；（三）夫妻双方均为少数民族或者归国华侨的。夫妻一方经设区的市以上医疗机构或者计划生育技术服务机构鉴定患不育（孕）症，依法收养子女后怀孕的，经批准可以生育一个子女。

符合本条第一款第（一）项规定的情形要求生育的，由设区的市人民政府人口和计划生育行政部门批准。符合本条第一款第（二）项、第（三）项和第二款规定的情形要求生育，夫妻双方均为农业人口的，由县（市、区）人民政府人口和计划生育行政部门批准；夫妻一方或双方为非农业人口的，由设区的市人民政府人口和计划生育行政部门批准。

20.《四川省人口与计划生育条例》

第二十二条　计划生育技术服务实行国家指导与个人自愿相结合的原则。

公民享有避孕方法的知情选择权。计划生育技术服务机构和从事计划生育技术服务的医疗、保健机构应当指导公民选择安全、有效、适宜的避孕节育措施。实施避孕节育手术，应当保证受术者的安全。

育龄夫妻应当自觉落实计划生育避孕节育措施，接受计划生育技术指导。提倡和鼓励已生育子女的夫妻选择长效措施为主的避孕方法。非意愿妊娠或者不符合法定生育条件妊娠的，应当及时采取补救措施。

经婚前医学检查，诊断为患有医学上认为不宜生育的严重遗传性疾病的，应当采用长效避孕措施或者施行绝育手术。

21.《新疆维吾尔自治区人口与计划生育条例》

第三十八条　育龄夫妻应当自觉落实计划生育避孕节育措施，接受计划生育技术指导。

提倡和鼓励已生育子女的夫妻选择以长效措施为主的避孕方法。经婚前医学检查诊断为患有医学上认为不宜生育的严重遗传性疾病的，婚后应当采用长效避孕措施。非意愿妊娠或者不符合法定生育条件妊娠的，应当及时采取补救措施。

22.《浙江省人口与计划生育条例》

第十九条 符合下列条件之一的夫妻，经批准，可以再生育一个子女：（一）双方均为独生子女，已生育一个子女的；（二）双方均为农村居民（农业人口，下同），已生育一个女孩的，但一方为机关、团体、事业单位和其他组织职工或一方从事工商业一年以上以及双方与企业建立劳动关系一年以上的除外；（三）双方均为农村居民，一方两代以上均为独生子女，已生育一个子女的；（四）双方均为农村居民，女方父母只生育一个或两个女儿，男到女家落户，并赡养女方父母，已生育一个子女的（只适用于姐妹中一人）；（五）双方均为少数民族，已生育一个子女的；（六）双方均为农村居民，一方是少数民族并具有本省两代以上户籍，已生育一个子女的；（七）一方为烈士的独生子女，已生育一个子女的；（八）一方未生育过，另一方再婚前已生育一个子女的；（九）一方未生育过，另一方再婚前丧偶并已生育两个子女的；（十）已生育一个子女，经设区的市以上病残儿童鉴定机构确诊为非遗传性残疾，不能成长为正常劳动力的；（十一）一方连续从事矿井井下作业五年以上，已生育一个女孩，并继续从事井下作业的。

其他特殊情况的生育，在不突破人口与计划生育指标的前提下，由省计划生育行政部门制定具体办法，报省人民政府批准后执行。

在户籍制度改革和城市建设用地中农村居民转为城镇居民的，在转为城镇居民之日起五年内，可继续享受本条例规定的适用于农村居民的生育政策。

23.《重庆市人口与计划生育条例》

第二十条 提倡一对夫妻生育一个子女。有一个子女的夫妻，符合下列条件之一，可以申请再生育一个子女：（一）双方均为独生子女或少数民族农村居民的；（二）第一个子女经市或区县（自治县、市）人口和计划生育行政部门组织鉴定患有非遗传性疾病，不能成长为正常劳动力的；（三）第一个子女患有遗传性疾病，不能成长为正常劳动力，但经医学干预后，市或区县（自治县、市）人口和计划生育行政部门组织鉴定可以生育正常婴儿的；（四）夫妻一方经市或区县（自治县、市）人口和计划生育行政部门组织鉴定不能生育，依法收养一个子女后怀孕的；（五）再婚夫妻，再婚前一方有一个子女或者丧偶再婚前一方依法育有两个子女，另一方无子女的；（六）夫妻双方为农村居民，一方为烈士独生子女、二等甲级以上伤残退役军人或因公致残相当于二等甲级以上伤残的；（七）夫妻双方为农村居民，一方两代以上都是独生子女或男到独生女家结婚落户的；（八）夫妻双方为农村居民，居住在少数民族自治地区、聚居区，一方为少数民族的；（九）市人民政府认定的部分山区农村的独生女户、少数民族户或边远高寒大山区的独生子女户；（十）其他特殊情形申请再生育一个子女的，由市人口和计划生育部门认定并报市人民政府备案。

附录二　美国优生学立法

1. 印第安纳州优生学立法（Indiana Eugenics Law），1907[①]

CHAPTER 215.

AN ACT entitled an act to prevent procreation of confirmed criminals, idiots, imbeciles and rapists; providing that superintendents and boards of managers of institutions where such persons are confined shall have the authority and are empowered to appoint a committee of experts, consisting of two physicians, to examine into the mental condition of such inmates.

[H. 364. Approved March 9, 1907.]

Preamble.

Whereas, Heredity plays a most important part in the trans –

mission of crime, idiocy and imbecility;

Penal Institutions—Surgical Operations.

Therefore, Be it enacted by the general assembly of the State of Indiana, That on and after the passage of this act it shall be compulsory for each and every institution in the state, entrusted with the care of confirmed criminals, idiots, rapists and imbeciles, to appoint upon its staff, in addition to the regular-institutional physician, two skilled surgeons of recognized ability, whose duty it shall be, in conjunction with the chief physician of the institution, to examine the mental and physical condition of such inmates as are recommended by the institutional physician and board of managers. If, in the judgment of this com-

---

① 1907 *Indiana Eugenics Law*，2017 年 6 月，维基百科（https：//en. wikisource. org/wiki/1907_ Indiana_ Eugenics_ Law）。

mittee of experts and the board of managers, procreation is inadvisable and there is no probability of improvement of the mental condition of the inmate, it shall be lawful for the surgeons to perform such operation for the prevention of procreation as shall be decided safest and most effective. But this operation shall not be performed except in cases that have been pronounced unimprovable: Provided, That in no case shall the consultation fee be more than three ($3.00) dollars to each expert, to be paid out of the funds appropriated for the maintenance of such institution.

2. 印第安纳州优生学立法标识牌，位于印第安纳州图书馆东部草坪，2007①

Photo By M. Bowyer, July 22, 2007

Side one:

By late 1800s, Indiana authorities believed criminality, mental problems, and pauperism were hereditary. Various laws were enacted based on this belief. In 1907, Governor J. Frank Hanly approved first state eugenics law making sterilization mandatory for certain individuals in state custody. Sterilizations halted 1909 by Governor Thomas R. Marshall.

---

① M. Bowyer, 1907 *Indiana Eugenics Law*, 2016 年 6 月 (HMdb. org, https://www. hmdb. org/marker. asp? marker = 1829) .

Side two:

Indiana Supreme Court ruled 1907 law unconstitutional 1921, citing denial of due process under Fourteenth Amendment. 1927 law reinstated sterilization, adding court appeals. Approximately 2500 total in state custody were sterilized. Governor Otis R. Bowen approved repeal of all sterilization laws 1974; by 1977, related restrictive marriage laws repealed.

3. Buck vs. Bell 高法判决书

U. S. Supreme Court

Buck v. Bell, 274 U. S. 200 (1927)

Buck v. Bell

No. 292

Argued April 22, 1927

Decided May 2, 1927

274 U. S. 200

ERROR TO THE SUPREME COURT OF APPEALS

OF THE STATE OF VIRGINIA

Syllabus

1. The Virginia statute providing for the sexual sterilization of inmates of institutions supported by the State who shall be found to be afflicted with an hereditary form of insanity or imbecility, is within the power of the State under the Fourteenth Amendment. (P. 274 U. S. 207).

2. Failure to extend the provision to persons outside the institutions named does not render it obnoxious to the Equal Protection Clause. (P. 274 U. S. 208).

143 Va. 310, affirmed.

ERROR to a judgment of the Supreme Court of Appeals of the State of Virginia which affirmed a judgment ordering (Page 274 U. S. 201) the Superintendent of the State Colony of Epileptics and Feeble Minded to perform the operation of salpingectomy on Carrie Buck, the plaintiff in error (Page 274 U. S. 205) .

Mr. JUSTICE HOLMES delivered the opinion of the Court.

This is a writ of error to review a judgment of the Supreme Court of Appeals of the State of Virginia affirming a judgment of the Circuit Court of Amherst County by which the defendant in error, the superintendent of the State Colony for Epileptics and Feeble Minded, was ordered to perform the operation of sal-pingectomy upon Carrie Buck, the plaintiff in error, for the purpose of making her sterile. (143 Va. 310) . The case comes here upon the contention that the statute authorizing the judgment is void under the Fourteenth Amendment as de-nying to the plaintiff in error due process of law and the equal protection of the laws.

Carrie Buck is a feeble minded white woman who was committed to the State Colony abovementioned in due form. She is the daughter of a feeble minded mother in the same institution, and the mother of an illegitimate feeble minded child. She was eighteen years old at the time of the trial of her case in the Circuit Court, in the latter part of 1924. An Act of Virginia, approved March 20, 1924, recites that the health of the patient and the welfare of society may be promoted in certain cases by the sterilization of mental defectives, under careful safeguard, &c. ; that the sterilization may be effected in males by vasectomy and in females by salpingectomy, without serious pain or substantial danger to life; that the Commonwealth is supporting in various institutions many defective persons who, if now discharged, would become (Page 274 U. S. 206) a men-ace, but, if incapable of procreating, might be discharged with safety and be-come self – supporting with benefit to themselves and to society, and that expe-rience has shown that heredity plays an important part in the transmission of in-sanity, imbecility, &c. The statute then enacts that, whenever the superin-tendent of certain institutions, including the above – named State Colony, shall be of opinion that it is for the best interests of the patients and of society that an inmate under his care should be sexually sterilized, he may have the operation performed upon any patient afflicted with hereditary forms of insanity, imbecility, &c. , on complying with the very careful provisions by which the act protects the patients from possible abuse.

The superintendent first presents a petition to the special board of directors of his hospital or colony, stating the facts and the grounds for his opinion, verified by affidavit. Notice of the petition and of the time and place of the hearing in the institution is to be served upon the inmate, and also upon his guardian, and if there is no guardian, the superintendent is to apply to the Circuit Court of the County to appoint one. If the inmate is a minor, notice also is to be given to his parents, if any, with a copy of the petition. The board is to see to it that the inmate may attend the hearings if desired by him or his guardian. The evidence is all to be reduced to writing, and, after the board has made its order for or against the operation, the superintendent, or the inmate, or his guardian, may appeal to the Circuit Court of the County. The Circuit Court may consider the record of the board and the evidence before it and such other admissible evidence as may be offered, and may affirm, revise, or reverse the order of the board and enter such order as it deems just. Finally any party may apply to the Supreme Court of Appeals, which, if it grants the appeal, is to hear the case upon the record of the trial (Page 274 U. S. 207) in the Circuit Court, and may enter such order as it thinks the Circuit Court should have entered. There can be no doubt that, so far as procedure is concerned, the rights of the patient are most carefully considered, and, as every step in this case was taken in scrupulous compliance with the statute and after months of observation, there is no doubt that, in that respect, the plaintiff in error has had due process of law.

The attack is not upon the procedure, but upon the substantive law. It seems to be contended that in no circumstances could such an order be justified. It certainly is contended that the order cannot be justified upon the existing grounds. The judgment finds the facts that have been recited, and that Carrie Buck.

"is the probable potential parent of socially inadequate offspring, likewise afflicted, that she may be sexually sterilized without detriment to her general health, and that her welfare and that of society will be promoted by her sterilization. "

And thereupon makes the order. In view of the general declarations of the legislature and the specific findings of the Court, obviously we cannot say as matter of law that the grounds do not exist, and, if they exist, they justify the result. We have seen more than once that the public welfare may call upon the best citizens for their lives. It would be strange if it could not call upon those who already sap the strength of the State for these lesser sacrifices, often not felt to be such by those concerned, in order to prevent our being swamped with incompetence. It is better for all the world if, instead of waiting to execute degenerate offspring for crime or to let them starve for their imbecility, society can prevent those who are manifestly unfit from continuing their kind. The principle that sustains compulsory vaccination is broad enough to cover cutting the Fallopian tubes. Jacobson v. Massachusetts (197 U. S. 11) . Three generations of imbeciles are enough (Page 274 U. S. 208) . But, it is said, however it might be if this reasoning were applied generally, it fails when it is confined to the small number who are in the institutions named and is not applied to the multitudes outside. It is the usual last resort of constitutional arguments to point out shortcomings of this sort. But the answer is that the law does all that is needed when it does all that it can, indicates a policy, applies it to all within the lines, and seeks to bring within the lines all similarly situated so far and so fast as its means allow. Of course, so far as the operations enable those who otherwise must be kept confined to be returned to the world, and thus open the asylum to others, the equality aimed at will be more nearly reached. 　　　　.

Judgment affirmed.

MR. JUSTICE BUTLER dissents.

SUPREME COURT OF THE UNITED STATES.

No. 292.—October Term, 1926.

Carrie Buck, by R. G. Shelton, her
　Guardian and Next Friend, Plaintiff
　in Error,
　　　　　　　　　　vs.
J. H. Bell, Superintendent of the State
　Colony for Epileptics and Feeble
　Minded.

In Error to the Supreme
Court of Appeals of the
State of Virginia.

[May 2, 1927.]

Mr. Justice Holmes delivered the opinion of the Court.

This is a writ of error to review a judgment of the Supreme
Court of Appeals of the State of Virginia, affirming a judgment
of the Circuit Court of Amherst County, by which the defendant
in error, the superintendent of the State Colony for Epileptics
and Feeble Minded, was ordered to perform the operation of sal-
pingectomy upon Carrie Buck, the plaintiff in error, for the pur-
pose of making her sterile. 143 Va. 310. The case comes here upon
the contention that the statute authorizing the judgment is void
under the Fourteenth Amendment as denying to the plaintiff in
error due process of law and the equal protection of the laws.

Carrie Buck is a feeble minded white woman who was committed to
the State Colony above mentioned in due form. She is the daughter
of a feeble minded mother in the same institution, and the mother
of an illegitimate feeble minded child. She was eighteen years old
at the time of the trial of her case in the Circuit Court, in the
latter part of 1924. An Act of Virginia approved March 20, 1924,
recites that the health of the patient and the welfare of society
may be promoted in certain cases by the sterilization of mental
defectives, under careful safeguard, &c.; that the sterilization
may be effected in males by vasectomy and in females by salpin-
gectomy, without serious pain or substantial danger to life; that

Buck vs. Bell 判决书①

---

①　https：//timeline. com/supreme – court – forced – sterilization – 763 f8 bfefe48.

附录三　加拿大优生学立法

绝育法（Sexual Sterilization Act），1928 年通过，1972 年废止

1928

CHAPTER 37.

The Sexual Sterilization Act.

(Assented to March 21, 1928.)

HIS MAJESTY, by and with the advice and consent of the Legislative Assembly of the Province of Alberta, enacts as follows:

1. This Act may be cited as *"The Sexual Sterilization Act."* <small>Short title</small>

2. In this Act, unless the context otherwise requires— <small>Interpretation</small>

(a) "Mental Hospital" shall mean a hospital within the meaning of *The Mental Diseases Act;* <small>Mental hospitals</small>

(b) "Minister" shall mean the Minister of Health. <small>Minister</small>

3.—(1) For the purpose of this Act, a Board is hereby created, which shall consist of the following four persons: <small>Appointment of Board</small>

Dr. E. Pope, Edmonton.
Dr. E. G. Mason, Calgary.
Dr. J. M. McEachran, Edmonton.
Mrs. Jean H. Field, Kinuso.

(2) The successors of the said members of the Board shall from time to time, be appointed by the Lieutenant Governor in Council, but two of the said Board shall be medical practitioners nominated by the Senate of the University of Alberta and the Council of the College of Physicians respectively, and two shall be persons other than medical practitioners, appointed by the Lieutenant Governor in Council.

4. When it is proposed to discharge any inmate of a mental hospital, the Medical Superintendent or other officer in charge thereof may cause such inmate to be examined by or in the presence of the board of examiners. <small>Examination of inmate of mental hospital</small>

5. If upon such examination, the board is unanimously of opinion that the patient might safely be discharged if the danger of procreation with its attendant risk of multiplication of the evil by transmission of the disability to progeny were eliminated, the board may direct in writing such surgical operation for sexual sterilization of the inmate as may be specified in the written direction and shall appoint some competent surgeon to perform the operation. <small>Surgical operation</small>

117

2　　Cap. 37　　STERILIZATION　　1928

Consent of
inmate or
relation
necessary

6. Such operation shall not be performed unless the inmate, if in the opinion of the board, he is capable of giving consent, has consented thereto, or where the board is of opinion that the inmate is not capable of giving such consent, the husband or wife of the inmate or the parent or guardian of the inmate if he is unmarried has consented thereto, or where the inmate has no husband, wife, parent or guardian resident in the Province, the Minister has consented thereto.

Exemption
from action

7. No surgeon duly directed to perform any such operation shall be liable to any civil action whatsoever by reason of the performance thereof.

Scope of
Act

8. This Act shall have effect only insofar as the legislative authority of the Province extends.

118

Photo by The Alberta Law Collection①

---

①　Our Furture Our Past, http: //www. ourfutureourpast. ca/law/page. aspx? id = 2906151.

附录四　纳粹德国优生学立法

1. 预防遗传性疾病后代出生法案（Law for the Prevention of Hereditarily Diseased Offspring），1933[①]

Gesetz zur Verhütung erbkranken Nachwuchses（July 14，1933）

The Reich government has passed the following law, which is hereby promulgated：

§ 1.

Anyone suffering from a hereditary disease can be sterilized by a surgical operation if, according to the experience of medical science, there is a high probability that his offspring will suffer from serious physical or mental defects of a hereditary nature.

Anyone suffering from any of the following diseases is considered hereditarily diseased under this law：（1）Congenital mental deficiency，（2）Schizophrenia，（3）Manic－depression，（4）Hereditary epilepsy，（5）Hereditary St. Vitus' Dance（Huntington's Chorea），（6）Hereditary blindness，（7）Hereditary deafness，（8）Serious hereditary physical deformity.

Furthermore, anyone suffering from chronic alcoholism can be sterilized.

§ 2.

Applications for sterilization can be made by the individual to be sterilized. If this person is legally incompetent, has been certified on account of mental deficiency, or is not yet 18, a legal representative has the right to make

---

① GHDI，http：// germanhistorydocs. ghi－dc. org/sub_ document. cfm？ document_ id = 1521.

an application on this person's behalf but needs the consent of the court of guardians to do so. In other cases of limited competency, the application needs to be approved by the legal representative. [...]

§ 3.

Sterilization can also be requested by the following: (1) the state physician. (2) In the case of inmates of hospitals, nursing homes, and penal institutions, by the head thereof.

§ 4.

The application is to be made to the office of the Eugenics Court; it can either be made in writing or dictated to the court. The facts upon which the application is based should be supported by a medical certificate or confirmed in some other way. The office must inform the state physician of the application.

§ 5.

Responsibility for the decision rests with the Eugenics Court that has jurisdiction over the district in which the person to be sterilized officially resides.

§ 6.

The Eugenics Court is to be attached to a district court [Amtsgericht]. It consists of a district court judge acting as chairman, a state physician, and another physician certified by the German Reich and particularly well trained in eugenics. [...]

§ 12.

Once the Court has decided on sterilization, the operation must be carried out even against the will of the person to be sterilized, unless that person applied for it himself. The state physician has to attend to the necessary measures with the police authorities. Where other measures are insufficient, direct force may be used.

[...]

This law comes into effect on January 1, 1934.

Berlin, July 14, 1933.

The Reich Chancellor

Adolf Hitler

The Reich Minister of the Interior

Frick

The Reich Minister of Justice

Dr. Gürtner

英文版翻译来源："Law for the Prevention of Offspring with Hereditary Diseases" (July 14, 1933), In *US Chief Counsel for the Prosecution of Axis Criminality*, *Nazi Conspiracy and Aggression*, Volume 5, Washington, D. C.: United States Government Printing Office, 1946, Document 3067 – PS, pp. 880—83. (English translation accredited to Nuremberg staff; edited by GHI staff.)

德文原版文字来源："Das Gesetz zur Verhütung erbkranken Nachwuchses" (14. Juli 1933), *Reichsgesetzblatt*, 1933, Part I, p. 529; reprinted in Paul Meier – Benneckenstein, ed., Dokumente der deutschen Politik, Volume 1, *Die Nationalsozialistische Revolution* 1933, edited by Axel Friedrichs. Berlin, 1935, pp. 194—95.

529

Reichsgesetzblatt

Teil I

| 1933 | Ausgegeben zu Berlin, den 25. Juli 1933 | Nr. 86 |

Gesetz zur Verhütung erbkranken Nachwuchses. Vom 14. Juli 1933.

Die Reichsregierung hat das folgende Gesetz beschlossen, das hiermit verkündet wird:

§ 1

(1) Wer erbkrank ist, kann durch chirurgischen Eingriff unfruchtbar gemacht (sterilisiert) werden, wenn nach den Erfahrungen der ärztlichen Wissenschaft mit großer Wahrscheinlichkeit zu erwarten ist, daß seine Nachkommen an schweren körperlichen oder geistigen Erbschäden leiden werden.

(2) Erbkrank im Sinne dieses Gesetzes ist, wer an einer der folgenden Krankheiten leidet:
1. angeborenem Schwachsinn,
2. Schizophrenie,
3. zirkulärem (manisch-depressivem) Irresein,
4. erblicher Fallsucht,
5. erblichem Veitstanz (Huntingtonsche Chorea),
6. erblicher Blindheit,
7. erblicher Taubheit,
8. schwerer erblicher körperlicher Mißbildung.

(3) Ferner kann unfruchtbar gemacht werden, wer an schwerem Alkoholismus leidet.

§ 2

(1) Antragsberechtigt ist derjenige, der unfruchtbar gemacht werden soll. Ist dieser geschäftsunfähig oder wegen Geistesschwäche entmündigt oder hat er das achtzehnte Lebensjahr noch nicht vollendet, so ist der gesetzliche Vertreter antragsberechtigt; er bedarf dazu der Genehmigung des Vormundschaftsgerichts. In den übrigen Fällen beschränkter Geschäftsfähigkeit bedarf der Antrag der Zustimmung des gesetzlichen Vertreters. Hat ein Volljähriger einen Pfleger für seine Person erhalten, so ist dessen Zustimmung erforderlich.

(2) Dem Antrag ist eine Bescheinigung eines für das Deutsche Reich approbierten Arztes beizufügen, daß der Unfruchtbarzumachende über das Wesen und die Folgen der Unfruchtbarmachung aufgeklärt worden ist.

(3) Der Antrag kann zurückgenommen werden.

§ 3

Die Unfruchtbarmachung können auch beantragen
1. der beamtete Arzt,
2. für die Insassen einer Kranken-, Heil- oder Pflegeanstalt oder einer Strafanstalt der Anstaltsleiter.

§ 4

Der Antrag ist schriftlich oder zur Niederschrift der Geschäftsstelle des Erbgesundheitsgerichts zu stellen. Die dem Antrag zu Grunde liegenden Tatsachen sind durch ein ärztliches Gutachten oder auf andere Weise glaubhaft zu machen. Die Geschäftsstelle hat dem beamteten Arzt von dem Antrag Kenntnis zu geben.

§ 5

Zuständig für die Entscheidung ist das Erbgesundheitsgericht, in dessen Bezirk der Unfruchtbarzumachende seinen allgemeinen Gerichtsstand hat.

§ 6

(1) Das Erbgesundheitsgericht ist einem Amtsgericht anzugliedern. Es besteht aus einem Amtsrichter als Vorsitzenden, einem beamteten Arzt und einem weiteren für das Deutsche Reich approbierten Arzt, der mit der Erbgesundheitslehre besonders vertraut ist. Für jedes Mitglied ist ein Vertreter zu bestellen.

(2) Als Vorsitzender ist ausgeschlossen, wer über einen Antrag auf vormundschaftsgerichtliche Genehmigung nach § 2 Abs. 1 entschieden hat. Hat ein beamteter Arzt den Antrag gestellt, so kann er bei der Entscheidung nicht mitwirken.

Reichsgesetzbl. 1933 I

146

Reichsgesetzblatt vom 25. Juli 1933 mit der Verkündung des "Gesetzes zur Verhütung erbkranken Nachwuchses". ①

---

① Landesarchiv – BW, http://www.landesarchiv-bw.de/sixcms/detail.php? template = hp_artikel&id = 9338&id2 = 8455&sprache = de.

2. 希特勒授权 Bouhler 实施 T4 计划的文本①

BERLIN.n. 1.Sept.1939.

Reichsleiter B o u h l e r   und

Dr. med. B r a n d t

sind unter Verantwortung beauftragt, die Befug -

nisse namentlich zu bestimmender Ärzte so zu er -

weitern, dass nach menschlichem Ermessen unheiltar

Kranken bei kritischster Beurteilung ihres Krank -

heitszustandes der Gnadentod gewährt werden kann.

---

① Holocaust Education & Archive Research Team（http：//www. holocaustresearchproject. org/euthan/）．

3. 纳粹安乐死计划组织架构图①

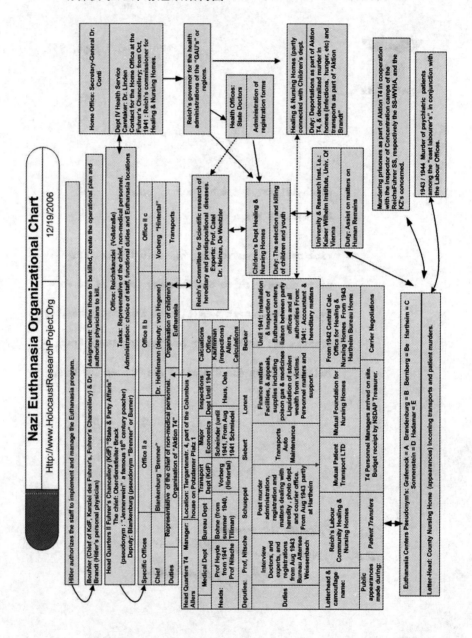

① Holocaust Education & Archive Research Team（http：//www.holocaustresearchproject.org/）.

附录五　日本优生学立法

Eugenic Protection Law 優生保護法，1948

当妇女、其配偶或四等亲属之内患有遗传性疾病且妊娠会威胁到女性生命安全时，允许对妇女实施绝育。此手术干预要求获得妇女、其配偶的同意，并获得县优生学保护委员会的批准。

National Eugenic Law 国民優生法，1940

该法将强制绝育限制在"遗传性精神疾病"，推广遗传筛查并限制避孕干预的获取。据 Matsubara Yoko 的统计，1949 年至 1945 年间，共有454 人根据此法被绝育。

Mother's Body Protection Law 母体保護法，1996[①]

该法的颁布废除了之前允许对残疾人进行强制绝育的法规。

---

① *Eugenics in Japan*，维基百科（https：//en. wikipedia. org/wiki/Eugenics_ in_ Japan）。

附录六 宣言和声明

1. 人类基因组和人权普遍宣言（1997）

——联合国教科文组织（UNESCO）第二十九届大会 1997 年 11 月 11 日通过

大会回顾，联合国教科文组织（UNESCO）《组织法》的序言提出"人类尊严、平等与相互尊重的民主原则"，摈弃任何"人类与种族不平等的教条"，规定"文化的广泛传播以及人类为正义、自由与和平而进行的教育是人类的必不可少的举措，而且构成一种所有国家都必须以相互帮助与关怀的态度予以履行的神圣义务"，宣告"和平必须奠基于人类理智上与道德上的团结一致"，并声明联合国教科文组织寻求"通过世界人民教育、科学与文化的交往"推进"国际和平与人类共同幸福的目标，联合国组织（United Nations Organization）就是为这些目标而建立的，其宪章宣布了这些目标"，大会庄重回顾其执着于人权的普遍原则，特别确认于 1948 年 12 月 10 日的《世界人权宣告》和 1966 年 12 月 16 日的联合国两个国际盟约《经济、社会与文化权利国际盟约》与《公民权利和政治权利国际盟约》，还有 1948 年 12 月 9 日《联合国防止及惩办灭绝种族罪公约》、1965 年 12 月 21 日的《联合国消除一切形式种族歧视国际盟约》、1971 年 12 月 20 日的《联合国智力迟钝者权利宣言》、1975 年 12 月 9 日的《联合国残疾人权利宣言》、1979 年 12 月 18 日的《联合国消除一切形式歧视妇女公约》、1985 年 11 月 29 日的《联合国为犯罪与滥用权力受害者取得公正的基本原则宣言》、1989 年 11 月 20 日的《联合国儿童权利公约》、1993 年 12 月 20 日的《联合国残疾人机均等标准规则》、1971 年 12 月 16 日的《关于禁止发展、生产和储存细菌（生物）及毒素武器及予以销毁的公约》、1960 年 12 月 14 日的《联合国教科文组织反对教育歧视公约》、1966 年 11 月 4 日的《联合国教科文组织国际文化合作原则宣言》、1974 年 11 月 20 日的《联合国教科文组织关于科学研究人员地位的建议》、1978 年 11 月 27 日的《联合国教科文组织关于种族和种族偏见的宣言》、1958 年 6 月 25 日的《国际劳工组织（ILO）关于就业和职业歧视的公约》（第 111 号），以及 1989 年 6 月 27 日的《国际劳工组织关于独立国家土著和部落民族的公约》（第 169 号），大会牢记并无损于知识产权领域有关遗传学应用的国际文件，特别是 1886 年 9 月 9 日的《伯尔尼保护文学艺术作品公约》、1952 年 9 月 6 日通过并于 1971 年 7 月 24 日在巴黎最后修订的《联合国教科文组织世界版权公约》、1883 年 3 月 20 日通过并于 1967 年 7 月 14 日在斯德哥尔摩最后修订的《巴黎保护工业产权公约》、1977 年 4 月 28 日的世界知识产权组织（WIPO）《关于国际承认为专利程序存放微生物的布达佩斯条约》，以及 1995 年 1 月 1 日开始生效的成立世界贸易组织（WTO）的协议之附件的《知识产权贸易相关问题协议（TRIPs)》。大会还牢记 1992 年 6 月 5 日的《联合国生物多样公约》，并就此强调指出，根据《世界人权宣言》的序言，承认人类的遗传多样性决不能导致任何一种社会或政治性质的解释对"人类家庭所有成员生来具有的尊严及平等的、不可剥夺的权利"表示异议，大会回顾其决议 22C/13.1、23C/13.1、24C/13.1、25C/5.2、25C/7.3、27C/5.15、28C/0.12、28C/2.1 和 28C/2.2，强烈要求联合国教科文组织在尊重人权与基本自由的框架内，对生物学与遗传学领域科技进展的后果促进并展开伦理学研究及由此带来的活动，大会承认，对人类基因组的研究及由此带来的应用为改善个人和全人类健康状况的进展开辟了广阔的前景，但强调指出，这种研究应充分尊重人的尊严、自由与人权，并禁止基于遗传特征的一切形式的歧视，大会宣布下述原则并通过本《宣言》。

第一章　人的尊严与人类基因组

第一条　人类基因组是人类家庭所有成员根本统一的基础，也是承认他们生来具有的尊严与多样性的基础。象征地说，它是人类的遗产。

第二条　（一）每个人不管他们的遗传特征如何，都有权利尊重他们的尊严，尊重他们的权利。

（二）那种尊严使之绝对有必要不能把个人简单地归结为他们的遗传

特征，绝对有必要尊重他们的独特性和多样性。

第三条　人类基因组就其性质是进化的，它易于发生突变。它具有潜能是按照每个人的自然和社会环境包括个人的健康状况、生活条件、营养和教育而不同地表达出来的。

第四条　自然状态的人类基因组不应产生财务收益。

第二章　有关人员的权利

第五条　（一）影响一个人基因组的研究、治疗或诊断只应在对此后的潜在风险和好处进行严格的事先评估之后并依据国家法律的任何其他要求来进行。

（二）所有病例均应得到有关人员事先、自由的知情同意。如有关人员不处于同意的地位，则应在有关人员的最高利益下按法律规定的方式获得同意或授权。

（三）每个人决定是否被告知遗传检查的结果及由此带来的后果的权利应予以尊重。

（四）在进行研究的情况下，研究方案应另外提交按有关的国家和国际研究标准或准则进行事先评审。

（五）如按法律一个人不具备表示同意的能力，影响他或她基因组织的研究只能在对他或她有直接健康好处的情况下进行，并受法律规定的授权与保护性条件的管辖。并无预期直接健康好处的研究只能作为例外，在极其严格的约束下进行，要使那个人仅面临最低风险和最少的负担，而且如果这项研究是打算同一年龄段或有同样遗传状况的其他人有健康的好处，并受法律规定的条件的管辖以及假如这项研究符合于保护个人的人权。

第六条　任何人都不应受到基于遗传特征的歧视，因为此类歧视是侵犯人权、基本自由和人类尊严的，或是有侵犯人权、基本自由的人类尊严的影响的。

第七条　与一位可识别的个人相关联的，并为研究目的或任何其他目的而保存或处理的遗传数据必须在法律规定的预知条件不予以保密。

第八条　每个人有权根据国际和国家法律对由于一种影响他或她基因组的干扰的直接或决定性的结果所遭受的任何损害要求公正的赔偿。

第九条　为保护人权和基本自由，鉴于国际公法和国际人权法范围内非信不可的理由，对同意与保密原则的限制只能由法律规定。

第三章　人类基因组的研究

第十条　涉及人类基因的研究或其应用，尤其在生物学、遗传学与医学领域，不应该超越对个人或在适用时对有关群体的人权、基本自由与人的尊严的尊重。

第十一条　违背人的尊严的做法，如人类的生殖性克隆，是不能允许的。要求各国与有法定资格的国际组织合作鉴定这些做法，并在国家或国际水平采取为保证本《宣言》提出的原则得到尊重所必需的措施。

第十二条　（一）恰当尊重每个人的尊严与人权，涉及人类基因组的来自生物学、遗传学与医学进展的利益应为人人所享有。

（二）知识进步所必需的研究自由是思想自由的一部分。涉及人类基因组研究的应用，包括在生物学、遗传学和医学中的应用，应寻求解除病痛并改善个人及全人类的健康状况。

第四章　从事科学活动的条件

第十三条　鉴于人类基因组研究的伦理和社会影响，研究人员活动的固有责任，包括在进行他们研究及介绍和利用他们研究成果时的细致、谨慎、理性诚实与正直，应为人类基因组研究框架中予以特别关注的题目。公立和私立部门科学政策制定者也负有这方面的特殊的责任。

第十四条　各国应在本《宣言》规定的原则的基础上，采取适当措施以培育有利有自由从事人类基因组研究活动的知识与物质条件，并考虑这种研究的伦理、法律、社会与经济的影响。

第十五条　各国应采取适当的步骤，在恰当尊重本《宣言》规定的原则上为人类基因组研究的自由操作提供框架，以捍卫尊重人权、基本自由和人的尊严并维护公众的健康。各国应努力确保使研究结果不被用于非和平目的。

第十六条　各国应承认在适当的不同水平上促使建立独立的、多学科的和多元化的伦理委员会，以评估由人类基因组研究及其应用所引起的伦理、法律与社会问题的价值。

第五章　团结互助与国际合作

第十七条　各国应尊重和促进对那些特别易患或已患有一种遗传性疾病或残疾的个人、家庭和群体履行团结互助。各国应特别培育对有遗传基础的及受遗失影响的疾病的鉴定、预防和治疗的研究，尤其是罕见病以及侵袭大量世界人口的地方病。

第十八条　各国应尽一切努力，在恰当并恰如其分地尊重《宣言》规定的原则下，继续促进关于人类基因组、人类多样性与遗失学研究的科学知识的国际传播，并在那个方面促进科学的与文化的合作，尤其是工业化国家与发展中国家之间的合作。

第十九条　（一）1. 在与发展中国家进行国际合作的框架内；2. 发展中国家开展人类生物学与遗传学研究的能力；3. 发展中国家要从科技研究成果得到好处，这就是它；4. 促进生物学、遗传学与医学领域科学知识和信息的；（二）有关的国际组织应支持和促进各国为上述目的所；第六章发扬《宣言》规定的各项原则；第二十条各国应采取适当措施，通过教育和各种相关手段；第二十一条各国应采取适当措施。

第十九条　（一）在与发展中国家进行国际合作的框架内，各国应鼓励采取措施使以下成为可能：1. 评估开展人类基因组研究的风险与利益，并预防滥用。

2. 发展中国家开展人类生物学与遗传学研究的能力，考虑他们要发展和要加强的特殊问题。

3. 发展中国家要从科技研究成果得到好处，这就是它们的应用有利于经济和社会的进步而使所有人受益。

4. 促进生物学、遗传学与医学领域科学知识和信息的自由交流。

（二）有关的国际组织应支持和促进各国为上述目的所采取的主动措施。

第六章　发扬《宣言》规定的各项原则

第二十条　各国应采取适当措施，通过教育和各种相关手段，尤其是通过跨学科领域的研究与培训以及通过促进各个层次特别是面向科学政策负责人的生命伦理学教育，来推广本《宣言》规定的原则。

第二十一条 各国应采取适当措施，鼓励开展其他各种形式的研究、培训和信息传播活动，这些将有助于提高整个社会及其所有成员对他们可由生物学、遗传学和医学领域研究及其应用引起的有关捍卫人的尊严的基本问题责任感的认识。各国还应就该问题促进公开的国际讨论，保证各种社会文化、宗教和哲学意见和自由表达。

第七章 《宣言》的实施

第二十二条 各国应尽一切努力发扬本《宣言》规定的原则，并应通过一切适当的措施促进这些原则的实施。

第二十三条 各国应采取适当措施，通过教育、培训和信息传播，促使人们尊重上述原则并促进各国承认和有效应用上述各项原则。各国还应鼓励独立的伦理委员会在它们之间建立彼此的交流与联网。以促进全面合作。

第二十四条 联合国教科文组织的国际生命伦理学委员会努力传播本《宣言》提出的原则，并进一步研究由这些原则的应用和有关技术的演进所提出的问题。委员会应与有关方面如易受伤害的社群组织当磋商。委员会应按联合国教科文组织的法定程序向大会提出建议，并就本《宣言》的后续工作特别是就鉴定可能违背人的尊严如种系干预那些做法提出意见。

第二十五条 本《宣言》中没有一条规定可被解释为替任何国家、团组或个人暗示任何要求去从事违背人权和基本自由，包括违背本《宣言》所规定的原则的任何活动或是执行任何法令。

2. 第 18 届国际遗传学大会八点声明（1998）

一、众多的国家持有许多共同的伦理原则，这些伦理原则基于有利和不伤害的意愿。这些原则的应用可有许多不同的方式。

二、新的遗传学技术应该用来提供给个人可靠的信息，在此基础上作出个人生育选择，而不应该被用作强制性公共政策的工具。

三、知情选择应该是有关生育决定的一切遗传咨询和意见的基础。

四、遗传咨询应该有利于夫妇和他们的家庭：它对有害性等位基因在人群中的发生率影响极小。

五、"Eugenics"这个术语以如此繁多的不同方式被使用，使其已不再适于在科学文献中使用。

六、在制定关于健康的遗传方面的政策时，应该在各个层次进行国际和学科间的交流。

七、关注人类健康的遗传方面的决策者有责任征求正确的科学意见。

八、遗传学家有责任对医生、决策者和一般公众进行遗传学及其对健康的重要性的教育。

3. 中国人类基因组伦理、法律和社会问题（ELSI）委员会声明（2000）

本委员会接受联合国教科文组织（UNESCO）的《人类基因组和人类权利的普遍宣言》和国际人类基因组组织（HUGO）的原则：

- 承认人类基因组是人类共同遗产的一部分；
- 坚持人权的国际规范；
- 尊重参加者的价值、传统、文化和人格，以及；
- 接受和坚持人的尊严和自由。

同意国际人类基因组组织（HUGO）的"关于遗传研究正当行为的声明""关于 DNA 取样：控制和获得的声明""关于克隆的声明"和"关于利益分享的声明"。

本委员会根据上述原则和文件就人类基因组及其成果的应用达成如下共识：

- 人类基因组的研究及其成果的应用应该集中于疾病的治疗和预防，而不应该用于"优生"（eugenics）；
- 在人类基因组的研究及其成果的应用中应始终坚持知情同意或知情选择的原则；
- 在人类基因组的研究及其成果的应用中应保护个人基因组的隐私，反对基因歧视；
- 在人类基因组的研究及其成果的应用中应努力促进人人平等，民族和睦及国际和平。

4. 全国首次生育限制和控制伦理及法律问题学术研讨会纪要（1991）

一、全国首次生育限制和控制伦理及法律问题学术研讨会 1991 年 11

月11—14日在北京举行。来自20个省市的代表60人参加了会议，其中包括医学、遗传学、卫生管理、社会学、人口学、伦理学、法学等专家此次会议着重讨论有关智力严重低下者生育控制的问题。会议由卫生部科技司秦新华副司长致开幕词。代表们从医学、遗传学、社会学、伦理学、法学等角度讨论了与对智力严重低下者绝育的有关问题。某些代表介绍他们在对智力严重低下者绝育的工作经验，会议还对某些案例进行了分析讨论。最后由卫生部科技司肖梓仁司长致闭幕词。会议学术气氛浓厚，讨论十分热烈，来自不同学科的代表互相学习，互相切磋，感到收获很大，对一些重要问题取得了共识。

二、根据全国协作组的调查，0—14岁儿童智力低下总患病率为1.2%，其中城市0.7%，农村1.41%，男性高于女性；患病率随年龄增长而增高。智力低下程度：轻度占60.6%，中、重、极重度占39.4%。1990年估计全国11亿人口中智力低下者约为1150万。在一些边远山区或某些相对封闭的群体中，发病率高达10%以上。根据湖南代表调查，有些村子智力低下发病率达27.04%。不少省、自治区都发现有"傻子村"，找不出智能水平可担任村干部和会计的人选，完全仰仗国家补助，对地区的发展和人民的生活带来极大的影响。

三、根据全国协作组的调查，在智力低下的病因中，生物学因素占89.6%，社会心理文化因素占10.4%。按病因作用时间分，出生前病因占43.7%，产时病因占14.1%，出生后病因（其中包括社会心理文化因素）占42.2%。在出生前病因中遗传性疾病占40.5%，其他依次为胎儿宫内发育迟缓、早产、多发畸形、宫内窒息、妊娠毒血症、各种中毒、宫内感染等。在产时各因素中窒息占71.6%，依次为颅内出血、产伤等。在出生后各因素中惊厥后脑损伤占20.1%，其他依次为脑病、脑膜炎、脑炎、颅脑外伤等；社会文化落后也占21.6%。在遗传性疾病的病因中，染色体病占37.0%，先天代谢病占19.3%，遗传综合征占6.7%，其他遗传病占32.0%。甘肃、湖南等地智力低下与近亲婚配、克汀病流行有密切联系。在有些智力低下高发地区，近亲婚配率为3.85%，克汀病又是环境因素和遗传基础共同作用的结果。根据以上原因的研究分析，减少和预防智力低下必须采取包括建立三级预防系统以及社区改造发展规划在内的综合措施。在综合性防治措施中，加强婚前教育和婚前检查、加强围产期保健，防止脑损伤、缺氧、中枢神经系统感染和中毒，加强预防接种、妇幼营养以及加强婴幼儿教育，开发弱智儿潜在智能，都是十分重要的。通过产前诊断、遗传咨询或筛查，采用生育控制技术，防止体残或智残儿出生，也是重要的环节。在近亲婚配或克汀病流行地区，则应大力防止近亲婚配和预防克汀病。在不少智力低下高发地区，通过这些综合措施，新生儿智力低下者现已较前大为减少。

四、会议着重讨论了在智力严重低下发病率比较高，智力严重低下人数比较多的地区，对那些具有生育能力的智力严重低下者实行生育控制的有关问题。会议分别从遗传学、伦理学和法学的角度进行了探讨。

五、会议首先从医学、遗传学角度对智力严重低下者的绝育问题进行了讨论。根据调查，导致智力低下的出生前因素占 43.7%，其中遗传因素占 40.5%。也就是说，遗传因素在总计中占 17.7%。这是一个医学遗传学的事实。这个事实说明了，占 82.3% 的病因是出生前、出生时、出生后的非遗传的先天因素和环境因素，其中包括生物医学环境和社会心理文化环境。如果估计全国智力低下人口以下 1150 万计，遗传因素致病的则为 200 万左右，具有生育能力的是其中的一部分。如果对他们都进行绝育，一代人中也许可减少数十万可能出生的智力低下人口（设每人生一胎）。所以，会议认为，根据上述估计，对遗传病所致智力绝育可以起到减少一小部分智力低下人口的作用，但要有效地减少智力低下的发生，更大的力量应放在加强孕前、围产期保健、妇幼保健以及社区发展规划上。如果某些地区智力低下发病率高、智力严重低下人数多，遗传因素致病的比例大，通过绝育来减少智力低下人数的作用也就会更明显。如果对某一地区智力低下的发病率、患病率及其原因构成不清楚，则实行绝育的效果也就不能确定。

六、会议指出，当智力严重低下者的绝育工作落实到地区时，存在着一个绝育对象的选择、鉴定和标准问题。如果目的是为了减少智力低下人口，就要选择遗传致病的智力低下者进行绝育。这就需要一定的医学遗传学力量来进行遗传学检查，对智力低下者的病因作出鉴定。有些地方采用 IQ 低于 49 作为选择绝育对象的标准。但 IQ 不能作为评价智力低下的唯一标准，也不能确定 IQ 低于 49 的智力低下是遗传因素致病。有些地方，根据"三代都是傻子"来确定绝育对象，但"三代都是傻子"并不一定都是遗传学病因所致。还有些地方没有把非遗传的先天因素和遗传因素区分开。会议认为，不管是确定遗传病因的比例，还是鉴定特定智力低下者的病因，都必须大力开展群体的遗传学调查和个体的遗传咨询工作，为此需要进一步发展医学遗传学。对遗传病因智力低下者的生育控制要根据医学遗传学原则进行。要建立权威性的鉴定机构和鉴定程序。严格控制第二胎遗传所致智力低下儿，可用领养或生殖技术解决后代问题；控制计划外生育，在群众中进行优生教育等也很重要。

七、会议接着讨论了对智力严重低下者进行绝育的伦理学问题。会议认为，对智力严重低下者的生育控制应符合有利、尊重、公正和互助团结的伦理学原则。对智力严重低下者绝育，可符合他们的最佳利益。例如有生育能力而不能照料自己和孩子的智力严重低下者可能会因被强奸或乱伦而生育，生育时可能死亡，生育后因不会照料而使孩子挨饿、受伤、患病、智力呆滞，甚至不正常死亡。有些智力低下者因有生育能力而被当作生育工具出卖或转卖。在这种情况下，生育对其本人及其后代造成很大的伤害，绝育就符合他们的最佳利益。当然，对他们实行绝育也可以减少或缓和他们家庭的精神和经济上的压力。同时，对他们生育的限制和控制也可有利于资源的公正分配和社会的互助团结。

八、会议也讨论了对智力严重低下者实行绝育是否尊重他们应享有的权利问题。首先关于"生殖权利"。会议认为对智力低下者必须实行人道主义原则，智力低下者应该享有与一般人同等的权利，家庭、社会不应歧视他们，要保护并不去侵犯他们应有的权益。会议呼吁全社会认同所有的有残疾或智力低下同胞，努力向他们提供社会支持保障他们的生活。然而，一般而言，权利的享有并不是绝对的、无限制的。生育与婚姻不同，因为生育生出孩子，会给他人带来为维持他们的生存和发展而承受的义务。因此，无限制的生殖会损害他人。另一方面，生殖权利的行使同时带来养育后代的义务。当社会由于经济和文化相对落后而不能为智力严重低下者及其可能生出的后代提供充分支持时，养育这些孩子的责任势必主要落在智力严重低下者家庭的肩上。而智力严重低下者无行为能力，不能履行养育后代的义务，会造成对其子女的伤害。在这个意义上限制他们的生殖权利是正确的。由于智力严重低下者没有行为能力，他们本身对因此引起的种种不幸后果没有责任，所以限制他们的生殖权利不是对他们的惩罚，而是减少他们及其亲属不幸的避孕措施。

九、关于对智力严重低下者实行绝育中的自主权或自我决定权问题，会议认为智力严重低下者无行为能力，他或她不能对什么更符合于自己的最佳利益作出合乎理性的判断，因此只能诉诸他们的，且和他们没有利害或感情冲突的监护人或代理人（一般就是家属）作出决定。如果这样的监护人或代理人认为绝育符合他们的最佳利益，对他们进行绝育在伦理学上是可以接受的，应对他们进行绝育。有些家属反对绝育的理由是不能将其智力低下女儿出卖而减少家庭收入，这种理由是不道德的，也是非法的。但有些家属担心绝育后因不能结婚而使智力低下者今后生活不能保障，这种担心是合理的，但可以通过特定的社会保险计划来解决。即使是非遗传病引致的智力严重低下者，如果家属认为生育会给他们带来伤害和不幸，而要求对他们绝育，也是允许的。为了减少智力严重低下者及其家属的不幸而进行绝育，决不能成为歧视他们的理由，所有认为智残是"前世作孽"或"祖上缺德"的错误观念必须清除。

十、会议讨论了对智力严重低下者绝育的法律问题。会议认为，我国有必要就智力严重低下者生育的限制和控制制定法律，并且在我国宪法、婚姻法以及其他法规中有法律依据。关于制定何种法律，会议认为，如果制定强制性绝育法律，就会与我国宪法、法律规定的若干公民权利，如人身不受侵犯权和无行为能力者的监护权等不一致。而制定指导与自愿（通过代理人）相结合的绝育法律，就不会发生这种不一致。

十一、会议认为，由于智力低下者有多种病因，必须采取综合性措施，单独制定限制和控制智力严重低下者生育的法律，会造成对这种措施的效果期望过高的后果。所以建议将它列为反映综合性措施的法律（如"优生保健法"）中的一项为宜。同样，会议认为，一般也以先由国家制定和颁布反映综合性措施的法律，然后各地再制定有关实施办法或地方性专门法规为宜。但如果有些地区感到工作紧迫，也可先行制定暂行法规。

十二、会议建议，对智力严重低下者实行生育限制和控制的立法，应当充分考虑到我国宪法和法律中规定的公民的权利，考虑到我国基本的法律制度；应当考虑立法的科学性和有效性，考虑到所制定的法律是否有科学依据，是否能够真正解决所要解决的问题；立法要符合医学伦理学原则，符合我国对国际人权宣言和公约所做的承诺；立法的出发点首先应当是为了保护智力严重低下者的利益，同时也为了他们家庭的利益和社会的利益；立法应当以倡导性为主，在涉及公民人身、自由等权利时不应作强制性规定，应取得监护人的知情同意；立法应当考虑到如何改善优生的自然环境条件、医疗保健条件、营养条件和其他生活条件、教育条件、社会文化环境以及社会保障等条件，而不仅仅是绝育；立法应当重点考虑如何为公民提供优生保健机构、设施和优生保健服务；立法应使用概念明确的规范性术语（如"智力低下"），可在其说明中使用俗称（如"痴呆傻人"）；立法应当规定严格的执行程序，防止执行中的权力滥用；立法应当具有可操作性，对有关技术性规范要作出明确规定；立法并不能解决一切问题，同时有些问题也并不都需要用法律手段解决；在立法前要进行可行性研究；在制定法律或法规的过程中要充分听取各有关专业、有关部门、方面人员的意见，通过对话、讨论，在基本问题上达到共识，并在群众中进行广泛的耐心的宣传教育。

十三、预防智力低下、减少智力低下人数是贯彻"控制人口数量，提高人口素质"这一基本国策的重要内容之一。同时这是一项十分长期而艰巨的任务，决不可期待用单一措施在短时期内促成。会议建议各地选择一、两个智力低下患病率或发病率高的地方进行社区综合预治干预的试点，然后取得经验，逐步推广。会议呼吁社会各界和有关部门，尤其是卫生部、计划生育委员会、民政部、教育部、残疾人联合会、妇女联合会、共青团以及新闻媒介都来进一步关心和重视智力低下者，预防和减少智力低下。由于医学模式正从生物医学模式转向生物心理社会医学模式，防止智力低下、减少智力低下人口不仅要面对和解决许多医学科学技术问题，而且要面对和解决有关的社会、伦理和法律问题。会议希望今后有更多的社会学、人口学、人类学、伦理学和法学工作者来关心和研究这些问题。

十四、会议认识到，随着我国改革开放政策的贯彻和深化，国际联系和交往也会日益加强。我们的工作一方面有可能得到国际组织或其他国家的支持，同时也必定会在全世界引起反响。在对智力严重低下者的生育限制和控制问题上，世界上的反应也是多种多样。有些外国朋友、学者，包括一些海外华人支持我们的工作，提出了一些善意的意见。有些人由于文化上的差异，也由于我们报道工作上存在一些问题，对于我们的工作存在一定的误解。也有些人利用这项工作对我们进行攻击。对这些反响要具体分析，区别对待。例如由于社会历史经验的差异，一些西方人易把"优生"与希特勒的种族主义或美国20世纪20年代的社会达尔文主义联系起来，而我们的"优生"概念则以保健为主要内容，在对外宣传中可将"优生"译为"生育保健"。我们反对有人利用人权问题干涉我国内政，同时我们也要坚定不移地保护人权和改善人权状况。如果我们确实由于缺乏经验，有些地方做得不太妥当；或者工作本身没有问题，但在阐明为什么这样做时，理由或论据摆得不大合适，我们就改正。如果我们认为论据充分、理由充足，我们就完全可以理直气壮地做，并且理直气壮地去说。

十五、会议认为这次学术研讨会是医学家、遗传学家、卫生管理学家、社会学家、伦理学家和法学家联合起来共同探讨生育限制和控制的社会、伦理和法律问题良好开端，希望今后进一步加强这种不同学科共同探讨有关问题的学术交流。（载《中国卫生法》，1993（5）：44—46。）

附录七　缩略语

世界卫生组织（World Health Organization，WHO）

联合国教育、科学及文化组织（United Nations Educational，Scientific and Cultural Organization，UNESCO）

美国国立卫生研究院（National Institutes of Health，NIH）

食品药品监督管理局（Food and Drug Administration，FDA）

伦理、法律和社会问题（Ethical Legal and Social Issues，ELSI）

人类基因组计划（Human Genome Project，HGP）

数学天才研究计划（Study of Mathematically Precocious Youth，SMPY）

反基因歧视法（Genetic Information Nondiscrimination Act，GINA）

非侵入性产前遗传检测（Non – Invasive Prenatal Testing，NIPT）

植入前基因诊断（Preimplantation Geneticdiagnosis，PGD）

严重联合免疫缺陷症（Adenosine deaminase and Severe Combined Immunodeficiency，ADA – SCID）

获得性免疫缺乏综合征（Acquired Immune Deficiency Syndrome，AIDS）

人类免疫缺陷病毒（Human Immunodeficiency Virus，HIV）

丁克（Double Income No Kids，DINK）

致　谢

　　感谢翟晓梅教授在学术上对我的指引和帮助，没有翟教授的引导我不会走上生命伦理学的研究之路。感谢邱仁宗先生，邱先生治学之严谨是我今后学术生涯中所应秉持的标准。感谢 Reidar K. Lie，他总能激发出我看问题和解决问题的新视角，同时还有感谢他在我论文写作和发表过程中给予的极大帮助。感谢出版社的冯春凤老师，此书的快速出版离不开冯老师的帮助。感谢王赵琛师兄，他对哲学的热情和看问题的独特视角激励着我不断学习和进步，感谢他在我五年研究生学习和生活中对我的帮助。感谢杨磊师兄，他在处理问题时的理性和冷静让我受益匪浅。感谢刘冉、黄雯两位师妹，有你们在的时候总会有欢笑。感谢周思成、林玲、李京儒、尤晨师妹和刘明煜师弟在我论文写作及答辩过程中给予我的大力支持和帮助。感谢我的爱妻李子清，感谢她对我无条件地支持和信任，没有这些我不会取得今天的成绩。感谢我的父母，他们的爱铸就了我的成长。

参考文献

中文文献：

1. 安锡培：《关于"优生优育"英译法之浅见》，《遗传》2000 年第 3 期。

2. 鲍晓玲：《乙肝歧视，大学校园该亮起的红灯》，《亚太传统医药》2007 年第 10 期。

3. 陈爱葵：《高等师范院校生命医学类系列丛书：遗传与优生》，清华大学出版社 2014 年版。

4. 陈爱葵：《遗传与优生》，清华大学出版社 2014 年版。

5. 陈寿凡：《人种改良学》，商务印书馆 1928 年版。

6. 陈长蘅、周建人：《进化论与善种学》，商务印书馆 1923 年版。

7. 陈桢：《生物学》，商务印书馆 1934 年版。

8. 程树德、程俊英、蒋见元：《论语集释》，中华书局 2013 年版。

9. ［英］大卫·休谟：《人性论：A Treatise of Human Nature》，中国社会科学出版社 2009 年版。

10. ［法］笛卡儿：《谈谈方法》，王太庆译，商务印书馆 2000 年版。

11. ［美］富勒：《法律的道德性》，郑戈译，商务印书馆 2005 年版。

12. 甘肃省人民代表大会常务委员会：《甘肃省人大常委会关于禁止痴呆傻人生育的规定》1988 年。

13. ［美］戈达德：《低能遗传之研究——善恶家族》，黄素封、林洁娘译，开明书局 1935 年版。

14. 国务院：《婚姻登记条例》2003 年。

15. 华汝成：《优生学 ABC》，世界书局 1929 年版。

16. ［英］赫胥黎：《进化论与伦理学》，北京大学出版社 2010 年版。

17. ［英］赫胥黎：《天演论》，严复译，华夏出版社 2002 年版。

18. 蒋功成：《既非鲜花，也非毒果——论优生学在近代中国传播与发展的特殊性》，《自然辩证法研究》2010 年第 10 期。

19. 蒋功成：《潘光旦先生优生学研究述评》，《自然辩证法通讯》2007 年第 2 期。

20. 蒋功成：《优生学的传播与中国近代的婚育观念》，博士学位论文，上海交通大学，2009 年。

21. 蒋文跃：《中医优生思想研究》，博士学位论文，北京中医药大学，2007 年。

22. 焦雨梅：《医学伦理学》，华中科技大学出版社 2010 年第二版。

23. ［德］康德：《道德形而上学原理》（*Grundlegung zur Metaphysik der Sitten*），苗力田译，上海人民出版社 2002 年版。

24. ［德］康德：《康德著作全集》第 4 卷，李秋零译，中国人民大学出版社 2005 年版。

25. 李戈：《遗传与优生学基础》，中国中医药出版社 2013 年版。

26. 李积新：《遗传学》，商务印书馆 1923 年版。

27. 辽宁省人大常委会：《辽宁省防止劣生条例》1990 年。

28. 凌寒：卫生部发布：《中国出生缺陷防治报告（2012）》，《中国当代医药》2012 年第 19 期。

29. 刘勇：《人类健康层次性新观点的提出及亚健康的归属和 WHO 健康定义的缺陷》，《慢性病学杂志》2010 年第 1 期。

30. 陆国辉、陈天健、黄尚志：《产前诊断及其在国内应用的分析》，《中国优生与遗传杂志》2003 年第 11 期。

31. ［加］欧文·戈夫曼：《污名》，宋立宏译，商务印书馆 2009 年版。

32. 潘光旦：《中国之优生问题》，《东方杂志》1924 年。

33. 《强制引产是政绩杀人》，2012 年，新浪新闻中心（http：//news.sina. com. cn/z/qzyc/）。

34. 邱仁宗：《促进负责任的研究，使科学研究成果服务于人民——在联合国教科文组织总部授奖典礼上的演说》，《中国医学伦理学》2010 年第 2 期。

35. 邱仁宗：《人类基因组研究与遗传学的历史教训》，《医学与哲学》2000 年第 9 期。

36. 邱仁宗：《人类基因组研究和伦理学》，《自然辩证法通讯》1999 年第 1 期。

37. 邱仁宗：《实现医疗公平路径的伦理考量》，《健康报》2014 年 4 月 18 日。

38. 邱仁宗：《有缺陷新生儿的处理和伦理学》，《医学与哲学》1986 年第 5 期。

39. 全国人大法制工作委员会：《中华人民共和国婚姻法》，法律出版社 2001 年版。

40. 全国人民代表大会：《中华人民共和国残疾人保障法》2008 年 5 月 15 日。

41. 全国人民代表大会：《婚姻登记办法》1980 年。

42. 全国人民代表大会：《婚姻登记办法》1986 年。

43. 全国人民代表大会：《中华人民共和国婚姻法》1981 年。

44. 任海英：《我国艾滋病歧视问题的社会心理学分析》，《现代生物医学进展》2009 年第 1 期。

45. 阮芳赋：《生学的学科性质和学科体系》，《优生与遗传》1982 年。

46. 阮芳赋：《优生学史：一种新的三阶段论》，《优生与遗传》1983 年。

47. 沈岿：《反歧视：有知和无知之间的信念选择——从乙肝病毒携带者受教育歧视切入》，《清华法学》2008 年第 5 期。

48. 石超明、赵丽明、廖婷：《困难、困境及对策：任重道远的中国反艾滋病歧视》，《医学与社会》2012 年第 1 期。

49. 宋琴：《论人的基因隐私权的法律保护》，硕士学位论文，重庆大学，2010 年。

50. 孙福川、丘祥兴：《医学伦理学》，人民卫生出版社 2013 年版。

51. 童星、张乐：《污名化：对突发事件后果的一种深度解析》，《社会科学研究》2010 年第 6 期。

52. 汪金鹏：《孕产妇死亡原因及降低孕产妇死亡率策略》，《中国妇幼保健》2007 年第 26 期。

53. 王丽宇、戴万津：《医学伦理学》，人民卫生出版社 2013 年版。

54. 王秀梅：《优生学在中国》，硕士学位论文，湖南师范大学，2008 年。

55. 王占魁：《"公平"抑或"美善"——道德教育哲学基础的再思考》，《教育研究》2011 年第 3 期。

56. 卫计委妇幼司：《高通量基因测序产前筛查与诊断技术规范（试行）》2014 年。

57. 卫生部、中国残联：《中国提高出生人口素质，减少出生缺陷和残疾行动计划》2002 年。

58. 吴素香：《医学伦理学》，广东高等教育出版社 2013 年版。

59. 吴素香：《生命伦理学概论》，中山大学出版社 2011 年版。

60. 肖巍：《临床生命伦理分析的经验主义视角》，《中国医学伦理学》2009 年第 4 期。

61. ［美］希拉里·普特南：《事实与价值二分法的崩溃》，东方出版社 2006 年版。

62. 新浪新闻中心：《强制引产是政绩杀人》，《新观察》第 63 期（http：//news. sina. com. cn/z/qzyc/）。

63. ［英］约翰·密尔：《论自由》，许宝骙译，商务印书馆 2005 年版。

64. 杨彩云、张昱：《泛污名化：风险社会信任危机的一种表征》，《河北学刊》2013 年第 33 期。

65. 杨耀坤：《科学研究的出发点与科学知识的起源》，《社会科学研究》1985 年第 4 期。

66. 杨运强：《梦想的陨落：特殊学校聋生教育需求研究》，博士学位论文，华东师范大学，2013 年。

67. 姚大志：《反思平衡与道德哲学的方法》，《学术月刊》2011 年第 2 期。

68. 殷功道：《中华婚姻鉴》，武昌进化书社 1920 年版。

69. 俞国良：《现代心理健康教育》，人民教育出版社 2007 年版。

70. 翟晓梅、邱仁宗：《生命伦理学导论》，清华大学出版社 2005 年版。

71. 张传有：《休谟"是"与"应当"问题的重新解读》，《河北学刊》2007 年第 5 期。

72. 张新庆：《基因治疗之伦理审视》，社会科学出版社 2014 年版。

73. 赵功民：《谈家桢与遗传学》，广西科学技术出版社 1996 年版。

74. 郑振铎：《北京社会实进会纪事》，《人道》1920 年。

75. 中国残疾人联合会、中华人民共和国卫生部：《中国提高出生人口素质、减少出生缺陷和残疾行动计划（2002—2010 年）》，《中国生育健康杂志》2002 年第 3 期。

76. 中华人民共和国国家卫生和计划生育委员会：《关于印发贯彻2011—2020 年中国妇女儿童发展纲要实施方案的通知》2013 年。

77. 中华人民共和国卫生部：《中国出生缺陷防治报告（2012）》2012 年。

78. 周光召主编：《2020 年中国科学和技术发展研究》，中国科学技术出版社 2004 年版。

79. 周建人：《读中国之优生问题》，《东方杂志》1925 年。

80. 周建人：《论优生学与种族歧视》，生活·读书·新知三联书店1950 年版。

81.（战国）左丘明：《左传》，中华书局 2007 年版。

英文文献：

1. Ainlay S C, Coleman L M, Becker G, *The dilemma of difference.* Berlin：Springer, 1986, pp. 1—13.

2. Allen G E, *Thomas Hunt Morgan：the man and his science*, Princeton：Princeton University Press, 1979.

3. Allen G E, "Eugenics and Modern Biology：Critiques of Eugenics, 1910—1945", *Annals of human genetics*, Vol. 75, No. 3, 2011.

4. Allen G E, "Science misapplied：the eugenics age revisited", *Technology Review*, Vol. 99, No. 6, 1996.

5. Allen G E, "The eugenics record office at Cold Spring Harbor, 1910—1940：An essay in institutional history", *Osiris*, Vol. 2, No. 1, 1986.

6. Anand S., "The concern for equity in health", *Journal of Epidemiology and Community Health*, Vol. 56, No. 7, 2002.

7. Audi R，"A Kantian Intuitionism"，*Mind*，Vol. 110，No. 439，2001.

8. Barkan E，Kuhl S，"*The Nazi Connection：Eugenics，American Racism，and German National Socialism*"，American Historical Review，Vol. 100，No. 4，1995.

9. Barondess J A，"Medicine against society. Lessons from the Third Reich"，*JAMA*，Vol. 276，No. 20，November 1996.

10. Barrels D M. Preface，in Bartels. DM；Leroy BS；Caplan AL，*Prescribing our future：ethical challenges in genetic counseling*. London：Routledge，1993，pp. ix – xiii.

11. Bashford A，Levine P，*The Oxford handbook of the history of eugenics*，Oxford：Oxford University Press，2010.

12. Beauchamp T L，Childress J F，*Principles of biomedical ethics*，Oxford：Oxford University Press，2001.

13. Beauchamp T，"The Origins，Goals，and Core Commitments of The Belmont Report"，In Childress，James F. ；Meslin，Eric M. ；Shapiro，Harold T，eds. ，*Belmont Revisited：Ethical Principles for Research with Human Subjects*，Washington，D. C. ：Georgetown University Press，2005，pp. 12—25.

14. Bedau M，Church G，Rasmussen S，et al. ，"Life after the synthetic cell"，*Nature*，Vol. 465，No. 7297，2011.

15. Berlin I，Philosopher S，et al. ，*Four essays on liberty*，Oxford：Oxford University Press，1969.

16. Berlin I，*Two concepts of liberty*. Oxford：Oxford Clarendon Press，1969，pp. 118—172.

17. Bobrow M，"Redrafted Chinese law remains eugenic"，*Journal of Medical Genetics*，Vol. 32，No. 6，1995.

18. Boorse CA，*rebuttal on health*，in James M. Humber & Robert F. Almeder（eds. ），*What is Disease?*，New York：Humana Press，1997，pp. 1—134.

19. Bosk C，*Workplace Ideology in Bartels*. DM；Leroy BS；Caplan AL，*Prescribing our future：ethical challenges in genetic counseling*，London：Rout-

ledge, 1993, pp. 27—28.

20. Brandt R B, "Toward a credible form of utilitarianism", *Morality and the Language of Conduct*, 1963.

21. Brandt R B, Singer P, *A Theory of the Good and the Right*, Oxford: Clarendon Press, 1979.

22. Brandt R B., *Morality, utilitarianism, and rights*, Cambridge: Cambridge University Press, 1992.

23. Brock D W, Daniels N, Wikler D, *From chance to choice: Genetics and justice*, Cambridge: Cambridge University Press, 2001.

24. Brock D W., Quality of life measures in health care and medical ethics. World Institute for Development Economics Research, 1989.

25. Buchanan A E, *From chance to choice: genetics and justice*, Cambridge, U. K.: Cambridge University Press, 2000.

26. Callahan D, "The WHO definition of 'health'", *Hastings Center Studies*, Vol. 1, No. 3, 1973.

27. Carmichael M, "A spot of trouble", *Nature*, Vol. 475, No. 7355, 2011.

28. Carr – Saunders A M, "A criticism of eugenics", *The Eugenics review*, Vol. 5, No. 3, 1913.

29. Carr – Saunders A M, *The population problem: a study in human evolution*, Oxford: Clarendon Press, 1922.

30. Centers G S, "The Fertility Institutes uses PGD for virtually 100% gender selection guarantee" (http: //fertility – docs. com/programs – and – services/gender – selection/select – the – gender – of – your – baby – using – pgd. php).

31. Chadwick R, Craig. E, "Genetics and Ethics", *The Encyclopedia of Philosophy*, Routledge, 1998.

32. Chen Z, Chen R, Qiu R, et al., "Chinese geneticists are far from eugenics movement", *The American Journal of Human Genetics*, Vol. 65, No. 4, 1999.

33. Chervenak F A, McCullough L B, "Ethics in fetal medicine", *Best Practice & Research Clinical Obstetrics & Gynaecology*, Vol. 13, No. 4, 1999.

34. Clarke A, Harper P, Unsworth P F, et al. , "Eugenics in China", *The Lancet*, Vol. 346, No. 8973, 1995.

35. Cornman J W, Lehrer K, Pappas G S, *Philosophical problems and arguments：an introduction*, Indianapolis：Hackett Publishing, 1992.

36. Daniels N, "Wide reflective equilibrium and theory acceptance in ethics", *The Journal of Philosophy*, Vol. 76, No. 5, 1979.

37. Daniels N, Kennedy B, Kawachi I. Health and inequality, or, why justice is good for our health, in Anand, Sudhir; Peter, Fabienne; Sen, Amartya, eds. , *Public Health, Ethics, and Equity*, New York：Oxford University Press, 2004, pp. 63—91.

38. Daniels N, *Just health：meeting health needs fairly*, Cambridge：Cambridge University Press, 2008.

39. Davis D S, "Genetic dilemmas and the child's right to an open future", *Hastings Center Report*, Vol. 27, No. 2, 1997.

40. Davis L J, *Enforcing normalcy：Disability, deafness, and the body*, Brooklyn：Verso, 1995.

41. Depew D J, Weber B H, *Darwinism evolving：Systems dynamics and the genealogy of natural selection. Cambridge*, Massachusetts：MIT Press, 1995.

42. Desmond A J, *Darwin：The Life of a Tormented Evolutionist.* New York：W. W. Norton & Company, 1994.

43. Dickson D. , "Congress grabs eugenics common ground", *Nature*, Vol. 394, No. 6695, 1998.

44. Dictionary M, "Eugenics – Definition and More from the Free Merriam – Webster Dictionary" (http：//www. merriam – webster. com/dictionary/eugenics).

45. Dinsmore C, Benson K R, Maienschein J, et al. , "The Expansion of American Biology", *Bioscience*, Vol. 41, No. 3, 1992.

46. DuBois W E B, *Souls of black folk*, New York：Dover Publications, 1994.

47. Duster T, *Backdoor to eugenics*, London：Routledge, 2003.

48. Dworkin R, *Life's Dominion: An Argument about Abortion and Euthanasia*, New York: Vintage, 1993.

49. Dworkin R, *Taking rights seriously*, Cambridge: Harvard University Press, 1978.

50. Editorial, "China's misconception of eugenics", *Nature*, Vol. 367, No. 6458, 1994.

51. Editorial, "Western eyes on China's eugenics law", *Lancet*, Vol. 346, No. 8968, 1995.

52. Eror A China Is Engineering Genius Babies (http://www.vice.com/read/chinas - taking - over - the - world - with - a - massive - genetic - engineering - program/).

53. Fletcher J F, *Situation ethics: The new morality.* London: CM Press, 1966.

54. Feinberg J, Aiken W, LaFollette H., *Whose Child? Children's Rights, Parental Authority, and State Power.* London: Littlefield Adams, 1980.

55. Feinberg J, *Harm to others*, Oxford: Oxford University Press, 1984.

56. Francis G, *Inquiries into human faculty and its development*, U. K.: Macmillan, 1883.

57. Galton D J, "Greek theories on eugenics", *Journal of medical ethics*, Vol. 24, No. 4, 1998.

58. Gender - Baby, "Preimplantation Genetic Diagnosis (PGD) for Gender Selection Success", Gender Baby (http://www. gender - baby. com/methods/preimplantation - genetic - diagnosis - pgd/).

59. GHDI (http://germanhistorydocs. ghi - dc. org/sub _ document. cfm? document_ id = 1521).

60. Glover J, *Choosing children: genes, disability, and design*, Oxford: Clarendon Press, 2006.

61. Gostin L, "Genetic discrimination: the use of genetically based diagnostic and prognostic tests by employers and insurers", *Am. JL & Med.*, Vol. 17, No. 1—2, 1991.

62. Great Ormond Street Hospital v. Yates and Gard (https://en. wiki-

pedia. org/wiki/Great_ Ormond_ Street_ Hospital_ v_ Yates_ and_ Gard）.

63. Green R M, *Babies by design*: *the ethics of genetic choice*, New Haven: Yale University Press, 2007.

64. Griffin J. *Well – being*: *its meaning*, *measurement*, *and moral importance*. Oxford: Clarendon Press, 1986.

65. Gutmann A, Wagner J W, Yolanda A, et al. , "New directions: the ethics of synthetic biology and emerging technologies", *The Presidential Commission for the study of Bioethical Issues*, U. S. , 2010, pp. 1—92.

66. Hare R M, *Moral thinking*: *its levels*, *method*, *and point*, Oxford: Clarendon Press, 1981.

67. Harris J, Holm S, *Rights and reproductive choice*. Oxford: Clarendon Press, 1998.

68. Harris J, *Enhancing evolution*: *the ethical case for making better people*, Princeton: Princeton University Press, 2007.

69. Harris J, *Wonderwoman and Superman*: *the ethics of human biotechnology*, Oxford: Oxford University Press, 1992.

70. Heron D, Pearson K, Jaederholm G A, *Mendelism and the problem of mental defect*, London: Dulau & Co. , 1913.

71. Hospers J, *Human conduct*: *problems of ethics*, New York: Harcourt Brace Jovanovich, 1972.

72. Hudson K L, Holohan M K, Collins F S, "Keeping pace with the times—the Genetic Information Nondiscrimination Act of 2008", *New England Journal of Medicine*, Vol. 358, No. 25, 2008.

73. Hunt J, "Perfecting Humankind: A Comparison of Progressive and Nazi Views on Eugenics, Sterilization and Abortion", *The Linacre Quarterly*, Vol. 66, No. 1, 1999.

74. Jennings H S, "Heredity and environment", *The Scientific Monthly*, Vol. 19, 1924.

75. Jensen A R, "How much can we boost IQ and scholastic achievement", *Harvard educational review*, Vol. 39, No. 1, 1969.

76. Kay L, *The Molecular vision of Life*, Oxford: Oxford University

Press, 1996.

77. Kevles D J, *In the name of eugenics: genetics and the uses of human heredity*, Cambridge, Mass. : Harvard University Press, 1995.

78. King D, "Eugenic tendencies in modern genetics", In Tokar, Brian, ed. *Redesigning Life? The Worldwide Challenge to Genetic Engineering*, London: Zed Books, 2001, pp. 171—181.

79. Kitcher P, *The lives to come: the genetic revolution and human possibilities*, New York: Simon & Schuster, 1996.

80. Knoppers B M, " Well – bear and well – rear in China?", *The American Journal of Human Genetics*, Vol. 63, No. 3, 1998.

81. Lewontin R, "Billions and billions of demons", *The New York Review*, 1997, Vol. 9.

82. Link B G, "Phelan J C. Conceptualizing Stigma", *Annual Review of Sociology*, Vol. 27, No. 1, 2001.

83. Lombardo P A, A *century of eugenics in America: from the Indiana experiment to the human genome era*, Bloomington: Indiana University Press, 2011.

84. Louçã F. Emancipation, "Through Interaction – How Eugenics and Statistics Converged and Diverged", *Journal of the History of Biology*, Vol. 42, No. 4, 2009.

85. Ludmerer K M, Reich. W. T, "Eugenics History", (Encyclopedia of Bioethics), Free Press, 1978, pp. 457—462.

86. Macklin R, "The university of the Nuremberg Code", in Annas G & Grodin M, eds. , *The Nazi Doctors and the Nuremberg Code: Human Rights in Human Experimentation*, New York: Oxford of University Press, 2005, pp. 240—257.

87. Mao X, "Chinese geneticists' views of ethical issues in genetic testing and screening: evidence foreugenics in China", *The American Journal of Human Genetics*, Vol. 63, No. 3, 1998.

88. Mazumdar P. Eugenics, *Human genetics and human failings: the Eugenics Society, its sources and its critics in Britain*, Oxford: Routledge, 2005.

89. Medicine TJOR: Gene Therapy Clinical Trials Worldwide, 2015 March, The Journal of Gene Medicine Clinical Trial site （http://www.abedia.com/wiley/index.html）.

90. Michalsen A, Reinhart K, "'Euthanasia': A confusing term, abused under the Nazi regime and misused in present end – of – life debate". *Intensive Care Med*, Vol. 32, No. 9, September 2006.

91. Mills C, *Futures of reproduction: bioethics and biopolitics*, Dordrecht: Springer, 2011.

92. Morgan T H, *The scientific basis of evolution*, New York: W. W. Norton & Company, 1935.

93. Natowicz M R, Alper J K, Alper J S "Genetic discrimination and the law", *American Journal of Human Genetics*, Vol. 50, No. 3, 1992.

94. Nelson J L, "Prenatal diagnosis, personal identity, and disability", *Kennedy Institute of Ethics Journal*, Vol. 10, No. 3, 2000.

95. Nelson J L, "The meaning of the act: reflections on the expressive force of reproductive decision making and policies", *Kennedy Institute of Ethics Journal*, Vol. 8, No. 2, 1998.

96. Neri D, "Eugenics", Chadwick R. *Encyclopedia of applied ethics*, Academic Press, 2012, pp. 189—199.

97. Nicholls S G, "Proceduralisation, choice and parental reflections on decisions to accept newborn bloodspot screening", *Journal of medical ethics*, Vol. 38, No. 5, 2012.

98. Nowell – Smith P H, *Ethics*. New York: Philosophical Library, 1957.

99. O'Brien C, "China urged to delay 'eugenics' law", *Nature*, Vol. 383, No. 6597, 1996.

100. O'Neill O., *Autonomy and trust in bioethics*. Cambridge: Cambridge University Press, 2002.

101. Our Furture Our Past （http://www.ourfutureourpast.ca/law/page.aspx? id = 2906151）.

102. Palomaki G E, Knight G J, McCarthy J et al, "Maternal serum

screening for fetal Down syndrome in the United States: a 1992 survey" Am J Obstet Gynecol, Vol. 169, No. 6, 1993.

103. Parens E, Asch A. "Special supplement: The disability rights critique of prenatal genetic testing reflections and recommendations", *Hastings Center Report*, Vol. 29, No. 5, 1999.

104. Paul D B, *Controlling human heredity*, 1865 *to the present*, Atlantic Highlands: Humanities Press, 1995.

105. Paul D B, Spencer H G. , "The hidden science of eugenics", *Nature*, Vol. 374, No. 6520, 1995.

106. Paul D B. , "Culpability and compassion: lessons from the history of eugenics", *Politics and the life sciences: the journal of the Association for Politics and the Life Sciences*, Vol. 15, No. 1, 1996.

107. Pearson K, *The chances of death, and other studies in evolution*, London: E. Arnold, 1897.

108. Pine L N. *Nazi Family Policy*, 1933—1945, London: Bloomsbury Academic, 1997.

109. Post S G, *Encyclopedia of bioethics*, New York: Macmillan Reference, 2004, pp. 848—852.

110. Proctor R, *Racial hygiene: medicine under the Nazis*, Cambridge, MA. : Harvard University Press, 1988.

111. Proctor R, *Racial hygiene: Medicine under the Nazi*, Cambridge: Harvard University Press, 1988.

112. Qiu R, Dikottler F, "*Is China's law Eugenic?*", The UNESCO Courier, 1999.

113. Ratzinger J, Congregation for the doctrine of the faith: instruction on respect for human life in its origin and on the dignity of procreation: replies to certain questions of the day, Vatican City: TheVatican, 1987: 24—34.

114. Rawls J, *A theory of justice*, Cambridge: Harvard university press, 2009.

115. Ricker R E, Dwarfism: Little People of America and Genetic Testing (http: //home. comcast. net/ ~ dkennedy56/dwarfism_ genetics. html).

116. Robert F. Weir, Susan C. Lawrence, and Evan Fales, *In Genes and Human Self – Knowledge*: *Historical and Philosophical Reflections on Modern Genetics*, Iowa City: University of Iowa Press, 1994, pp. 67—83.

117. Robertson J A, "Procreative liberty in the era of genomics", *American Journal of Law and Medicine*, Vol. 29, No. 4, 2003.

118. Robertson J A, *Children of choice*: *Freedom and the new reproductive technologies*, Princeton: Princeton University Press, 1994.

119. Roll – Hansen N, "Geneticists and the eugenics movement in Scandinavia", *The British Journal for the History of Science*, Vol. 22, No. 3, 1989.

120. Roll – Hansen N, "The progress of eugenics: growth of knowledge and change in ideology", *History of Science*, Vol. 26, 1988.

121. Rosalind, Hursthouse, *On Virtue Ethics*, Oxford: Oxford University Press, 2002.

122. Rothman B K, *The tentative pregnancy*: *prenatal diagnosis and the future of motherhood*, New York: Viking, 1986.

123. Ruo B., "The Black Stork: Eugenics and the Death of 'Defective' Babies in American Medicine and Motion Pictures since 1915", *The Yale journal of biology and medicine*, Vol. 69, No. 4, 1996.

124. S. Collini ed., *J. S. Mil*: *On Liberty and other writings*, Cambridge: Cambridge University Press, 1989.

125. Sabin J E, Daniels N, "Determining 'medical necessity' in mental health practice". *Hastings Center Report*, Vol. 24, No. 6, 1994.

126. Savulescu J, Kahane G., "The moral obligation to create children with the best chance of the best life", *Bioethics*, Vol. 23, No. 5, 2009.

127. Savulescu J., "Deaf lesbians, 'designer disability,' and the future of medicine", *British Medical Journal*, Vol. 325, No. 7367, 2002.

128. Savulescu J., *Procreative beneficence*: *reasons to not have disabled children*, In: Skene, Loane; Thompson, Janna, eds., *The Sorting Society*: *The Ethics of Genetic Screening and Therapy*, Cambridg: Cambridge University Press, 2008, pp. 51—67.

129. Savulescu J. , "Procreative beneficence: why we should select the best children", *Bioethics*, Vol 15, No. 5—6, 2001

130. Scanlon T M, Rawls on Justification 载 Freeman S R, *The Cambridge Companion to Rawls*. Cambridge: Cambridge University Press, 2003.

131. Scanlon T, *What we owe to each other*. Cambridge: Belknap Press of Harvard University Press, 1998.

132. Schaffer G. , "British scientists and the concept of in the inter - war period", *British Journal for The History of Science*, Vol. 38, No. 03, 2005.

133. Schneider W H. , *Quality and quantity: the quest for biological regeneration in twentieth - century France*, Cambridge: Cambridge University Press, 2002.

134. Scully J L. , *Disability bioethics: moral bodies, moral difference*, Lanham: Rowman & Littlefield, 2008.

135. Selden S, *Inheriting shame: The story of eugenics and racism in America*, New York: TeachersCollege Press 1999.

136. Sen A. , "Why health equity?", *Health economics*, Vol. 11, No. 8, 2002.

137. Sen A. , *Commodities and capabilities*, Oxford: Oxford University Press, 1999.

138. Sen A. , *Identity and violence: the illusion of destiny*, New York: W. W. Norton & Co. , 2006.

139. Sen A. , *The standard of living. The Tanner Lectures on human values*, Cambridge: Clare Hall, 1985.

140. Shelly, Kagan, *Normative Ethics*, Boulder: Westview Press, 1997.

141. Sihn K. , "Eugenics Discourse and Racial Improvement in Republican China (1911—1949)", *Korean Journal of Medical History*, Vol. 19, No. 2, 2010.

142. Singer P, *Practical ethics*, Cambridge: Cambridge University Press, 2011.

143. Sorenson J R. , *Genetic Counseling: Values that have Mattered*, in

Bartels. DM; Leroy BS; Caplan AL, *Prescribing our future*: *ethical challenges in genetic counseling*, London: Routledge, 1993, p. 161.

144. Sparrow R., "Is it 'Every Man's Right to Have Babies If He Wants Them'? Male Pregnancy and the Limits of Reproductive Liberty", *Kennedy Institute of Ethics Journal*, Vol18, No. 3, 2008.

145. Sparrow R., "Procreative beneficence, obligation, and eugenics", *Life Sciences Society and Policy*, Vol. 3 No. 3, 2007.

146. Stefan Collini ed, *On Liberty' and Other Writings*, Cambridge: Cambridge University Press, 1989, pp. 15—22.

147. Steinbach, R. J., M. Allyse, M. Michie, E. Y. Liu, and M. K. Cho., "'This lifetime commitment': Public conceptions of disability and non-invasive prenatal genetic screening", *American Journal of Medical Genetics*, Vol. 170, No. 2, 2016.

148. Tobin J., "On limiting the domain of inequality", *Journal of law and economics*, Vol. 13, No. 2, 1970.

149. Tomlinson R., "China aims to improve health of newborn by law", *British Medical Journal*, Vol. 309, No. 6965, 1994.

150. Tubbs J B, *A Handbook of Bioethics terms*, Washington D. C. : Georgetown University Press, 2009, p. 53.

151. Urmson J O, "The interpretation of the moral philosophy of JS Mill", *The Philosophical Quarterly*, Vol. 3. No. 10, 1953.

152. US Congress, Genetic Information Non – Discrimination Act, took effect on November 21, 2009.

153. Wachbroit R., "What's Wrong with Eugenics?", *Report from the Institute for Philosophy and Public Policy*, Vol. 2/3, No. 7, 1987.

154. Weindling P, *Health, race, and German politics between national unification and Nazism*, 1870—1945, Cambridge: Cambridge University Press, 1989.

155. Wendell S, *The rejected body*: *Feminist philosophical reflections on disability*, London: Routledge, 1996.

156. Wertz D C, Fletcher J C, Berg K, Review of ethical issues in

medical genetics, Geneva: World Health Organisation, 2003.

157. WHO, The Right to Health, December 2015 (http: //www. who. int/mediacentre/factsheets/fs323/en/) .

158. Wikler D, "Can we learn from eugenics?", *J Med Ethics*, Vol. 25, No. 2, 1999.

图片来源：

1. 图 1—1. Screenshot taken from image on p. 219 of Steven Selden's "Transforming Better Babies Into Fitter Families" [2005, Proceedings of the American Philosophical Society 149 (2)]. Rights to image owned by American Philosophical Society (https://en.wikipedia.org/wiki/File: United_ States _ eugenics_ advocacy_ poster. jpg).

2. 图 1—2 至 图 1—5 (http://www.holocaustresearchproject.org/euthan/index.html).

后　记

　　本书并未对通过基因工程技术实施基因治疗和基因增强中存在的伦理问题进行详细阐述和论证。如父母能否定制后代的遗传组成？能否允许非健康目的的基因增强？如记忆力和智力等相关的基因增强。在基因治疗和基因增强技术可及的情况下，个体出生时遗传物质组成的不平等，即自然的不平等，是否会引发先天的不公正？如果自然的不平等是不公正的，是否意味着政府应当鼓励或强制对后代进行基因治疗和基因增强？由于本书侧重对优生学及现有生殖遗传技术中的伦理问题进行讨论，且限于篇幅，不过多地涉及上述的这些内容。对于这些问题的讨论，尤其是有关生殖系基因修饰的伦理问题讨论，我将在下一部书中进行详细论述。